面向数字化时代高等学校计算机系列教材

行业智能化架构与实践
制造和大企业

王致雅 韦莎 肖云伟 杜娟 编著

清华大学出版社

北京

内 容 简 介

在新型工业化的浪潮中,数字技术与实体经济的深度融合已成为推动产业转型升级的关键力量。本书阐述了推进新型工业化、发展新质生产力的战略意义,并结合华为等企业的成功实践,深入剖析了智慧工厂、研发工具链、工程设计仿真、智慧园区等场景的数智化解决方案。同时,本书还针对汽车制造、半导体与电子、医药、酒水饮料等多个行业的特点,展示了数字技术在各领域的具体应用和创新实践。

本书适合作为企业管理者,以及企业数字化转型及智能化升级领域从业人员的参考书,也可作为高等院校计算机科学与技术、软件工程等专业本科生、研究生的参考书。

图书在版编目(CIP)数据

行业智能化架构与实践. 制造和大企业 / 王致雅等编著. -- 北京:清华大学出版社,2024.7(2024.9重印). --(面向数字化时代高等学校计算机系列教材). -- ISBN 978-7-302-66604-2

Ⅰ. TP18

中国国家版本馆 CIP 数据核字第 2024GN1287 号

责任编辑:贾 斌 薛 阳
封面设计:刘 键
责任校对:申晓焕
责任印制:杨 艳

出版发行:清华大学出版社
   网 址:https://www.tup.com.cn,https://www.wqxuetang.com
   地 址:北京清华大学学研大厦 A 座 邮 编:100084
   社 总 机:010-83470000 邮 购:010-62786544
   投稿与读者服务:010-62776969,c-service@tup.tsinghua.edu.cn
   质量反馈:010-62772015,zhiliang@tup.tsinghua.edu.cn
   课件下载:https://www.tup.com.cn,010-83470236
印 装 者:涿州汇美亿浓印刷有限公司
经 销:全国新华书店
开 本:186mm×240mm 印 张:15.75   字 数:357 千字
版 次:2024 年 7 月第 1 版 印 次:2024 年 9 月第 2 次印刷
印 数:6001~7000
定 价:69.00 元

产品编号:107073-01

编 委 会

编委会主任

王丽彪

编委会副主任

刘 超　　朱 敏　　周 欣　　秦 卓　　边英杰

编委会委员

周 倩　　汪俊龙　　宋 磊　　李玎洁　　王 敏　　卢宇峰

邱 真　　马铭满　　陈 喆　　余 倬　　冯国杰　　王 慷

海珊珊　　张 祎

编委会成员

陈 萍　　陈 庆　　邓建春　　段国兵　　郭 峰　　郭小龙

韩剑平　　何志泉　　黄斌清　　赖言涛　　李 英　　李长泰

林建华　　凌晓刚　　罗宏贵　　潘 辉　　乔 侨　　石贵强

施晓冬　　唐锦林　　王 强　　王 特　　文双全　　伍 娟

邢和云　　徐浩铭　　杨 虎　　姚春凤　　叶 楠　　曾繁磊

张 涵　　周 操　　周伟峰

FOREWORD

序 一

在这个数字化、智能化的时代，人工智能（AI）已经逐渐成为推动科技发展的核心驱动力。人工智能技术越来越成为面向未来、开拓创新的重要工具和手段。其中，基于知识驱动的第一代人工智能利用知识、算法和算力 3 个要素构建 AI；基于数据驱动的第二代人工智能利用数据、算法和算力 3 个要素构建 AI。由于第一、二代 AI 只是从一个侧面模拟人类的智能行为，因此存在各自的局限性，很难触及人类真正的智能。而第三代人工智能，则是对知识驱动和数据驱动人工智能的融合，利用知识、数据、算法和算力 4 个要素，构建新的可解释和鲁棒的 AI 理论与方法，发展安全、可信、可靠和可扩展的 AI 技术。第三代人工智能是发展数字经济的关键，是数字经济未来发展的新灯塔和新航道。

知识和数据双轮驱动下的第三代人工智能技术正在催生人工智能产业的迭代升级，以大模型为代表的第三代人工智能技术，基于文本的语义向量表示、神经网络和强化学习等多种人工智能技术，可以处理文本、图像、语音、视频等多种表示形式的内容，这是人工智能的重大突破，已经成为新一轮科技革命和产业变革的核心驱动力，助力中国经济实现高质量发展，深刻影响人民生活和社会进步。本丛书的典型特色就是通过一些具体的场景应用和实践案例，把第三代人工智能技术赋能千行万业的作用进行了具象化，主要体现在以下几方面：

一是第三代人工智能技术打破了领域壁垒，可以在零售营销、金融、交通、医疗保健、教育、制造、影视媒体、网络安全等各个领域发挥重要作用，同时也可以帮助企业实现突破性降本增效。例如，OpenAI 发布的 Sora，基于扩散模型生成完整视频的能力，为媒体、影视、营销等业务领域带来无限可能；中国国家气象中心与华为合作的气象大模型，通过海量数据和算力保障充分发挥大模型算法的作用，使得中长期气象预报精度首次超过传统数值方法，速度提升万倍以上。

二是第三代人工智能技术催生了很多新兴产业，这些新兴产业对于国民经济、国防、社会的发展至关重要。例如，在金融行业中，AI Agent 可以独立分析海量金融数据和市场信息，识别并预测出潜在的投资机会，并通过学习和实时反馈不断改进决策能力，自主执行交易，提升交易的效率；在城市感知体系中，基于 AI 技术构建的智能预测模型和智能决策模型等为其建设带来了新的能力。通过视觉大模型能够将之前的单场景感知增强至泛化多场景安全风险识别，面对城市安全等场景提升感知数据的通用分析能力，持续推动城市感知体系的创新和升级，为构建更智慧、更安全的城市环境注入强大的动力。

　　三是第三代人工智能技术积极推动传统产业转型升级，运用大量信息技术和数字化手段，加快推进产业智能化，完善产业链数字形态，极大地提升生产效率和产品质量。例如，本丛书介绍了南方电网的大模型建设和应用实践案例。南方电网创新性研发了电力行业首个电力大模型"大瓦特"，以通用训练语料和电力行业专业知识数据，以及向量对齐、跨模态推理等多种 AI 技术与电网业务深度融合，覆盖智能创作、设备巡检、电力调度等七大应用场景，为能源电力行业智能化、数字化提供可靠支撑。

　　第三代人工智能技术走向通用化的发展道路需要持续探索。我们欣喜地看到，本丛书提出了利用人工智能技术推动行业智能化的一个系统工程的理论架构。丛书中提到"分层开放、体系协同、敏捷高效、安全可信"的行业智能化参考架构，并从多领域、全行业的场景应用着手，系统性描述行业智能化技术与解决方案和行业智能化实践，由此促进产业的有机更新、迭代升级，带动千行万业智能化，从而加快人工智能产业快速发展，对人工智能产业生态的构建起到重要作用。

　　未来，全球经济要实现高质量发展，必须大力推动人工智能持续赋能行业智能化转型。通过本丛书的介绍，我们看到中国的人工智能技术和产业已经取得了长足的发展，在各个领域进行了大量的探索和实践，可以为全球走向智能化提供一些成功的经验和实践范式。让我们期待人工智能技术的持续创新和改善，全球的人工智能产业及应用能在下一个十年蓬勃健康地发展！人工智能正在迅速发展，智能世界加速到来。

　　人工智能的魅力就在于人工智能的研究永远在路上，需要的是坚持不懈与持之以恒。希望全社会、各行业能够抓住机会、掌握主动，更加积极地拥抱人工智能技术，共同开启一个充满智能与创造的新时代。

中国科学院院士

清华大学教授

清华大学人工智能研究院名誉院长

FOREWORD

序　　二

在迈向智能社会的征途中，我们有幸见证并参与了一场深刻的科技变革。人工智能作为这场变革中的核心驱动力，取得了前所未有的突破。以 ChatGPT 为代表的现象级产品拉开了通用人工智能的序幕，并持续改变着我们的生活、工作以及社会结构，人工智能再次成为万众瞩目的研究领域。

人工智能已成为国际竞争的新焦点和经济发展的新引擎，世界大国正加快人工智能战略布局与政策部署，世界主要发达国家把发展人工智能视为提升国家竞争力、维护国家安全的重大战略，相继出台人工智能规划和相关政策。发达国家和前沿科创公司，纷纷投入巨资进行布局和展开研发，全力构筑人工智能发展的先发优势。

经过国家以及行业多年的持续研发布局，我国人工智能科技创新体系逐步完善，智能经济和智能社会发展水平不断提高，人工智能与千行万业深度融合取得显著成效。例如智能交通方面，深圳机场采用了人工智能技术实现机位分配，使得靠桥率提升 5%，每年约有 260 万人次的旅客登机可免坐摆渡车，有效提升了机位资源的使用效率，让旅客出行体验更美好。

本丛书深入探讨了人工智能技术在政务、医疗、教育、交通、能源、金融、制造等多个行业的创新应用场景，以及数十个行业智能化的创新实践案例，创造性地提出了行业智能化参考架构，展现出行业智能化转型实践过程中的分析和思考。在智能时代，行业智能化数字化要想继续发展，必须要注重科学研究，注重知识的积累和发现，注重行业间相互借鉴、取长补短。我欣喜地看到本书中各行业各领域已经积极探索出一条创新之路——通过科技引领和应用驱动双向发力，以促进人工智能与经济社会深度融合为主线，以提升原始创新能力和基础研究能力为主攻任务，全面推动人工智能应用发展的新路径。

同时，我们要认识到，人工智能技术与行业的深度融合发展是一个长期性的、循序渐进的过程，国家战略支撑、人才培养、基础建设、立法保障，一个都不能少。要想把"人工智能"发展好，需要我们在很多事情上起好步、布好局。一是要加快人才培养，形成一批人工智能的国家人才高地，进而带动整个人工智能算法和理论研究的发展；二是要加强智能化基础设施建设，推动公开数据的开放、共享，同时完善相关制度，保护数据的安全性；三是加快人工智能相关法律法规和伦理问题的探讨研究，引导人工智能朝着安全可控的方向发展；四是深化国际开放合作，主动参与全球人工智能的治理研究和标准制定，为我国人工智能产业高质量发展"蓄力赋能"。

我希望产学研各界能够携起手来，从不同层面完善人工智能产业发展生态，将我国巨大的市场和数据优势转化成人工智能技术产业发展的胜势。 我们要和世界同行与时代同步，去拥抱人工智能第四次工业革命的到来，共同推动人工智能技术发展造福全人类！

中国工程院院士

鹏城实验室主任

北京大学信息与工程科学部主任

FOREWORD

序　　三

犹如历史上蒸汽机、电力、计算机和互联网等通用技术一样，近 20 年来，人工智能正以史无前例的速度和深度改变着人类社会和经济，为释放人类创造力和促进经济增长提供了广泛的新机会。 人工智能是驱动新一轮科技和产业变革的重要动力源泉。 人工智能的发展不但已从过去的学术牵引迅速转化为需求牵引，其基础途径和目标也在发生变化。人工智能技术在大数据智能、群体智能、跨媒体智能、人机混合增强智能、自主智能系统 5 大发展方向的重要性和影响力已系统展现。 在规划及产业的推动下，从横向而言，这 5 个方向和 5G、工业互联网、区块链一起正在形成更广泛的新技术、新产品、新业态、新产业，使得制造过程更智能、供需匹配更优化、专业分工更精准、国际物流更流畅，从而引发经济结构的重大变革，带动社会生产力的整体跃升。 另外，从纵向而言，人工智能也正在形成 AI + X，去赋能电力能源、交通物流、城市发展、制造服务、医疗健康、农业农村、环境保护、科技教育等方向，带动各行各业从传统发展模式向智能化转型。 总之，人工智能正不断重新定义人们生产、生活的方方面面，同时也为我们带来了前所未有的机遇和挑战。

ChatGPT 等大模型的问世使人工智能又前进一大步。 数据、算力、算法曾是人工智能发展的 3 大核心要素，现在开始转向大的数据、模型、知识、用户 4 大要素。 其中，数据是人工智能算法的"燃料"，融入知识的大模型是人工智能的基础设施，大模型的广泛使用则是人工智能系统进化的推动力量。 近年来，深度神经网络快速向数亿乃至千亿参数大模型演进，参数越多，训练的大数据越广泛，通用效果就越明显，越像人脑，但对算力要求也越高，偏差杜绝的难度也越大。 人工智能迭代发展过程中，顶层设计要考虑行业中数据的相容与特色、知识的建构和发展、算力设施的同步演进，形成合力，支撑人工智能产业升级换代。

在这场人工智能的变革浪潮中，如何把握人工智能技术的发展趋势，将其应用于实际行业场景，以实现更高效率、更低成本、更广覆盖面地赋能行业智能化，已经成为社会各界关注的焦点。 行业智能化转型过程中遇到的其中一个关键挑战是在各行业与 AI 之间的知识沟通，培养两栖人才。 本丛书通过一个通用的系统工程架构比较全面地解析了该问题的解决之道，去完成各行业智能化转型这个复杂的系统工程。 通用的智能系统框架像人体一样，有大脑、五官、经脉、血液、手脚等，可感知，能学习，会思考，会进步。 智能系统还要结合行业数据、知识的积累与融合，用户的体验与反馈，才能更好地支撑 AI 在行业中的迭代提高发展水平。

人工智能将触发广泛的行业变革。 未来十年，AI 的主战场正是在各行各业。 我们不但要研究语言模型、图像模型、视频模型等基础语言和跨媒体大模型，还要进一步创建行业知识与数据集，训练各行业的垂直模型，推动数据和知识双轮驱动的人工智能。 数据和知识的结合将让人工智能更深入、更专业、更广泛。 另外还需要加强安全可信、政策标准等方面的投入，以更全面、更有效的力度推进行业智能化的发展。

本丛书对行业智能化面临的挑战进行分析，旨在详细剖析行业智能化参考架构、关键要素和设计原则，深入探讨行业智能化技术实现和实践场景，为读者提供一套全面、系统的行业智能化理论与实践参考。 深入展现人工智能技术在各行各业应用中具有巨大的潜力和业务价值。

总的来说，本丛书总结了华为近年来的技术创新用于行业智能化的实际效果，通过独特的视角和深入的思考，考察了人工智能技术在行业智能化中的关键作用，展示了如何将人工智能技术与传统产业深度融合，推动产业升级和转型，为经济智能化转型提供了有益的经验与借鉴。

当前，中国正以"万水千山只等闲"之势，生机勃勃地前进在行业智能化转型的大道上，AI 产业界、学术界和各行业用户正在一起合力构建一个万物互联的智能世界，打造渗透八方的 AI。 智能化的未来，是全人类共同的未来，每个国家都有权利和需求参与到智能化发展的进程中来，共同推动智能化技术的应用和创新，带动全球经济和社会走向一个高质量、高水平的快速演进期，以造福全人类。

中国工程院院士
浙江大学教授
国家新一代人工智能战略咨询委员会主任
中国人工智能产业发展联盟理事长

潘云鹤

FOREWORD
序 四

近 10 来年,中国政府和产业界一直倡导数字经济与实体经济的深度融合,其主要实践即制造业中广泛推进的企业数字化转型和智能制造。 数字/智能(以下简称"数智")技术广泛应用于设计、加工、制造、仓储、物流等环节,通过集成先进的传感器、控制系统和数据分析工具,可以实现对制造过程的实时监控和优化,确保产品质量和生产效率达到最高水平。 首先,这种技术革新不仅提高了制造企业的竞争力,还为消费者带来了更高品质的产品。 其次,数智技术促进了制造业的创新。 通过把数智技术赋能于产品,把先进的调度控制方法和模型运用于车间工厂运营,企业可以开发出性能更高、更加个性化的产品,以满足消费者多样化的需求。 此外,数智技术还有助于实现制造业的可持续发展。 通过优化生产流程、减少能源消耗和降低废弃物排放,帮助制造企业实现绿色生产,减少对环境的影响。 这对于应对全球气候变化和资源紧张等挑战具有重要意义。

当前,我国工业化发展的机遇和挑战并存,迫切需要通过数实融合构筑产业的竞争优势,必须走一条与以往发展方式不同的新型工业化道路。 具体而言,推进智能制造是其关键举措,亦是新型工业化的主攻方向。 从现在到 2035 年,我国的智能制造发展总体将分成两个阶段来实现。 第一阶段:数字化转型,到 2027 年,规上企业基本实现数字化转型,数字化制造在全国工业企业基本普及。 第二阶段:智能化升级,到 2035 年,规上企业基本实现智能化升级,数字化网络化智能化制造在全国工业企业基本普及,我国智能制造技术和应用水平将走在世界前列,中国制造业智能升级也将走在世界前列。

随着科技的飞速发展,人工智能已成为驱动未来产业变革的核心力量。 从初步探索到广泛应用,人工智能在算法、数据和计算能力等方面不断取得突破,推动了全球产业结构的深刻变革。 它不仅在图像识别、语音识别、自然语言处理等领域展现出超越人类的智能水平,更在智能制造、智慧城市、智慧交通、金融科技等领域催生了巨大的商业价值。 ChatGPT、Sora 等前沿技术的涌现,更是将人工智能推向了新的高峰。 人工智能技术的广泛应用,正在以前所未有的速度推动社会进步,成为驱动经济增长、提高生产效率和改善人们生活品质的重要引擎。

本人长期在数字化制造、智能制造领域坚持不懈地学习,及至 ChatGPT 的出现,突然联想到维特根斯坦的名言,"真正的神秘,不是世界怎样存在,而是世界竟然存在。"大模型的问世,顿时使人们感受到其展现的神奇魔力。 我惊叹,大模型竟然存在!

实事求是地说,中国绝大多数企业尚处于数字化转型的阶段,真正意义上的智能技术只有零星的应用。 即便 ChatGPT 的出现使所有人感到震惊，但绝大多数产业界人士和学者（包括我自己）都认为，大模型在制造业中的应用可能为时尚早。 及至读了《行业智能化架构与实践 制造和大企业》的书稿，我惊讶地发现，大模型应用已然在中国一些企业的核心业务中悄然开展！

看来，中国的制造业要为"智能化升级"提前做好准备！

随着智能化浪潮的汹涌而至，一个全新的行业智能化参考架构的提出变得尤为迫切，本书的问世正当其时。 本书提出的六层行业智能化参考架构包括智能感知、智能联接、智能底座、智能平台、AI 大模型以及行业应用。 企业可以基于现实条件，通过分层分级建设，选取合适的技术和产品，提升自身的智能化水平。 同时，该架构以协同、开放、敏捷和可信为核心特点，确保企业在智能化升级过程中能够实现高效协作、灵活创新，并始终保持数据的安全可靠，为各行业的智能化方向提供理论和技术基础。 该书又通过生动具体的案例和实践经验，充分展示了智能化技术在实际应用中所释放的巨大潜力和所创造的价值，揭示了未来智能化发展的无限可能性和广阔前景。 书中展现了智能化技术在汽车制造、半导体与电子、医药、软件与 ICT、酒水饮料、建筑地产以及零售行业中的实际应用与成效。 广大企业可从这些案例中得到借鉴。

华为作为全球领先的信息与通信企业，早些年前就已经开始在人工智能方面部署。读者从本书中可以看到华为在算力、大模型等 AI 基础能力以及生态构建方面的成效。 他们以开发者为核心，繁荣技术生态，以伙伴与客户为核心，做厚商业生态，坚持技术生态与商业生态双轮驱动来发展产业生态。 他们也正在积极联合伙伴与客户，围绕应用场景不断创新。 本书中理论、前沿技术与实践案例相得益彰，内容生动具体、深入浅出，更具指导意义和实用性，相信能够激发更多行业的创新灵感和实践动力。 业界人士阅读这本书后，应该能方便地勾画自己企业智能化升级的路线图。

数字化转型的意义不容置疑，但智能化升级将为企业带来什么？ 不少业界人士可能颇为犹疑。 其实，即使是数字化转型比较成功的企业依然有很大的改善空间。 一个复杂产品或装备，其中很多复杂关联尚不为人类工程师所认识；企业及其所处的外部生态（市场、供应链等）中都存在大量的不确定性问题，如节能、成本等。 这些问题往往难以用传统的分析方法和工具来解决，而 AI 技术以其强大的数据处理能力、机器学习和预测能力，成为解决这些不确定性问题的最佳工具。 我们需要意识到人类以及传统工业软件对工程复杂度认识的局限性。 维特根斯坦言："我的语言的界限意味着我的世界的界限。"我们能够理解和告诉别人世界的复杂度，最高不会超过语言所能描述的范围。 而人工智能却能够以超越人类语言的能力来告诉我们一个复杂产品/装备、一个企业、一个供应链系统乃至更大的工业系统所蕴含的复杂度，尽管人类还很难用自己的语言解释智能系统所理解的结果。

阅读这本书，读者将明白使用大模型那种"语言"的意义！

展望未来，人工智能领域对专业人才的需求将持续增长，跨学科融合将成为培养 AI

领军人才的重要途径，高等院校在加强建设计算机科学、数学、统计学等基础课程的同时，还应注重对实践能力和创新思维的培养，以适应 AI 领域对复合型人才的需求。 这本书显然可以成为高校教师与学生在教学科研中的参考书。

　　制造业界和相关的学术界人士都应该为正在到来的智能化时代做好准备，学习《行业智能化架构与实践 制造和大企业》也许是准备的开始！

中国工程院院士

FOREWORD

序　五

1760 年到 1840 年的第一次工业革命，主要技术手段是煤炭、蒸汽机，将人类带入了以机械化为特征的蒸汽机时代。19 世纪末到 20 世纪初的第二次工业革命的主要技术手段是电力、石油，将人类带入了电气化时代。20 世纪 60 年代开始的第三次工业革命主要技术手段是计算机、互联网，将人类带入了自动化或网络化时代。21 世纪初的第四次工业革命则以大数据和人工智能技术为核心，以互联网承载的新技术融合为典型特征。相比前三次工业革命为人类社会带来的进步，第四次工业革命将人类带入了更高层次的智能化时代。人工智能技术不断演进，成为第四次工业革命的关键新兴技术，以及当前最具颠覆性的技术之一，是行业转型升级的重要驱动力量。

人工智能作为一项战略性技术，已成为世界多国政府科技投入的聚焦点和产业政策的发力点。全球 170 多个国家相继出台人工智能相关的国家战略和规划文件，加速全球人工智能产业发展落地。具体而言，美国将人工智能提到"未来产业"和"未来技术"领域的高度，不断巩固和提升美国在人工智能领域的全球竞争力；欧盟全面重塑数字时代全球影响力，其中将推动人工智能发展列为重要的工作；英国旨在使英国成为人工智能领域的全球超级大国；日本致力于推动人工智能领域的创新创造计划，全面建设数字化政府；新加坡要成为研发和部署有影响力的人工智能解决方案的先行者；基于当前复杂多变的国际形势，中国一方面要加强人工智能基础核心技术创新研究，培育自主创新生态体系，另一方面要推进人工智能与传统产业的融合，赋能我国产业数字化、智能化高质量发展。

算力、数据、算法已经构成了目前实现人工智能的三要素，并且缺一不可。人工智能算力是算力基础设施的重要组成部分，是中国新基建和"东数西算"工程的核心任务抓手。预计到 2025 年，中国的 AI 算力总量将超过 1800EFLOPS，占总算力的比重将超过 85%，2030 年全球 AI 算力将增长 500 倍。中国已经在 20 多个城市陆续启动了人工智能计算中心的建设，以普惠算力带动当地人工智能产业快速发展。多年来华为聚焦鲲鹏、昇腾处理器技术，发展欧拉操作系统、高斯数据库、昇思 AI 开发框架等基础软件生态，通过软硬件协同、架构创新、系统性创新，保持算力基础设施的先进性，为行业数字化构筑安全、绿色、可持续发展算力底座。

人工智能产业的发展必然带来海量数据安全汇聚和流通的需求，大带宽、低时延的网络能力是发挥算力性能的基础。网络能力需求体现在数据中心内、数据中心间以及数据中心跟终端用户之间不同层面的需求上。中国正在启动 400G 全光网和 IPv6 + 网络建设以及从 5G 往 5G－A 传输网络的演进工作，旨在通过大带宽、低时延高性能网络，支撑海量数据的实时安全交互。 通过全方位的网络能力建设和升级，为人工智能数据流动保驾护航。

人工智能技术的应用，是发挥基础设施价值的"最后一公里"。 在海量通用数据基础上进行预先训练形成的基础大模型，大幅提升了人工智能的泛化性、通用性、实用性。基础大模型要结合行业数据进行更有针对性的训练和优化，沉淀行业数据、知识、特征形成行业大模型，赋能千行万业智能化转型。

本丛书中华为联合行业全面地总结了人工智能基础设施建设以及行业智能化转型的实践经验，精选了一些 AI 使能企业生产、使能民生、加速行业智能化转型方面的典型案例进行分析，展示了图像检测和视频检索、预测决策、自然语言处理 3 类应用场景的巨大潜力，为世界各国推动行业智能化转型落地提供了更多的思路、方法和借鉴，为全球人工智能技术发展和进步贡献更多智慧和力量。

人工智能技术将成为行业智能化的主驱动，推动各行各业实现智能化转型和发展。智能化将成为全人类共同的未来，不是个别国家的特权，不仅是因为它能够带来巨大的经济和社会效益，更因为它能够让人类的生活更加便捷、高效和舒适。 全球各国可以结合各自的实际情况，相互学习和借鉴，加快 AI 算力基础设施的构建，并通过培养人工智能领域人才、提供政策保障、制定行业标准，助推 AI 技术高质量发展，共同探索和创造更加美好的未来。

中国工程院院士

清华大学计算机科学与技术系教授

FOREWORD
序　六

　　回望人类社会发展史，过去几千年里，社会生产力基本保持在同一水平线上。　然而，自工业革命以来，这条曲线开始缓缓上升，并且变得越来越陡峭。　人工智能被誉为21世纪社会生产力最为重要的赋能技术，正以惊人的速度渗透进各行各业，推动一场新的生产力与创造力革命，变革未来的产业模式。　凯文·凯利预测，在未来的100年里，人工智能将超越任何一种人工力量。　变革已成为一股无法阻挡的力量，将人类引领到了一个前所未有的时代。　人工智能带动数字世界和物理世界无缝融合，从生活到生产，从个人到行业，正日益广泛和深刻地影响人类社会，驱动产业转型升级。　ChatGPT和大模型的出现使得人工智能发展进一步加速，世界各国正在进入百模千态时代，人工智能与千行万业的深度融合成为热点与焦点，加速行业智能化成为未来人工智能发展的主旋律。

　　古人云：日就月将，学有缉熙于光明。　华为始终秉持"把数字世界带入每个人、每个家庭、每个组织，构建万物互联的智能世界"愿景，基于对未来趋势的理解和把握，在ICT（信息和通信技术）领域一直走在前沿，不断引领产业发展。　在2005年，华为首先提出网络时代全面向"All IP"发展演进；在2011年，又一次提出数字化时代全面向"All Cloud"发展演进；在2021年，首次发布《智能世界2030》报告，揭示了未来十年ICT技术广泛应用的发展趋势。　今天，我们在此提出智能时代全面向"All Intelligence"发展演进，通过人工智能领域的理论创新、架构创新、工程创新、产品创新、组合创新和商业模式创新，华为将使能百模千态、赋能千行万业，加速行业智能化发展，助力行业重塑与产业升级。　据预测，2030年全球人工智能市场规模将超过20万亿美元，然而在行业的智能化落地中仍面临以下四个关键挑战：

　　第一，人工智能的算力挑战。　大模型应用对算力基础设施的规模提出了更高的要求，企业传统基础设施面临算力资源不足的挑战。　大模型需要大算力，其训练时长与模型的参数量、训练数据量成正比。　参照业界分析，能达到可接受的训练时长，需要百亿参数百卡规模，千亿参数千卡规模，万亿参数万卡规模，这对算力资源的规模提出了较高的要求。

　　第二，人工智能的数据挑战。　每个行业都有各自长期且专业的积累，涉及物理、化学、生物、地质等多维知识表达，为了在不同行业落地应用，大模型必须结合行业知识、专有数据，完成从通用到专业的转变。　获取海量高质量专有数据是一项艰巨的任务，如何智能感知、实时上传和高效存取海量生产数据，不仅需要解决设备连接的兼容性问题，还要确保实时性和高可靠性。　在数据预处理、训练和推理阶段，同样面临读取性能问题、数据丢失问题以及成本效率问题等一系列挑战。 行业数据是企业的核心知识资产，涉及知识产权等问题。 如何合法地获取和整合数据，并确保端到端的数据安全，满足隐私保护要求也是一项挑战。

第三，人工智能技术开发的挑战。 在行业模型及应用开发的过程中，如何简化开发流程，提高开发效率，变革开发模式，高效打通数据链路，引入自动化机制，加强应用安全性和可靠性，都是大模型应用开发中面临的诸多难题。 要解决这些难题，关键在于打造一个通用可靠的人工智能应用开发平台来赋能行业开发者。

第四，人工智能落地应用的挑战。 由于不同规模、不同能力的企业对大模型的建设需求不尽相同，因此需要构建不同层级的模型并提供相应的资源和部署能力，如总部层面集中建设大规模训练集群，区域层面建设规模训练平台、训推一体平台，边缘侧部署推理能力。 服务于行业，除了技术问题，人工智能还需要解决人才储备、技术生态，以及法规政策等一系列挑战。

过去四年，华为成立行业军团，深入行业和场景，纵向缩短管理链条，更好地响应客户智能化需求；横向快速整合研发资源，全力支持千行万业的智能化转型发展。 行业军团基于华为创新的智能化 ICT 基础设施和云平台，广泛联合业内解决方案伙伴，打造领先的产品和解决方案适配行业智能化场景，为行业智能化实践添砖加瓦、探索前行。 比如，华为云盘古气象大模型，正被天气预报中心用来预测未来 10 天的全球天气。 该模型使用全球 39 年的天气数据进行训练，仅用 1.4 秒就完成了全球 24 小时的天气预测，比传统的天气预报方法快 1 万倍；借助它进行台风路径的预报可以保持极高的精准度。 山东能源集团依托盘古大模型建设人工智能训练中心，构建起全方位人工智能运行体系，探索和发掘煤矿生产领域全场景的人工智能应用，将一套可复用的算法模型流水线应用到各种作业场景，通过人工智能大规模"下矿"实现了矿山作业的本质安全和精简高效。 目前行业军团已经面向金融、制造、电力、矿山、机场轨道、公路水运口岸、城市、教育、医疗等 20 多个行业打造了 200 多个行业智能化解决方案，并在一系列智能化项目中产生了实际效果。

千行万业正在积极拥抱人工智能，把行业知识、创新升级与大模型能力相结合，以此改变传统行业的生产作业、组织方式。 人工智能的发展与使用将成为全球行业转型升级的关键一环，助力各个国家在人工智能时代不断取得发展，华为将聚焦以下 3 方面，持续助力。

第一，创新引领。 持续加强人工智能基础设施的创新投入，提供灵活的智能算力供给模式、高效可信的人工智能开发体系，使各层级大模型更易于部署，应用速度更快，推进人工智能应用走深向实，助力行业、企业实现场景创新。

第二，生态开放。 算力开放，支持百模千态；感知开放，实现万物智联；模型开放，匹配千行万业。 与各行业的合作伙伴共同构建人工智能生态圈，探索更多的人工智能行业场景应用，携手企业、研究机构、学术机构等共筑安全可信的人工智能生态体系。

第三，人才培养。 人才是企业发展的核心力量，支持各个行业、各个企业培养和吸引入人工智能人才，打造一支高水平的人工智能研发团队，为人才提供广阔的发展空间。

　　结合华为行业智能化实践，以及面向智能世界 2030 的展望，我们与业界专家学者进行了万场以上的座谈研讨，凝聚了各方智慧与经验，输出加速行业智能化丛书。希望能够通过本丛书的论述和案例为行业智能化实施落地提供参考，加速拓展人工智能技术在行业中的应用。

　　百舸争流，奋楫者先。智能时代的大潮正奔涌而来，让我们同舟共进，引领时代，使能百模千态、赋能千行万业、加速行业智能化！

华为公司常务董事

ICT 基础设施业务管理委员会主任

PREFACE
前　　言

随着全球经济的持续演变和科技的不断进步,新型工业化浪潮已经汹涌而至。在这一浪潮中,数字经济与实体经济的深度融合成为推动产业转型升级的关键力量。对于制造行业与企业而言,如何把握这一历史机遇,引领企业走向更加繁荣的未来,成为摆在人们面前的重要课题。

在企业ICT领域,华为作为一个全产业链供应商,不仅推动着信息与通信技术、物联网、云计算、大数据等ICT技术创新,为客户量身打造数字化、智能化解决方案,同时也在近30年的成长过程中,不断探索并积累了深厚的数字化、智能化经验。华为坚信,数字化转型与智能化升级的核心在于利用新一代数字技术,构建一个全感知、全联接、全场景、全智能的数字世界,进而优化再造物理世界业务,对传统管理模式、业务模式、商业模式进行创新和重塑。其根本目的在于提升企业竞争力,实现业务的长远发展。

本书深入探讨数字技术与实体经济融合在推动新型工业化进程中的核心作用,也展现了新质生产力作为推动新型工业化的主动力所表现出的诸多特征,并为企业提供一套系统、实用的智能化升级参考方案。在编写过程中,我们深入探讨了行业智能化所面临的多重挑战。首先,智能化的建设实施并非一蹴而就,而是需要分层分级地逐步推进。同时,我们发现许多场景设计尚显不足,开放程度也有待提高。其次,行业内的创新生态尚未完善,多业务系统之间的互联互通也存在困难。技术层面,老旧的技术框架已无法有效融合当下多样化的技术,而基础大模型也亟须调整以适应不断变化的行业需求。更为关键的是,算力供需之间存在明显的不平衡,且需求日趋多样化。最后,数据的采集、传输及使用难度也增加了行业智能化的复杂性。针对这些行业智能化道路上的难题,我们提出了一种行业智能化参考架构,以期避免系统的重复建设、提升系统效率;帮助客户形成清晰的全局视野,降低后续业务扩展的复杂性;通过提供以客户为中心的行业智能化参考架构,更好地理解客户的业务需求和技术需求,以吸引更多的独立软件开发商,共同完善解决方案生态,帮助企业更好地应对智能化升级过程中的挑战和机遇。

本书特别以华为的智能化实践为参考,通过详细分析其成功经验,为广大企业提供了一面宝贵的镜子。我们相信,通过学习和借鉴华为等领先企业的智能化实践,广大企业能够更快地找到适合自身的数字化转型、智能化升级之路。

在解决方案篇中,针对智慧工厂、研发工具链、工程设计仿真、数字化运营、企业知识库、智慧园区等关键领域提出了具体的解决方案。这些方案旨在帮助企业应对业务挑战，实现高效、智能的生产与运营。 通过对案例的深入剖析和前瞻性展望，我们期望为读者提供有益的参考和启示。

在行业应用篇中，不仅精选了制造领域的汽车制造、半导体与电子、医药行业等具有代表性的行业实践，更将智能化技术的应用领域进一步拓宽，涵盖了酒水饮料、软件与ICT、建筑地产以及零售等多个大企业行业，充分展现了智能化技术在各行业的应用。 我们深入剖析了这些行业在智能化升级过程中的挑战与成功实践，通过分享一系列生动的案例，期望能够激发更多行业的创新灵感和实践动力。

展望未来，行业智能化的发展趋势将更加明显和多样化。 因此，本书在未来展望篇中对行业智能化的发展趋势进行了前瞻性的分析和展望，旨在帮助企业把握未来发展方向，制定更具远见的战略规划。

本书的写作过程得到了众多行业专家、企业领袖和研究机构的支持与帮助。 在此，向他们表示衷心的感谢。 同时，也期待与广大读者共同探讨行业智能化的未来发展方向，共同为推动新型工业化进程贡献力量。

总体而言，本书是一本关于数字技术与实体经济深度融合、推动新型工业化的实用指南。 希望本书的内容为企业管理者、技术专家和学者提供有益的借鉴和启示，共同探索和推动企业智能化升级。 让我们携手共进，共创智能化未来！

编 者

2024 年 4 月

CONTENTS
目　录

第 2 篇　行业智能化参考架构与解决方案篇

第 3 篇　行业应用篇

第 1 篇

通用概述篇

第 1 章

新型工业化是从工业大国走向工业强国的必由之路

新中国成立特别是改革开放以来,我国用几十年时间追赶西方发达国家几百年走过的工业化历程,制造业增加值规模连续十多年位居世界首位,创造了经济快速发展和社会长期稳定的奇迹。2023 年,我国工业增加值近 40 万亿元,比上年增长 4.2%,规模以上工业增加值增长 4.6%,在规模以上工业中,制造业增长 5.0%。产业体系更加健全,产业链更加完整,产业整体实力和质量效益不断提高,产业创新力、竞争力、抗风险能力显著提升,已具备实现新型工业化的强大基础。当前我国工业化发展进入机遇和挑战并存、不确定因素增多的新时期,既有新一轮科技革命和产业变革带来的历史机遇,也面临前所未有的风险挑战,必须走一条与以往发展方式不同的新型工业化的道路。

1.1　我国处在工业由大变强、爬坡过坎的重要关口期

我国工业化进程经历了初始追赶期、快速追赶期,当前处于深度追赶期,如图 1-1 所示。总体来看,我国工业发展取得长足进步,但工业整体仍处于全球价值链中低端,自主创新能力不强,工业大而不强的格局尚未根本改观,工业进入由大变强、爬坡过坎的重要关口期,我国提出了在 2035 年基本实现新型工业化的重大战略目标。当前距离这一目标的实现期限仅有十余年时间,推进新型工业化的外部环境发生很大变化,面临时间窗口紧和转型任务重的双重挑战,必须突出重点、抓住关键,明确时间表、路线图,努力推动新型工业化不断取得新突破新成效。

图 1-1　我国处于工业大国向工业强国迈进的重要关口期

从工业化国家发展历史看，英、美、德、日等发达国家抓住工业革命带来的变革机遇，加快技术创新，塑造产业竞争优势，相继完成工业化进程并崛起成为工业强国。例如，美国在近80年（约1900—1979年）的时间里，抓住第二、三次工业革命机遇，完成工业化进程，工业产值最高占比超过40％，GDP占比接近50％，形成了汽车、半导体、软件和ICT、生物医药等优势产业。

从后发国家发展历程看，多数后发工业化国家到了追赶期，资源、劳动力等优势不再突出，同时面临要素驱动向创新驱动转变的"硬核要求"，真正实现工业化非常不易。因此，尽管面临数次工业革命巨大机遇，全球仅有不到30个国家和地区，不足10亿人成功实现工业化，而一些发展中国家则存在过早去工业化的现象，陷入"中等收入陷阱"。

从国内外形势看，全球制造业"东升西降"趋势明显，据中国信息通信研究院测算，美国2000年制造业增加值占全球比重达25％，2020年下降为20％，英德法合计占比从13.2％降至8.8％，而中国制造业占比从2000年的6.7％上升至2020年的29％；跨国企业供应链布局由传统成本和效率导向，转向更加重视韧性和安全，呈现出"本地化""区域化"等趋势，给我国产业链供应链的安全稳定带来挑战；贸易方面强调以本国利益优先，"逆全球化"愈演愈烈，例如，全球贸易保护条款从2009年不足500项激增至2020年的2500多项，增加近5倍。同时，我国土地、劳动力、能源等传统要素约束增加，人口红利减弱、消费结构升级、"碳达峰碳中和"对环保要求更高，制造业综合生产成本刚性上升，传统发展方式遭遇重大困难，亟须新旧动能接续转换，优化升级产业结构，实现高质量发展。

从发展机遇看，在新一轮科技革命产业变革中，表现最亮眼的就是数字技术。数字技术与实体经济融合为制造业高端化、智能化、绿色化发展提供难得的历史机遇，只有顺应新工业革命潮流，深入推进新型工业化，着力补短锻长，利用数字技术改造传统产业，培育新兴产业，才能驱动新一轮增长繁荣，提升我们在全球产业分工中的地位和影响力，否则就可能陷入被动、错失良机。此外，以绿色低碳技术发展和产业应用为基础，走出工业可持续发展的路径，也是改变我国传统工业粗放型发展模式的重大机遇。

从基础条件看，我国制造业基础雄厚，市场规模巨大，经济发展韧性强、潜力大，实现新型工业化、建成制造强国具有良好的物质基础和条件；同时，我国积极抢抓新一轮科技革命和产业变革机遇并进行前瞻布局，谋求先发优势，下好"先手棋"，加快发展互联网、人工智能、5G、云计算等数字技术产业，实现数字经济跨越式发展，这些都为新型工业化提供新的驱动力和新的资源要素。

随着我国传统后发优势逐渐减弱，抢抓新赛道、探索新路径成为必然选择，这意味着必须走一条与以往发展方式不同的新型工业化的道路，我们也有坚实的基础和足够的资源条件早日实现新型工业化。

1.2　推进新型工业化成为强国建设和民族复兴的关键任务

新型工业化是以新发展理念为引领，以科技创新为动力，以高质量发展为主线，以工业化与数字化、网络化、智能化、绿色化融合发展为特色，科技含量高、经济效益好、资源消耗低、环境污染少、人力资源优势得到充分发挥,带动各产业、领域协同发展的工业化。站在新的历史起点上全面推进强国建设和民族复兴伟业,必须推进新型工业化,才能使工业经济实现质的有效提升和量的合理增长,为中国式现代化构筑强大的物质基础和产业支撑。

1.2.1　新型工业化的主要特征

到 2050 年,我国将成为世界领先的社会主义现代化强国,要实现这个宏伟目标,我国经济总量必须翻两番,工业增加值也必须翻两番,这是人类历史上最大规模、最高质量的工业化。在我们这样一个有 14 亿多人口的发展中大国推进工业化,既要遵循世界工业化的一般规律,更要立足国情,走中国特色新型工业化道路。因此,新型工业化的提出,是建立在对世界工业化规律和时代发展趋势的深刻认识的基础上,更是体现了对中国基本国情和中国特色的准确把握。关于新型工业化的主要特征,各界对此进行了积极探讨,并形成了基本共识。

1. 以创新驱动形成新质生产力

中国历来强调科学技术是第一生产力和科教兴国。《中华人民共和国国民经济和社会发展第十四个五年规划和 2035 年远景目标纲要》提出,展望 2035 年,我国将基本实现社会主义现代化,关键核心技术实现重大突破,进入创新型国家前列。创新型国家意味着必须以创新驱动经济发展,科技创新也成为实现新型工业化的主要动力机制。

"创新驱动"是一种新的经济增长模式,区别于依靠大量资源投入、高度消耗资源能源的传统发展方式,强调通过科技创新形成新的生产力、生产工具,提高全要素生产率,实现经济增长和就业机会的创造。

这种依靠科技创新而形成的高效能、高质量的生产力就是新质生产力,是摆脱了传统增长路径、符合高质量发展要求的生产力,是数字经济时代更显创新性和融合性、体现新内涵的生产力。以创新驱动新型工业化进程,需要打造新型劳动者队伍,摆脱传统发展路径,注重科技研发和新技术应用,通过技术创新催生新产品、新业态、新模式,实现质量变革、效率变革、动力变革,提升工业竞争力和全要素生产率,促进新质生产力发展。目前,新一轮科技革命和产业变革与我国加快转变经济发展方式形成历史性交汇,面向前沿领域及早布局,加快科技创新,实现传统生产力向新质生产力过渡转化,是推进新型工业化的应有之义。

2. 以数实融合构筑新的竞争优势

数实融合是新型工业化的鲜明特征和必然要求。当前,数字经济作为全球经济发展的新引擎,其发展速度之快、辐射范围之广、影响程度之深前所未有,数据成为新的要素,对实体经济提质增效的带动作用显著增强,将极大地改变人类生产生活方式和组织运行模式,解放和发展生产力,显著降低社会成本,提升劳动生产率。

推进新型工业化的一个主要目的就是抢抓数字经济、产业信息化等发展机遇,促进经济社会数字化转型、智能化发展,培育壮大新兴产业,用好国内大市场和丰富应用场景,前瞻布局未来产业,开辟新赛道,构筑未来发展新优势。只有加快推动数字经济与实体经济深度融合,才能更好地顺应新一轮科技革命和产业变革趋势,培育新优势、占据制高点、蓄积新动能。例如，机器人、人工智能不断成熟，以及智能制造、工业互联网等技术的广泛应用，"机器换人"更加普遍，导致数字要素对劳动力的替代，对劳动力比较优势形成较大的冲击，原本以劳动力成本取胜的产业链布局变得不再重要，削弱了发展中国家在全球产业链中的重要性，而产业的资本密集度、知识密集度则不断提高，为产业链迈向中高端提供强大助力。

对于一个国家来说，如果能有效利用这些新技术新产品，将更容易积累形成新的优势要素（如新兴产业、专利技术、熟练工人、工程师等），同时增强对其他产业的吸引力，加快国内产业从低端到中高端的更替。很多国家和地区强烈地意识到了这个机遇，纷纷出台相关战略加速数字技术应用。例如，欧盟2021年发布《2030年数字指南针：数字十年的欧洲之路》，提出到2030年，要有75%的欧洲企业使用云计算服务、大数据和人工智能，超过90%的中小企业至少达到基本的数字化水平。欧盟希望通过这一规划给欧洲民众和企业数字赋权，打造开放竞争的欧洲单一市场，树立工业基础稳固、公民队伍技能娴熟的未来竞争优势。对于企业来说，则可以加快产品迭代创新，提升劳动生产率，降低人力成本，扩大市场份额，打造新的竞争力。

3. 以协同发展释放经济增长潜力

协同发展是新型工业化的内在要求，主要表现为产业间的融合协同、新型工业化和信息化、城镇化、农业现代化的协同以及城乡区域工业合理分工和有效协同，通过各领域的协同融合，互促共进，共同激发经济增长潜力。

过去，产业之间的边界相对清晰，每个产业有明确的产品和服务范围，以及特定的市场和消费者群体。然而，随着技术进步、市场需求的变化以及企业战略的调整，这些传统界限正逐渐变得模糊，产业间协同发展和融合发展成为普遍现象。例如，传统的制造业通过引入信息技术，正在逐步与数字经济深度融合。推进新型工业化，必然要求推进第一、二、三产业之间的融合，制造业与服务业的协同和融合，以及战略性新兴产业、支柱产业、传统产业有效协同。通过协同发展和融合发展，有效释放传统产业增长潜力，培育壮大新产业新动能。其中，先进制造业集群和数字产业集群是产业融合协同的主要载体。

新型工业化还需要新型工业化、信息化、城镇化、农业现代化协同发展，着力解决工业化进程中的发展不平衡不充分问题。与发达国家工业化历程不同，我国的工业化与城镇化、信息化、农业现代化等在时空上并联交汇，必然要求工业化与城镇化、信息化、农业现代化同步发展。一是以工业化促进信息化、带动城镇化、推进农业现代化，补齐农业现代化短板，推进乡村全面振兴；二是以信息化与农业现代化的协同，发展高质高效的现代农业体系；三是通过信息化与城镇化的深度协同，推进公共服务均等化，实现以人为本的城镇化；四是通过新型工业化、城镇化和农业现代化的融合发展，催生广阔的市场需求，反过来推动新型工业化发展。

新型工业化还表现为城乡区域工业合理分工和有效协同，即基于主体功能区定位优化重大生产力布局，促进区域协调发展。一方面，东部地区在向中西部地区进行产业转移的同时，需要加快产业转型升级，打造一批具有区域特色的产业集群和先进制造业基地，迈向产业链中高端；另一方面，中西部地区和东北地区则积极承接东部发达地区产业转移，深度挖掘传统产业潜力,同时积极发展新兴产业,不断完善高新园区、产业园区的功能和布局,使区域协调发展成为推进新型工业化的内生需要。例如,青海省近年来积极培育光伏产业,目前已形成"多晶硅-单晶硅-切片-太阳能电池-电池组件"完整的光伏产业链布局,培育了一批高水平的数字化工厂、绿色工厂和小巨人企业,有力带动了西部地区的经济发展和就业。

4. 以绿色发展实现人与自然和谐共生

绿色发展是新型工业化的重要特征。绿水青山就是金山银山,中国式现代化是人与自然和谐共生的现代化,新型工业化正是站在人与自然和谐共生的高度来谋划发展。

与先行工业化国家"先污染、后治理"的路径不同,新型工业化强调可持续发展,要求从根本上摒弃传统工业化过程中高耗能、高污染和高碳排放的生产方式,避免资源过度开发、生态环境恶化等,加快发展绿色制造,开发绿色产品,建设绿色园区和绿色工厂,打造绿色供应链,实现工业的绿色低碳循环发展。

当前我国工业化进程尚未完成,产业结构仍未跨越高消耗、高排放阶段,要突破资源环境约束瓶颈,必须坚持走新型工业化道路,以推进碳达峰碳中和为抓手,探索以数字技术支撑绿色制造模式,提升能源、资源、环境管理水平,建设资源节约、环境友好的绿色工业化体系。然而,我国各地资源分布不同,产业分工各异,绿色化方向也不尽相同,不能搞一刀切。例如,东部地区高技术产业和先进制造业占比较大,但资源环境约束压力更大,需及时推进绿色低碳转型,探索行之有效的经验模式;而中西部地区是原材料和能源供应的重要区域,不少地方长期以来形成了单一的产业结构,甚至一业独大,绿色发展需要根据区域产业实际情况,坚持不懈,久久为功。

5. 以高水平对外开放融入全球产业链供应链

高水平对外开放是中国融入全球产业链供应链的重要途径,也是新型工业化在开放条件下的具体表现。改革开放 40 多年来,我国工业化的迅猛发展,得益于一个开放的环境,以开放促改革、促发展是我国的重要经验。新型工业化是高水平开放的工业化,要求加强与全球产业链供应链的深度融合,坚持"引进来"与"走出去"并重,有效利用国内国际两个市场、两种资源,积极参与全球分工,并努力迈向全球价值链中高端;通过推进"一带一路"倡议,与共建国家和地区更好地融入全球产业链、供应链、价值链,形成包括从产品、技术、服务到制度型开放的全方位、多层次、宽领域的全面开放新格局。例如,《区域全面经济伙伴关系协定》(RCEP)的实施,推动了我国与其他成员国中间产品的贸易,2022 年,我国对 RCEP 其他成员国进出口中间产品 8.7 万亿元,增长 8.5%,占同期中国对其他成员国进出口总值的 67.2%。又如,我国在新能源汽车、锂电池、光伏等领域产品出口增速迅猛,充分体现了我国在全球产业分工中向中高端不断迈进的积极变化。

推动新型工业化也需要在开放的环境中以科技合作赢得战略主动。与拥有不同气候和地理环境条件的国家加强合作,不仅能实现信息共享,还能推动农业、生物、气候、地质等方面的科研能力互补。中国和埃及共建了国际联合节水灌溉实验室项目,与葡萄牙联合成立了海洋生物科学国际联合实验室以及中国-葡萄牙星海"一带一路"联合实验室。同时,在"一带一路"建设中,中国不仅主动融入全球科技创新网络,还努力推动科技创新成果惠及更多国家和人民。例如,中国与共建国家在智慧城市、移动支付和跨境电商等数字经济领域开展广泛合作,以解决全球数字技术发展不平衡问题;中国支持共建国家建立和完善技术交易市场,与联合国开发计划署组建技术转移南南合作中心,推动先进适用技术成果在共建国家转移转化;中国还通过举办一系列科研交流和培训活动,助力共建国家创新人才培育和成长。

经过多年发展,我国已建立起全球规模最庞大、门类最齐全、配套最完善的工业体系,成功解决了从无到有、从小到大的问题。在新征程上推动新型工业化,解决从大到强的问题,必须更加注重实现内涵式发展的工业化,主要依靠创新驱动来提高质量和竞争力,增强产业发展质量和品牌优势,提升产业链话语权、附加值,更好地满足人民日益增长的美好生活需要。总的来看,我们要推进的新型工业化体现了新的生产技术、新的发展目标、新的发展模式和新的发展成效,在这一过程中,新一代信息技术扮演了关键角色。

1.2.2　推进新型工业化的主要任务

新型工业化要求我们积极主动地适应和引领新一轮科技革命和产业变革,把高质量发展的要求贯穿新型工业化全过程,把建设制造强国同发展数字经济、产业信息化等有机结合,推动工业经济实现质的有效提升和量的合理增长,为中国式现代化构筑强大物质技术基础。根据工业和信息化部在《坚决扛牢实现新型工业化这个关键任务》一文中对新型工业化的解读和诠释,新型工业化主要包括以下六大任务。

1. 全力促进工业经济平稳增长

工业经济平稳增长是推进新型工业化的重要基础。首先必须保持制造业比重基本稳定,制造业比重过低,实体经济根基不牢,经济运行就会呈现出"去工业化"倾向,新型工业化更无从谈起。不少欧美国家提出"再工业化",就是基于对本国制造业比重大幅下滑,造成"产业空心化",触动经济根基的反思。具体来看,促进工业经济平稳增长需要发挥重点行业、重点地区带动作用,支持工业大省"勇挑大梁";要多措并举扩大需求,支持企业加大设备更新和技术改造,深化产融合作,持续开展"提品质、增品种、创品牌"行动;推进新能源汽车、绿色建材、智能家电等优质产品下乡,着力稳住大宗消费,培育壮大新型消费。

2. 着力提升产业链供应链韧性和安全水平

产业链供应链是现代经济的重要形态,其韧性和安全水平反映一国经济抵抗风险能力的大小,是新型工业化的前提条件和战略支撑。**在关系安全发展的领域**,着力补短板,强化产业链上下游协同攻关,确保产业链供应链稳定畅通;**在光伏、新能源汽车、5G 等优势领域**,着力锻长板,要锻造一批"杀手锏"技术,提升产业质量;加快提升产业基础能力,突破一批战略性标志性装备;**在供应链方面**,大力发展数字化供应链,推进仓储物流行业"机械化换人、自动化减人、智能化无人",基于"物联网＋人工智能",提升物流和供应链运行效率和水平;**在产业链方面**,鼓励产业链供应链上的平台企业、数字化转型服务商和大型企业打造面向中小企业需求的工业互联网平台,实现生产资源的高效配置,提升产业链各主体及环节之间的衔接紧密程度。

3．全面提升产业科技创新能力

创新是新型工业化的根本动力,产业科技创新为经济转型升级和高质量发展赋予了新的动能,深入实施创新驱动发展战略,以科技创新推动产业创新,发展新质生产力对于推进新型工业化具有重大意义。当前,我国产业创新能力正处于从量的积累向质的飞跃、点的突破向系统能力提升的重要时期。提升产业科技创新能力需要发挥新型举国体制优势,加快重大项目实施,推进重大战略性技术和产品攻关突破。强化企业科技创新主体地位,激励企业加大创新投入,着力构建企业为主体、产学研用高效协同深度融合的创新体系。优化制造业创新中心建设和布局,建设一批试验验证平台和中试平台,加快打造世界领先的科技园区和产业科技创新高地。鼓励企业在遵循国际规则和当地法律法规的基础上统筹国内国际两种资源,开展"一带一路"科技创新合作。

4．持续推动产业结构优化升级

推动产业结构优化升级是新型工业化的内在要求,要坚持传统产业改造升级和战略性新兴产业培育壮大两手抓,加快制造业迈向价值链中高端。

在传统产业改造提升方面,广泛应用数智技术、绿色技术,加快传统产业转型升级,让传统产业"老树发新芽"。**在优势产业巩固提升方面**,加强新技术新产品创新迭代,完善产业生态,增强高铁、电力装备、通信设备等领域全产业链优势,打造更多"中国制造"名片。**在新兴产业培育方面**,用好国内大市场和丰富应用场景,系统推进技术创新、规模化发展和产业生态建设,推动新一代信息技术、智能网联汽车、航空航天、生物制造、安全应急装备等新兴产业健康有序发展,加快北斗产业发展和规模应用。**在未来产业前瞻布局方面**,加强政策引导,开辟人工智能、人形机器人、量子信息等未来产业新赛道,构筑未来发展新优势。

5．大力推动数字技术与实体经济深度融合

数字技术和实体经济深度融合是新型工业化的鲜明特征和实现路径。以数字化、网络化、智能化为发展方向,充分利用新一代信息技术对传统产业进行全方位、全链条的改造,提高全要素生产率,发挥数字技术对工业发展的放大、叠加、倍增作用。我国数实融合水平总体已走在国际前列,但在供给端,高端芯片、操作系统、数据库和工业软件等方面"卡脖子"问题依然突出;在应用端,产业链协同不足,数据质量和开放性有待提高,跨界融合需进一步加强。

推动数实融合要求加快制造业数字化转型,制定实施制造业数字化转型行动方案,大力推进新一代信息技术与制造业深度融合。推动人工智能创新应用,制定推动通用人工智能赋能新型工业化政策,加快通用大模型在工业领域部署。深入实施智能制造工程,推动研发设计、生产制造、中试检测、营销服务、运营管理等制造业全流程智能化,大力发展智能产品和装备、智能工厂、智慧供应链。大力推进数字产业化,提升集成电路、关键软件等发展水平。加强5G、数据中心、算力等基础设施建设,加快工业互联网规模化应用,深化工业数据应用。

6．深入推动工业绿色低碳发展

工业是立国之本、强国之基,同时也是能源资源消耗和碳排放重点领域,工业绿色低碳发展是高质量发展的内在要求。碳达峰碳中和"1＋N"政策体系中明确提出要加快发展新

一代信息技术等战略性新兴产业，推进工业领域数字化智能化绿色化融合发展。

一方面，深入实施工业领域碳达峰行动，推进钢铁、有色、建材、石化、化工等重点行业绿色化改造，加快节能降碳技术和产品研发与推广应用。深入实施绿色制造工程，加大绿色产品供给，打造一批绿色工厂、绿色工业园区、绿色供应链，完善绿色制造标准和服务体系。加快绿色低碳产业发展，提升能源电子和绿色能源装备发展水平，扩大新能源汽车、绿色家电、高效节能环保装备等绿色消费。提高工业资源综合利用效率和清洁生产水平，推动再生资源综合利用产业规范发展。另一方面，积极应用新一代信息技术，加速生产方式数字化转型，不断破除数字化和绿色化之间互相独立的技术壁垒，促进传统产业"绿色化＋智能化"改造，不断提高工业绿色化水平。

1.3　新质生产力是推动新型工业化的主动力

新质生产力是生产力现代化的具体体现，它代表了新的高水平现代化生产力，具有新类型、新结构、高技术水平、高质量、高效率、可持续的特性。这种生产力是以前所没有的新的生产力种类和结构，相比于传统生产力，其技术水平更高、质量更好、效率更高，同时也更加注重可持续性。新质生产力以科技创新为引擎，通过技术革命性突破、生产要素创新性配置以及产业深度转型升级而催生，是摆脱传统经济增长方式，具有高科技、高效能、高质量特征的生产力质态。新质生产力的特征主要表现在以下方面。

引领科技创新：新质生产力的核心在于持续的技术研发和创新。这种创新不仅推动了工业技术的不断进步，还引领了整个工业体系的发展方向。科技创新带来的新技术、新工艺和新产品，为新型工业化提供了强大的技术支持和创新动力，使得工业生产更加高效、智能和环保。

推动高效能生产方式：新质生产力通过采用先进的技术和设备，大幅提高了生产效率，降低了生产成本。这种高效能的生产方式不仅增强了企业的市场竞争力，同时也为整个工业体系的可持续发展提供了坚实基础。它推动了新型工业化向更高效、更节约的方向发展，符合当前资源节约型、环境友好型社会建设的要求。

驱动绿色低碳发展：新质生产力强调绿色低碳发展，这与新型工业化中的环保和可持续发展理念高度一致。通过采用清洁能源、循环经济等绿色生产方式，新质生产力有助于实现新型工业化的低碳、环保目标。这不仅有助于应对全球气候变化，也为保护生态环境作出了积极贡献。

助力产业升级：新质生产力通过技术创新和产业融合，有力推动了传统产业的升级改造和新兴产业的发展壮大。在新型工业化的进程中，产业升级是一个关键环节。新质生产力为产业升级提供了必要的技术支撑和创新动力，推动着整个工业体系的优化升级。这种升级不仅提高了整个工业体系的竞争力，也为经济社会的可持续发展注入了新的活力。

新质生产力以其多方面的优势，成为推动新型工业化的主动力。在未来的发展中，新质生产力将继续发挥引领和推动作用，为经济社会的可持续发展提供强大的动力支持。

1.4　把高质量发展的要求贯穿新型工业化全过程

当前,新工业革命与我国产业转型升级、培育发展新动力形成历史性交汇,为工业高质量发展提供了难得的重大机遇,要把发展经济的着力点放在实体经济上,推进新型工业化,加快建设现代产业体系,把高质量发展的要求贯穿新型工业化全过程,为中国式现代化构筑强大物质技术基础。

1. 工业高质量发展也是经济的高质量发展

高质量发展是全面建设社会主义现代化国家的首要任务,工业是经济增长的核心引擎,在稳定宏观经济大盘中发挥着关键作用。工业也是创新活动最活跃、成果最丰富、应用最集中、溢出效应最强的领域。据统计,美国工业产值占国内生产总值比重不到20%,但70%的技术创新直接或间接来源于工业领域高质量发展需求。因此,没有工业高质量发展,便不会有经济的高质量发展。高质量发展必须充分体现创新、协调、绿色、开放、共享的丰富内涵,不仅要解决我国工业大而不强、全而不优的问题,突破部分领域和关键环节的突出短板,而且要破解工业发展面临资源约束趋紧、要素成本上升、人口老龄化加重等多重约束。

2. 推进新型工业化体现了高质量发展的要求

我们提出的新型工业化本质是涉及生产要素、资源环境与生产方式的系统性、整体性变革,既要能巩固传统产业优势地位,又要开辟新兴产业赛道,建设现代产业体系,最终实现新型工业化。在新的历史条件下,我国新型工业化的"新",主要体现在依靠自主创新驱动、加快迈向全球价值链中高端,体现在促进数字经济和实体经济深度融合、加快绿色低碳发展,体现在发挥国内超大规模市场优势、利用好国内国际两个市场两种资源,体现在加快建设现代化产业体系、促进全体人民共同富裕。如前所述,创新驱动、数实融合、绿色发展、协同发展和开放发展都是新型工业化的主要特征,也体现了高质量发展的要求。

3. 高质量发展离不开现代化产业体系的建设

随着传统产业转型升级以及战略性新兴产业培育壮大,现代化产业体系将最终形成,这既包括传统动能调整升级的过程,也包括新动能的培育壮大过程,两者共同构成高质量发展的两条路径。

建设现代化产业体系的具体要求包括:一是实施产业基础再造工程和重大技术装备攻关工程,支持专精特新企业发展,推动制造业高端化、智能化、绿色化发展;二是巩固优势产业领先地位,在关系安全发展的领域加快补齐短板,提升战略性资源供应保障能力;三是推动战略性新兴产业融合集群发展,构建新一代信息技术、人工智能、生物技术、新能源、新材料、高端装备、绿色环保等一批新的增长引擎;四是加快发展数字经济,促进数字经济和实体经济深度融合,打造具有国际竞争力的数字产业集群;五是优化基础设施布局、结构、功能和系统集成,构建现代化基础设施体系。

可以看出,建设现代化产业体系需要推动制造业高端化、智能化、绿色化发展,打造战略性新兴产业,促进数实融合等重要任务,这些也都是推进新型工业化的主要任务,因此,建设现代化产业体系的核心就是推进新型工业化。

第 2 章

数实融合是新型工业化的鲜明特征

对于数实融合的内涵,学术界和产业界的看法较为一致,主要是指新一代数字技术在实体经济部门的深度应用,实现提质增效降本,并使实体部门的生产要素、生产方式、业务流程、组织方式、产品性能、产出形态等方面发生全方位改变,最终实现数据驱动的智能化创新和绿色化发展。可以看出,数实融合的基础阶段是数字技术在国民经济千行百业的渗透和融合,加快产业数字化进程;高级阶段是以数字技术重塑产业体系,形成新的生产要素,打造智能化创新范式、智能化生产体系和产业组织形态,提高全要素生产率,发挥数字技术对工业发展的放大、叠加、倍增作用,为高质量发展带来新思路和换道追赶的新机遇。

2.1 数实融合驱动新型工业化的作用路径

推进新型工业化和建设现代化产业体系都提出了加快数字经济和实体经济融合的任务要求。从实践层面看,一方面,数实融合通过数字产业化培育新动能,培育数字产业集群,激发数字要素价值;另一方面,通过产业数字化改造升级传统动能,促进质量变革、效率变革和动力变革,有力推动产业科技创新、产业结构优化升级、提升产业链供应链安全和韧性水平和促进工业绿色低碳发展。可以看出,数实融合不仅是新型工业化的主要任务,其蓬勃发展也为推进新型工业化和实现高质量发展提供实现路径,如图 2-1 所示。

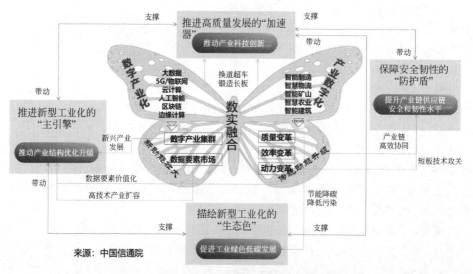

图 2-1　数实融合助力新型工业化的作用路径图

2.1.1　数实融合为提升产业创新能力提供新动力

数字技术作为一种新型通用技术,是当今世界全球研发投入最集中、创新最活跃、应用最广泛、辐射带动作用最大的技术创新领域,也是新兴产业涌现最集中的领域。数字技术具有迭代快、扩散快、渗透强等特点,其快速发展带动了创新活动的大幅增加,不仅包括企业层面的技术创新和应用探索,还包括政府、研究机构、资本等多方参与的协同创新。据统计,2021 年,我国规模以上信息传输、软件和信息技术服务业企业中开展创新活动的企业接近四分之三,远超其他行业。截至 2022 年年底,我国数字经济核心产业①发明专利有效量为127.3 万件,其中,2022 年国内数字经济核心产业发明专利授权量达到 29.6 万件,占国内发明专利授权总量的 42.6%。自 2016 年起,年均增速为 22.6%,是同期国内发明专利授权总量年均增速的 1.5 倍,专利创新呈现蓬勃发展态势。

数字技术主要是以人力、资金和数据要素的投入为主,数字技术和实体经济融合所产生的新模式新业态边际成本较低且具有易复制、非排他和可替代的特点,后来者有可能通过数实融合实现技术创新、产品创新、管理创新、组织创新和产业创新,对领先者实现"换道超车",并引发多领域、多层次和系统性变革。例如,数字技术与生物科学领域融合,催生生物芯片产业;数字技术与医疗领域结合,产生新医疗科技产业,使就医方式、就医体验等得到了极大改善;数字技术在能源领域应用,发展出能源互联网技术,有利于优化能源消费结构,推动绿色发展;数字技术在制造业领域应用,智能工厂、工业互联网、大规模个性化定制、共享制造等新模式如雨后春笋般涌现,也催生出新型显示、锂离子电池、智能制造装备、智能机器人、智能网联汽车、智能家居等各类智能化产品。数字技术与其他各行业各领域融合,驱动虚拟实验室、智慧园区、电商直播、数字农业、数字金融、数字展演、智慧物流、无人配送等新业态蓬勃发展。

企业利用数字技术加快产品研发和设计速度,提高产品研发效率,增强创新能力。以"数据＋知识＋AI"的方式开展新产品新材料研发,能够大幅缩短新产品从研发、小试、中试到量产的周期。例如,某跨国制药公司开发药物研发平台,可自动筛选候选药物,缩短新药研发周期,并与某 AI 公司合作,利用 AI 技术提高肿瘤药物的研发效率;国内某制药企业利用虚拟筛选技术、AI 和深度学习算法开展小分子创新药研发与设计,对化合物进行高通量筛选,提高优化速度,优化效率提高 2～3 倍,总体研发周期缩短 22.95%,早期研发成本节省 50% 以上。

2.1.2　数实融合为产业结构优化升级拓展新空间

建设现代化产业体系和推动经济高质量发展,需要把重点放在推动产业结构转型升级

---

①　根据国家统计局发布的《数字经济及其核心产业统计分类(2021)》,数字经济核心产业是指为产业数字化发展提供数字技术、产品、服务、基础设施和解决方案,以及完全依赖于数字技术、数据要素的各类经济活动,主要包括数字产品制造业、数字产品服务业、数字技术应用业、数字要素驱动业等。

上，加快新旧动能转换步伐，把实体经济做实做强做优。从工业后发国家的追赶实践看，后发国家成熟产业升级追赶之路往往因为技术、市场被先发国家锁定等原因而前景不明，后发优势不容易形成和发展；同时，在新技术新产业引发的新赛道上，也常因基础能力不足，很难在第一时间抓住机遇实现"换道超车"，数实融合为产业结构优化升级提供了新思路。

数字技术的快速发展，特别是与各行各业的融合，在提升生产效率方面的成效最为明显。根据中国信息通信研究院测算，近年来数字化投入对我国工业生产率贡献逐年攀升，2021年对工业劳动生产率贡献达21.2%，对工业全要素生产率贡献达31.3%。这为我国缩小与发达国家在制造业劳动生产率、全要素生产率等方面差距，加快产业结构优化升级创造了重要条件。

数字技术推动传统产业研发范式、生产方式、组织形态变革，不仅提高了产品技术含量和附加值，而且改变了产业发展属性，促进劳动密集型产业向资本密集型和技术密集型产业升级，加快迈向价值链中高端。改革开放初期，我国工业以劳动密集型的一般加工制造为主，随着信息化和工业化加快融合进程，工业结构调整取得明显成效，逐步从结构简单到门类齐全、从劳动密集型工业主导向劳动资本技术密集型工业共同发展转变。2023年，全年规模以上工业中，装备制造业增加值比上年增长6.8%，占规模以上工业增加值比重为33.6%；高技术制造业增加值增长2.7%，占规模以上工业增加值比重为15.7%。

数字技术带来的变革为加速产业数字化、抢占新赛道创造了历史机遇，这有利于后发国家开拓新的产业结构升级路径，与先发国家站在同一起跑线"并跑"甚至在某些领域实现"领跑"，从而突破产业升级面临的困境。以中国为例，在产业结构优化升级方面，中国正从依赖资源和劳动密集型产业转向以技术创新和研发为主导的技术密集型产业，在一些新兴领域实现"换道超车"，并从跟跑者、并跑者逐渐变成领跑者：大数据、云计算、人工智能、区块链等研究取得积极进展，量子通信、量子计算、北斗导航等领域实现原创性突破，光伏、新能源汽车、高端装备等领域形成全球竞争优势，推动产业向高端化、智能化、绿色化转型。

2.1.3　数实融合为产业链供应链安全韧性提供新思路

我国拥有独立完整的工业体系，但是仍存在产业基础不牢、产业链水平不高的问题。长期以来，我国产业链供应链存在系列亟待解决的问题，例如，产业链供应链薄弱环节较多、高效的现代流通体系尚未建成、生产要素运输效率不高等，对推进新型工业化、建设现代化产业体系形成制约。数实融合为保障产业链供应链稳定提供了新思路。

数字技术在供应链、物流等领域的融合应用有利于提升产业链供应链安全水平。基于数字技术提前预判风险，及时处理不同节点的异常变化，尽量避免供应链中断，同时在部分供应链断裂时，能够维持连续供应并快速恢复到正常状态，最大程度地缓冲供应链断裂风险。例如，通过传感器、物联网等技术，可以监测产品运输的环境条件（如温度、湿度）和物流过程，及时发现异常；AI可以帮助企业更准确地预测需求，优化库存水平，减少过剩或短缺的情况，通过分析销售数据和其他相关因素，还可以对未来需求进行预测，帮助企业做出更明智的库存决策；区块链技术能够确保供应链数据的真实性和不可篡改性，增强了整个供应链体系的透明度和可信度,有利于预防和减少风险,提高应对突发事件的能力,保障产业链供应链的稳定和安全。在 2021 年苏伊士运河堵塞事件中,华为基于供应链监测预警平台连接上下游资源要素,感知供应链状态,做出预警,并迅速对空、海、铁运数万条实时变化的路径展开大数据分析,通过预案模拟算出最佳解决方案,把 80% 的订单延误控制在两周之内,对客户的影响被降至最低。

"链主"企业通过打造更高协同水平的供应链平台,相关主体在国内甚至全球范围高效配置资源,提升产业链供应链韧性。 市场需求的多样化、个性化使得供应链协同活动日趋复杂,供应源日益丰富,供应链平台促进了供应链各方包括供应商、制造商、物流商、分销商、零售商等之间的协作,在全球范围内共享信息和优化调度资源,主体间既可以保持主体的各自独立,同时又能进行长期密切的协同和合作。相关方借助统一的平台更好地调度资源、共享信息,在线上或线下进行深度交互,将多条单链聚合形成纵横交错、各司其职而又紧密协作的全球化供应网络,实现更深入的资源共享、更高效的业务协同和更精准的信息对接。在供应中断后能够快速实现资源优化组合,提高整个供应链协同水平和应急响应速度,从而增加供应链的适应性和可伸缩性,支持按需生产和柔性定制,满足多样化需求,由此形成了介于市场和企业之间的一种新的虚拟组织形式。例如,某家电企业搭建智慧供应链平台,实现采购、生产、仓储物流等全流程集成协同和智能优化和产品产供销业务贯通优化,供料及时性提升至 99%。某平台企业开发的供应链云平台通过接入上游纺织产能进行社会化排产,产能利用率提升 50%。协同企业平均订单量提升 56%。

2.1.4 数实融合为工业绿色低碳发展开辟新路径

随着全球经济缓慢复苏以及地缘政治的复杂化,能源、矿产等大宗商品供给的不确定性明显增加,外延扩张、粗放利用的增长方式难以为继,需要从单纯追求经济增长向绿色低碳和可持续发展转变。近年来,在中国、日本、美国、欧洲等经济体发布的可持续发展战略中,绿色发展成为全球共识和主要关注领域。新型工业化要求深入推动工业绿色低碳发展,数字技术与绿色技术的结合已成为工业绿色发展的重要支撑工具,通过数字技术实现能源优化调度、碳排放监测和管控等方式,走出可持续发展路径,助力"双碳"目标实现。根据全球电子可持续发展倡议组织(GeSI)发布的 SMARTer2030 报告,未来 10 年内数字技术有望支撑其他行业贡献全球碳排放减少量的 20%,是自身排放量的 10 倍。

以制造业为例,数字技术作为重要抓手和技术手段,能够有效帮助制造企业实现节能降碳,数字技术在绿色低碳发展方面的应用也越来越广泛。例如,数字技术可以帮助企业开发出更加节能环保的产品,推动绿色制造的发展,降低物料浪费,减少能耗和碳排放。借助于数字技术,企业可以进行虚拟仿真和数字化测试,减少实物样机的制作,从而降低资源和能源的消耗。企业通过部署计量仪表、传感器、数据采集器、网关控制器、应用管理软件,搭建智慧能源管理系统(EMS),能够实时监控生产制造过程的能源使用情况,基于数据分析高效优化能源管理措施和设备操作流程,提高能源利用效率。

数字技术还能协助制造企业预测水资源需求并优化水资源的分配和使用,有助于对固体废物进行管理,例如,可通过 RFID(射频识别)等技术追踪废物流向,提高回收效率,减少填埋和焚烧等不环保的处理方式。通过部署传感器和数据分析工具,可以实时监测环境质量,如空气质量和水质,帮助企业进行预测和决策。

此外,在工厂、园区、办公等建筑中应用自动化、数字化技术,可以集成建筑的所有关键系统,如照明、HVAC、电梯、空调等,实现调节光照、温度和通风统一控制和优化,优化建筑能效,减少资源浪费。

2.2　数实融合推动千行万业迈向智能化

当前,新一轮科技革命和产业变革加速发展,全球产业结构和布局深度调整,传统产业升级改造和新兴产业发展共同推进。数实融合在推动制造业高端化、智能化、绿色化发展,加速千行万业迈向智能化方面发挥着重要作用,呈现诸多新特点、新趋势。

2.2.1　数实融合驱动制造业高端化、智能化、绿色化发展

制造业是立国之本、强国之基,是国家经济命脉所系。我国制造业规模已连续多年保持世界第一,在驱动经济发展、参与国际竞争中发挥着不可替代的主体力量。当前,制造业发展的外部环境复杂性明显上升,内在要素条件也发生深刻变化,制造业大而不强、全而不优的矛盾仍未得到根本解决,节能降碳和清洁生产的压力越来越大。推进新型工业化和建设现代化产业体系均提出要实现制造业的高端化、智能化和绿色化,这已经成为我国当前和未来一个时期制造业转型升级的主要方向。

新一代信息技术与先进制造技术深度融合形成了智能制造这一新的生产方式。智能制造涵盖设计、生产、管理、服务等制造活动的各个环节,具有自感知、自学习、自决策、自执行、自适应等功能特征,正在推动制造业产品形态、生产方式和业务模式发生根本性变革,成为提高制造业"含金量""含智量""含绿量"的最优解。当前,新一代科技革命和产业变革加速演进,加快发展智能制造,既有助于巩固壮大实体经济根基,也关乎我国未来制造业的全球地位。

1. 产品数字化研发设计和柔性化生产模式提升制造业高端化水平

长期以来,引进技术和出口产品是我国制造业弥补技术短板和市场缺口的重要途径,导致部分产业关键核心技术、核心材料、核心零部件以及工业软件对外依赖程度较高、"卡脖子"问题突出,对制造业迈向中高端形成较大制约。例如,在电子装备制造领域,EDA 设计软件被美国等垄断,极紫外 EUV 光刻机等装备缺乏;在航空航天领域,航空发动机、航电系统、材料存在短板,高性能复合材料、精密超精密加工、特种加工技术工艺亟待提升;在智能制造装备领域,高端芯片、智能传感器、高精度伺服电机等关键部件及高性能轴承、齿轮等关键基础件、碳纤维等复合材料成型及连接工艺,计算机辅助工程、多轴联动数控加工设计仿真等基础软件对外依赖度较高。

数字化研发设计助力提升高端产品研发能力,加快产品功能迭代升级,提高产品质量、

技术含量和附加值。传统的产品开发方式完全依靠实物验证或人员经验,设计验证过程中容易出现重复"造轮子"现象,验证成本高。产品数字化研发与设计是利用计算机辅助设计、人工智能、大数据等技术构建数字样机,对产品进行全流程的数字化设计和开发的过程,包括从产品的概念设计、三维建模、模拟仿真、性能测试到产品发布前的研发全流程。在产品数字化研发设计中应用数据模型、智能算法和工业知识,能够推动研发创新范式从实物实验验证转向虚拟仿真优化,实现高端产品敏捷迭代。例如,某新能源企业通过原子尺度建模分析获得电池储能材料微观结构和本征性质的大量数据,结合 AI+物理模型+高性能计算(HPC)对材料电化学性质和电池性能演化机理进行预测和分析,并通过模拟计算,快速筛选材料体系组分,电池储能材料整体研发周期缩短 20%以上。通过工业机理构建工艺寻优模型,将知识固化和沉淀,并进行配方、参数、流程等自适应寻优,有利于加快高端工艺创新。例如,某显示屏生产企业搭建基于 AI 的工艺动态调优系统 R2R,对蒸镀机核心参数实时调优,实现 OLED 蒸镀膜厚和像素精度自动反馈、自动计算和自动调整,保证同一批产品膜厚均一、工艺稳定,参数调优准确率提升至 100%,平均调优周期从 15min 大幅降至 5s。

柔性制造、人机物协同制造等新生产方式有利于打造高端化制造能力,满足小批量多品种市场需求。在生产制造环节,人工排产周期长、难以动态响应需求,人工排产依靠业务规则和经验,对员工的经验积累和技能要求高,无法根据多约束条件生成最优化的生产计划,经常会出现资源冲突、资源浪费、加工周期长、订单延误的情况。模块化柔性制造能够根据生产需求的变化,自动调整和配置生产要素,对产线设备、资源进行柔性化管理,这种产线配置方式使得生产线能够更加灵活地应对各种生产挑战,提高生产效率和响应市场变化的能力,这种生产方式在离散制造行业应用得更为广泛。例如,某装备企业的叶片加工无人车间集成近 30 台五轴加工中心以及 4 台六轴机器人,在产线柔性控制下,机器人自动抓取物料、柔性装夹,加工中心协同运转,实现 24 小时无人干预连续加工,人均效率提升 650%。多种机器协同制造则应用 5G、TSN、边缘计算等技术建设生产现场设备控制系统,对生产、检测、物流等不同环节的多个装备进行实时控制,实现不同装备或系统之间的协同配合和协作,能够提高整体作业效率。人机协同制造是将人的智能与数控机床、工业机器人、自动化生产线等设备的自动化能力相结合,通过人与机器的协同工作来实现高效、灵活的生产方式。

2."AI+制造"释放制造业智能化潜力

制造领域由于大量场景数据采集率不高、可利用性差,且对精准性、可靠性和安全性要求严苛,人工智能等技术落地较为缓慢,影响制造业智能化提升。进入 21 世纪以来,随着 AI、数字孪生等技术的不断演进,以大模型、大数据、大算力为代表的新兴智能技术的出现,一方面,围绕"数据+算力+算法"的制造技术集成创新持续加快,逐步形成了新一代信息技术条件下的新型智能制造概念,为制造业智能化带来新方法、新工具,加快推动数字化工厂走向智能工厂;另一方面,AI、知识图谱等技术渗透加速知识工程和数据科学融合应用,推动从感知智能迈向认知智能,成为"中国制造"向"中国智造"升级的动力源泉。

AI 应用从可视化监控向分析预测和自主决策延伸,迈向"无人化、精细化"管理运维;应用范围从管理、运维、物流等非核心制造环节深入到研发、工艺、质量管控等核心制造环节,通过高复杂度建模分析带来高价值回报。根据信息通信研究院对九百余个智能制造优秀场景统计,智能制造聚焦排产、作业、质量、生产等生产核心领域等 8 大场景,占比超过 50％,其中,洞察类应用(建模分析)占比大幅提升,达 36％。相比以往的智能技术,生成式 AI 能深入学习制造业上百年的行业知识积累,并将思维链的涌现能力运用于实际生产过程,为制造企业带来新的变量与提升空间。例如,生成式 AI 具备代码、图像自动生成能力,能够利用 CAD、EDA 等设计软件生成基础性、重复性的初步设计,产品设计人员不需要从零开始编译程序,而是能够直接进行程序验证调整和高阶创建,提升设计生产效率,缩短研发设计周期。某机械制造企业基于大语言模型进行模型训练和参数解析,并结合相关软件进行设计图纸绘制和自动生成,产品研制周期缩短 20％,成本节省超过 600 万元。整体来看,生成式 AI 将不同程度地应用于研发设计、生产制造、运营管理等关键环节,有助于加快制造业发展模式智能化升级,如图 2-2 所示。

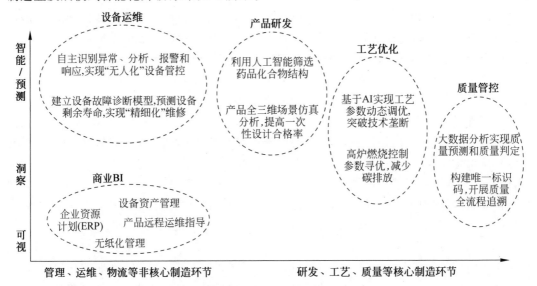

图 2-2　智能制造应用广度和深度双双提升

目前已形成三类智能化应用。 随着 AI 技术由外围辅助环节向核心生产环节应用不断拓展,AI 的普适性与制造业场景的适配能力在增强。一是经验知识推理决策类应用,以工业规则库和知识图谱构建应用为主,相关场景包括设计方案生成、车间调度与计划、设备故障诊断与预测等;二是数据建模寻优类应用,以数据科学算法的直接应用为主,此类应用涵盖的场景较丰富,主要包括药物、材料研发、创成式设计、产线布局优化、设备预测维护、质量关联分析、能耗排放优化、需求预测、物流路径优化等;三是模式识别式应用,以算法驱动的通用技术迁移为主,包括产品质量检测、分拣/抓取、表单识别、智能客服问答、人员、安全管理与巡检等。

生产运营管理决策优化成为 AI 的主要应用环节。 智能化的核心内容是智能决策,即在生产运营过程中应用数据分析和人工智能等技术实现智能计划、智能执行和智能控制。

生产管理环节由于质量和设备运维技术成熟度高、需求成效显著、数据较容易获得,因此成为 AI 的主要应用环节,已经与生产机理实现初步融合,约占所有 AI 应用场景的 70%[①]。例如,**在计划排产和调度中**,车间智能排产能够基于实时生产数据、实时需求和实时资源状况,如设备故障、物料延迟等,自动调整生产任务和计划;利用历史数据和预测模型,预测未来的订单需求、物料供应等数据,以更好地确定生产计划;同时,可以根据生产需求,自动优化配置人员、设备、物料等生产资源,提高资源利用效率。**在生产过程中**,通过部署智能制造装备实时采集、分析数据,利用数学模型、算法技术对工业生产过程进行智能化控制,实现对生产过程的精准、实时和闭环的控制,提高产品质量、生产效率和资源利用率,已经广泛应用于化工、石油、钢铁、水泥、纸浆等流程制造业。例如,某钢铁制造企业建设数字孪生系统,基于深度学习、数据融合等技术,建立生产状态评价系统,对生产状态演变的数据进行实时监控和预警,实现在线补偿,减少故障停机时间节约成本约 240 万元/年,产品不良率下降21.7%,降低废品率节约成本约 493 万元/年。**在供应链管理中**,应用供应链可视化技术与供应链协同平台可以帮助企业精准掌握供应商的交货状态、成品库存、可分配产能等数据,降低交付风险。例如,某电子企业构建供应商协同平台,向上游供应商提供云协作门户,集成供应商的生产、仓储、运输系统,实现采购成本降低 8%;某家电企业与供应商建立物料信息共享,实现生产端到供应商端的数据共享,优化配置供应链资源,交付周期缩短 10% 以上。

3. 数字技术推动制造业绿色化发展

我国制造业总体上处于产业链中低端,产品资源能源消耗高,在全球"绿色经济"的变革中面临较大压力,亟待转变传统的高投入、高消耗、高污染生产方式,建立低消耗、轻污染、高效益的资源节约型、环境友好型工业体系。随着数字技术广泛运用于生产、消费、物流、运营、管理、交易等各个环节和价值链全链条,数字技术正成为驱动产业绿色低碳改造、实现节能降耗减排的重要引擎,有效提升工厂能耗、排放、污染、安全等管控能力,为解决生产制造全流程安全、节能、减排等问题提供了新思路、新路径,绿色产品、绿色工厂、绿色园区层层递进,并与绿色供应链有机衔接,创造良好的经济效益和社会效益。

数字化研发减碳。一是推动研发设计过程的数字化转型。在研发设计全过程贯穿应用数字技术,对海量过程数据深度挖掘,提升研发设计生产效率,降低实测环境的能耗碳排。二是利用数字技术加强减碳新技术研发。依托人工智能、物联网等数字技术,加强二氧化碳捕集、利用与固化以及封存技术的研发突破,可直接降低行业碳排放。例如,研发突破低成本 CCUS(Carbon Capture, Utilization, and Storage)技术[②],可广泛应用于煤炭开采、钢铁、煤电领域;攻关低渗煤层抽采关键技术,可推进煤矿区煤层气应抽尽抽。三是利用数字技术加强低碳产品研发。创新应用数字新技术,加大对无污染或少污染、少能耗、少排放产品

[①] 基于中国信息通信研究院对五百多个工业 AI 案例的统计。

[②] CCUS 是一种减少大气中温室气体浓度的技术组合,包括碳捕集(Carbon Capture)、利用(Utilization)和封存(Storage)三个步骤。CCUS 技术的核心是将二氧化碳(CO_2)从工业排放源或大气中捕捉并转化为有用产品,或者将CO_2 永久储存起来,从而阻止其释放到大气中。

的研发力度,有效减少后续环节碳排放。例如,研发能够提高电能利用效率的新绿电产品,更多利用非化石燃料可有效降低排放总量。

生产过程能源管理。基于数字传感、智能电表、5G 等实时采集多能源介质的消耗数据,构建多介质能耗分析模型,预测多种能源介质的消耗需求,分析影响能源效率的相关因素,进而可视化展示能耗数据,开展能源计划优化、平衡调度和高能耗设备能效优化等。例如,某汽车企业通过实时采集室内外温度和制冷机系统负荷,利用校核系统模型实时决策制冷运行的最佳效率点,动态控制制冷机并联回路压力平衡和水泵运行频率,降低制冷站整体能耗,节能率达到 16% 以上,工厂燃动成本节约 68 万。

环境监测与污染排放。依托污染物监测仪表,采集生产全过程多种污染物排放数据,建立多维度环保质量分析和评价模型,实现排放数据可视化监控,污染物超限排放预警与控制,污染物溯源分析,以及环保控制策略优化等。例如,某钢铁企业通过对 220 个总悬浮微粒无组织排放监控点的实时数据采集,构建和应用智慧环保模型,实现环保排放的预测预警与环保控制策略优化,使生产异常带来的超标排放风险降低 80%,加热炉排口硫超标现象下降 90%。

绿色供应链管理。利用区块链等技术追踪产品成分和来源,确保供应链的透明性和可持续性。推广使用环境友好材料,并通过数字化平台实现供应商与环境标准的对接。实施逆向物流,回收和再利用生产过程中产生的废弃物。

碳排放管控。通过采集和汇聚原料、能源、物流、生产、供应链等全价值链条的碳排放数据,依托全生命周期环境负荷评价模型,实现全流程碳排放分布可视比较,碳排放趋势分析、管控优化以及碳足迹追踪等。例如,某石化企业构建碳排放管理系统,在线计算各环节碳排放、碳资产数据,实现碳资源采集、计算、盘查和交易全过程管控,按照单台装置每月减少碳资产计算工作量 1 天测算,全年降低成本 130 多万元。

当前数字化绿色化的重点是生产过程局部监测与设备能耗管控,其中,工厂内优化整体占比较大。随着绿色化程度加深,还将向安能环一体化管控和零碳发展,并催生大批零碳产品、零碳工厂以及零碳园区等新主体。

2.2.2　数实融合推动千行万业从数字化迈向智能化

经过多年发展,我国重点行业、企业已初步具备数字化基础,产业数字化不断推进,有的行业已呈现出越来越明显的智能化趋势。2022 年,我国数字经济规模已突破 50 万亿元人民币,占 GDP 比重提升至 41.5%,位居世界第二位,其中,产业数字化规模为 41 万亿,占数字经济的比重达到 81.7%,其中,三、二、一产业数字经济渗透率分别为 44.7%、24.0% 和 10.5%。2002—2022 年,产业数字化占数字经济比重由不到 50% 提高到约 82%,成为数实融合的最大特征。

1. 数字化转型加速推进

近年来,我国加大数字化转型方面的政策力度,出台了一系列政策文件,鼓励和支持企业进行数字化转型,如《"十四五"数字经济发展规划》《关于加快推进国有企业数字化转型工作的通知》《数字中国建设整体布局规划》《中小企业数字化赋能专项行动方案》等。消费者则越来越倾向于使用数字化服务和产品,如在线购物、移动支付、智能家居等,这使得企业必须加快数字化转型以满足消费者需求。在政策引导和市场带动下,传统行业如制造业、金融、零售、物流等都在积极拥抱数字化,通过引入自动化、智能化和数据分析等技术,实现业务流程的优化和效率的提升。

各行业各领域对数字化转型重要性的认识也在深化,开始加大在数字化技术和解决方案上的投资,通过引入数字化工具和平台及人工智能、数字孪生等技术,对运营流程、管理方式、服务模式等进行改造,实现效率和质量的提升。据埃森哲统计,中国企业对数字化投资的意愿持续提升,六成企业表示未来 1～2 年将加大数字化投资力度,其中,计划大幅增加(15%以上)的企业占比为 33%,同比增加 11%,如图 2-3 所示。

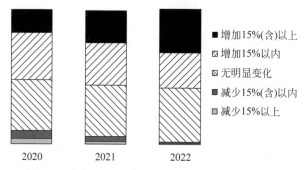

■ 增加15%(含)以上
▨ 增加15%以内
□ 无明显变化
▨ 减少15%(含)以内
▨ 减少15%以上

图 2-3　未来 1～2 年中国企业数字化转型投资意向

随着数字化转型的推进,对于数字化技能的需求日益增长,企业和员工对于数字技能的教育和培训需求也随之增加。数字化转型还催生了一批共享经济、平台经济、智能制造、智慧农业等新模式新业态。例如,在农业领域,数字育种探索已开始起步,畜禽养殖数字化与规模化、标准化同步推进,数字技术支撑的多种渔业养殖模式相继投入生产,这些新模式正在改变传统行业的运作方式。

2. 网络化改造升级夯实基础

行业企业应用 5G、云计算、边缘计算等技术进行内外网络改造升级,完善数字基础设施建设,为数据高效传输、处理和分析提供有力支撑。

数字化设备更新改造。对不同行业企业的硬件设施进行更新改造,将传统的"哑设备"通过网络化改造,使其能够实现数据的自动采集、交换和分析,提升设备的智能化水平。

数据采集与分析。利用传感器等设备实时收集生产数据,通过边缘计算等技术进行即时分析,为企业提供实时监控和优化管理的能力。

软件和系统解决方案应用。推进企业智改数转网联,即智能化改造、数字化转型和网络化联接,通过引入软件和系统解决方案实现管理自动化、决策智能化。

3. 智能化应用不断深入

人工智能、大数据分析等技术的深入应用和行业共性知识沉淀,使得各行业各领域能够基于数据进行更精准的市场分析、更智能的决策制定,以支撑自动化、智能化运营管理等。

在农业，精准农业、智能灌溉系统、无人机监测、智能农机等的应用提高了农作物的产量和质量，同时减少了资源浪费。在采矿业，将人工智能、工业物联网、云计算、大数据、智能装备等与石油煤炭等矿产开发利用深度融合，形成全面感知、实时互联、分析决策、自主学习、动态预测、协同控制的智能系统，实现采掘、运输、安全保障、经营管理等过程的智能化运行。在建筑业，主要包括建筑信息模型、无人机监测、智能施工设备等方面的应用，这些技术的应用提高了建筑设计的精确性、施工的效率以及建筑物的能源利用效率。在交通运输行业，智能交通管理系统、自动驾驶车辆、智能物流、电子票务等技术的推广使用提高了交通安全、优化了交通流量、降低了能耗。在金融服务业，应用区块链、大数据分析、智能投顾、风险控制模型等，提高了交易效率，降低了欺诈风险，增强了风险管理能力。在医疗保健业，电子健康记录、远程医疗开始推广，人工智能辅助诊断、智能药物研发等不断探索，提高了医疗服务的质量和普惠性。

2.2.3　数实融合有效提升经济发展的韧性和活力

当前，我国数实融合的广度深度正在持续拓展。一方面，数实融合进程迅速。2022年，我国数字产业化规模与产业数字化规模分别达到9.2万亿元和41万亿元，占数字经济比重分别为18.3%和81.7%，这是我国数实融合发展的强大基础。另一方面，作为全球第二大经济体，我国有强大的实体经济基础、丰富的行业应用场景及数据体量优势，数实融合潜力巨大，前景广阔，这也是数字融合提升经济发展韧性活力的根源所在。

数字技术创新活跃、应用广泛，推动各类产业技术融合创新、各类模式业态跨界发展，增强经济活力。经济发展动力从主要依靠资源和低成本劳动力等要素投入加快向创新驱动转变，拓展发展新空间、迸发发展新活力。例如，数字技术驱动的众包、众筹新模式使企业更容易获取外部知识、信息和资源，打开了开放式创新的新窗口，有利于提高实体经济安全水平，增强经济韧性。企业通过众包方式来征集产品设计方案，或者征集软件开发中的一些模块，能够降低成本，提高效率，同时有利于充分调动和配置社会零散的创新资源。

数实融合有利于提升企业抗风险能力，增强经济韧性。例如，在面对市场不确定性时，企业可应用数字技术监测和分析市场各种要素的变化情况，提前预警和及时调整策略，增强了其适应市场和环境变化的能力，企业还能够开拓新的市场，减少对单一市场的依赖，实现市场多元化，由此提高经济韧性。此外，企业在面对自然灾害、健康危机等突发事件时，能够利用数字技术实现远程工作，保持业务的连续性。

依托数实融合加快各类资源要素快速流动，增强经济活力。在数实融合的助推下，形成的平台、工具、技术推动各类经营主体深度合作、各类模式业态实现跨界融合，供需对接更加顺畅，新业态持续活跃，拓展发展新空间，增添发展新活力。2023年上半年，实物商品网上零售额同比增长10.8%，占社会消费品零售总额的比重达26.6%，尤其是智能产品的消费持续增长，带动了相关制造业增长，上半年智能消费设备制造业增加值同比增长12%。此外，实体企业与数字技术的融合也催生了大量新的职业，如数据科学家、云计算工程师、物联网专家等，有利于创造就业机会，保障经济平均增长。

数据要素共享集成促进产业全要素互联互通，突破时空限制，降低交易成本。例如，物联网通过连接物理世界的各种设备和传感器，实现设备远程监控和管理，云计算和边缘计算提供强大的数据处理能力，支持远程协作和数据分析，助力企业跨地域、跨产业合作；电子商务平台和数字支付系统使得交易不受地理位置和时间的限制，有利于降低交易成本，打通实体经济堵点卡点，提高交易效率；视频会议、项目管理软件等数字化工具还能让企业跨越空间进行高效协作。

2.2.4　全球在人工智能领域持续发力推进数实融合

新一轮科技革命和产业变革背景下，人工智能技术迅猛发展，使美、德、日等国在数实融合领域的竞争更加激烈。各国基于其资源、要素、人才等优势，将人工智能技术视为推动经济发展的新引擎。他们不仅聚焦经济发展的核心问题，也明确提出人工智能作为长期可持续的战略重点，探索出各具特色的融合发展路径。在推进数实融合的过程中，这些国家不仅注重人工智能技术和市场的创新，还关注政策法规的完善和社会整体的适应能力，在推进数实融合方面形成了较为成熟的机制和策略，并持续发力，以充分把握新一轮产业和革命变革机遇，构建新的竞争优势，抢占全球科技与产业竞争制高点。

1. 美国：围绕"先进制造战略"布局融合创新，人工智能战略和政策表现出积极动态

美国制造业空心化危机在 2008 年金融危机中备受重视，为重塑"美国优先"战略决策，美国基于"先进制造战略"大力推动制造业转型升级和融合创新，构建了覆盖战略政策、技术创新、要素保障的扶持体系，形成维护国家安全、拉动经济增长、促进科技创新的重要引擎。

政府统筹引领，实现全面多层覆盖。美国致力以智能制造为核心推动先进制造业发展，在不同政党执政期间能够保持战略的长期性、一致性，从《先进制造伙伴（AMP）计划》发展至《先进制造国家战略计划》，再到《国家先进制造业战略》，体系化制定组织机制调整、技术进出口要求、投资审查等战略计划和具体措施，广泛覆盖联邦和各州。

变革创新机制，带动前沿技术创新。一方面，美国设立国防高级研究计划局（DARPA）、高级研究计划署（ARPA-E）等新组织机构并授予其相应权力，重点发展先进材料和制造、数字化和自动化、人工智能和机器学习、先进传感、量子计算等前沿技术；另一方面，美国以智能制造创新中心为推进载体，面向关键领域研发和转化新的制造技术，已建成的 16 个创新中心里有 6 个与智能制造相关，特别是 2022 年内新建 4 个智能制造创新中心。

培育生态体系，强化人才要素支撑。一方面，《美国先进制造领先战略》强调构建生态系统的重要性和必要性，中小企业作为主要参与者，亟须政府在基础设施、专用设备和咨询服务等方面的支持和引导，同时以产学研联合的方式强化中小型创新型企业成果转化力度；另一方面，《无尽前沿法案》增加理工科研究支出、《国家科学基金会未来法案》拉动美国国家科学基金资助多学科研究中心，促进科技成果转化和理工科人才培养。

推动人工智能战略升级和立法监管。近年来，美国在人工智能领域持续更新其战略与政策。美国国土安全部发布了《2024 年人工智能路线图》，明确了 AI 在国土安全事业中的潜在用途，并大幅增加了对该领域的资金投入。同时，美国政府还颁布了《关于安全、可靠和可信的人工智能行政命令》，该行政命令明确了美国政府对待人工智能的政策法制框架，确保人工智能技术的安全、可靠与可信应用。此外，立法层面也在积极推动对 AI 的监管措施，包括提议制定相关法案，旨在加强人工智能的监管并促进其健康发展。这些举措充分展示了美国在人工智能领域的战略布局和坚定决心。

2. 德国：以"工业 4.0"为核心弥补数字化短板，加速人工智能战略布局

德国提出高科技战略计划"工业 4.0"战略，引领新产业变革。核心在于建设"建设一个网络＋研究两大主题＋实现三项集成"产业体系，包括建设信息物理网络 CPS，突破智能工厂与智能生产两大核心问题，实现横向、纵向、端到端。

一方面，对外发布政策规划和工业 4.0 战略，持续对外输出可持续发展价值理念。德国工业 4.0 战略既延续了以柔性化、定制化、网络化为特征的生产模式，又向商业落地演进，并融入了可持续发展与应对不确定性的考虑，从 2010 年《德国 2020 高技术战略》发展到 2013 年《保障德国制造业的未来——关于实施工业 4.0 战略的建议》，再发展到 2021 年《工业 5.0——迈向可持续、以人为本和弹性的欧洲产业》。自提出以来，工业 4.0 理念及解决方案在全球得到进一步推广，多个国家相继出台相关战略。另一方面，加速输出解决方案，向打造全球数字生态愿景迈进。德国将工业 4.0 作为核心加强价值理念和解决方案输出，以信息技术增强制造业本土优势，向全球输出数字化转型解决方案。从 2010 年开始至今，德国工业 4.0 政策延续了以柔性化、定制化、网络化为特征的生产模式，但也存在变化调整，开始向商业落地演进，并融入了可持续发展与应对不确定性的考虑。

随着全球快速迈入数字化时代，德国也在不断加速人工智能战略布局，提出成为全球人工智能技术领先国家的发展目标。**在产业支持方面**，2023 年，德国政府通过《未来研究与创新战略》明确了研究和创新在政府工作中的核心地位，旨在为各领域的创新提供持续动力。**在人工智能产业支持方面**，该战略特别强调了技术转移转化的重要性，鼓励将科研成果应用于实际产业中，以推动人工智能技术的广泛应用和发展。**在科研创新方面**，2023 年 11 月 7 日，德国联邦教研部发布了《人工智能行动计划》，为人工智能生态系统注入了新的活力。该计划不仅关注科研基础的加强和基础设施的拓展，还特别强调了教育与科研、商业的结合。**在人才培养方面**，德国政府在《联邦政府人工智能战略》的更新中明确提出了加大高等教育和职业教育中人工智能专业人才的培养力度。同时，为了吸引更多青年研究者投身于人工智能领域，政府还计划为他们创造更具吸引力的工作和研究环境，并提供相关资助。

3. 日本：以"互联工业战略"解决制造业可持续发展问题，全面布局 AI 强化竞争力

日本重视制造业发展基础，制造业仍是日本经济核心产业。自 1999 年便公布《制造业基础技术振兴基本法》，制造业虽然发达，但因少子化和老龄化等社会发展趋势，导致制造业发展后劲不足。希望通过新的战略规划，既能有效应对人口危机，又能继续巩固制造业优势。因此大力发展机器人产业，推进数字化转型战略。一方面，强化机器人等先进装备产业优势地位。提出"机器人战略＋互联工业战略"，促进要素和设备连接，大力发展机器人产业，对于缓解日本老龄化危机、解决生产力问题，有至关重要的作用。从 2015 年发布《日本机器人战略：愿景、战略、行动计划》，到 2016 年《工业价值链参考架构（IVRA）》构建起日本智能制造顶层架构,再到 2017 年"互联工业"概念连接行业、企业、人、数据和设备,大力发展生产制造和机器人,机器人产业在日本的发展地位得到一再巩固。另一方面,以数字化转型提升核心制造能力。日本大力培育新兴产业,以强化本土产业在全球的竞争优势。2019年,日本提出《下一代汽车计划》,积极营造以数据为核心的应用环境,着力打造产学研用多方协同的生态。2020 年,发布《ICT 基础设施区域扩展总体规划 2.0》,政府牵头推进筑牢基础设施等数字化"底座",引入社会化力量,探索以 SaaS 等模式打造数字中台,实现经济发展的同时解决人口老龄化、劳动力短缺等社会问题。2021 年,《日本制造业白皮书 2021》明确指出通过增加数字化转型投资,提高生产率,增加利润,实现生产绿色化转型至关重要。

随着人工智能技术的迅速发展,其在社会、经济等各个领域的应用越来越广泛。日本政府在人工智能领域展现出了全面而深远的战略布局,2022 年发布了《人工智能战略 2022》,该战略旨在指导日本未来人工智能技术的发展。它提出了 4 个主要战略目标:构建符合时代需求的人才培养体系,培养 AI 时代各类人才;运用 AI 技术强化产业竞争力,使日本成为全球产业的领跑者;确立一体化的 AI 技术体系,实现多样性、可持续发展的社会;发挥引领作用,构建国际化的 AI 研究教育、社会基础网络。日本政府不仅注重将 AI 技术应用于解决社会问题,如利用 AI 应对大规模灾害,以保障民众安全,还大力投资于人工智能和量子技术等领域的研究与开发,以提升技术创新能力。此外,日本政府积极推动国际合作与交流,以全球化的视角促进 AI 技术的发展和人才培养,加强国际间的科研协作。在立法与伦理规范方面,政府亦不遗余力,致力于制定和完善数据隐私与安全相关的法律法规,确保 AI 技术在合规的框架内得到应用,并保障个人数据的安全。这一系列举措充分体现了日本在促进人工智能技术创新发展的同时,也注重技术的合规性、可持续性和社会责任,以期在激烈的全球科技竞争中抢占先机,构建新的竞争优势。

2.3　数字技术和产业发展为数实融合提供坚实支撑

5G、云计算、大数据、工业互联网、人工智能、区块链等新兴技术加快交叉融合、迭代创新,从基础理论、底层架构、系统设计等呈现全链条突破,代际跃迁不断加速,带动众多技术领域融合创新。网络连接从人人互联、万物互联迈向泛在连接,培育形成诸多新业态新模式,人工智能等颠覆性前沿技术加速突破应用,围绕"数据+算力+算法"的技术集成创新持续加快,为数字经济和实体经济融合发展提供技术支撑和智力源泉。

2.3.1　数字技术走向系统化创新和智能化引领

数字技术正通过融合、协同、创新等方式,推动各行各业的转型升级和效率提升。这既体现了数字技术从单一应用到集成应用、从局部优化到整体优化的转变,同时也呈现出从驱动各行业数字化转型向引领经济社会智能化跃升的明显特征。

1. 新兴数字技术系统化创新活跃,引领其他领域创新变革

新一代信息技术创新活跃,影响力强,能够协同促进和相互带动,共同实现系统化创新和链式突破。系统化创新是由多个技术创新带来的多领域创新、聚合式创新,链式突破主要是由某项技术突破创新引发其他领域技术的连锁反应。一般来说,引起系统化创新和链式突破的技术应该是最通用或最基础的技术,同时具有非常强的带动作用,能够显著作用于其他领域,环环相扣,引起其他关联技术系统化创新和链条式联动。相对其他领域技术来说,数字技术的创新突破更具引领性、颠覆性和系统性特征。一方面,数字技术自身迭代创新就异常活跃,能够引领并支撑其他科技领域的爆发式、链条式、集群式创新和产业化应用。另一方面,数字技术还会催生新生产方式、新组织形态、新生产要素、新资源配置方式以及新治理体系,成为经济社会变革的新驱动力。例如,移动通信技术作为创新最活跃、渗透最广泛、带动最显著的数字技术之一,对材料、芯片、器件、仪表等领域带动作用十分明显。

2. 人工智能是引领智能化变革的通用目的技术,具有强大的"头雁"效应

在新兴数字技术中,人工智能在培育新兴产业、改造升级传统产业、加快实体经济转型、保障改善民生等方面被视为具有强大的"头雁"效应和使能作用,成为最具渗透力和变革力的通用目的技术。

60 多年前,人工智能还是一个近乎"科幻"的概念,期间经历几起几落,基本远离公众认知。进入 21 世纪,随着新一代信息技术快速发展,海量数据的积累、算法的革新、计算力的倍增,为沉寂已久的人工智能插上腾飞的翅膀,全球迎来以深度学习为代表的新一代人工智能发展浪潮,更高智能、更广应用的新一代人工智能开始起步,并加快向通用智能迈进。2022 年年底,搭载了 GPT 3.5 的大模型 ChatGPT 横空出世,短短两个月内用户破亿,并迅速在诸多行业领域渗透应用,凭借逼真的自然语言交互与多场景内容生成能力,迅速引爆互联网,各类以大语言模型为代表的生成式人工智能[①](即 AIGC)大量涌现,其影响力、应用范围和迭代速度尤为令人瞩目。2023 年 3 月,OpenAI 发布的 GPT 4 大幅提升了大模型预训练和生成能力以及多模态多场景应用能力,给通用 AI 实质突破和真正落地带来曙光,因此,2023 年被业界内外誉为"通用 AI 元年"。

除了技术自身突破性发展外,AI 与其他数字技术的融合将产生更显著的融合效应、聚变效应和倍增效应。例如,智能网联汽车通过引入 AIoT、5G、边缘计算等技术,配合强大算力和灵活算法,有利于实现车路协同和高阶自动驾驶,推动汽车由个体智能向协同智能和群体智能发展。

3. 人工智能技术进步加速应用创新

人工智能技术的进步对科技发展和应用创新起到了重要的推动作用。人工智能技术的不断突破,在算法优化、计算能力、数据处理、开发工具以及跨领域融合等方面均取得了显著进步,这些进步不仅提升了机器的智能水平和响应速度,更赋予了应用系统处理复杂任务、实现高级功能的能力。人工智能技术的飞速发展,无疑为应用创新提供了强大的动力,加速了新应用的诞生和旧应用的升级换代。

计算能力大幅提升。随着技术的不断发展,出现了诸如 GPU(Graphics Processing

---

① 生成式人工智能:能够生成文本、图片、视频等内容的智能技术,大模型为其提供了新的技术手段。

Unit,图形处理器)、TPU(Tensor Processing Unit,张量处理器)、NPU(Neural Network Processing Unit,神经网络处理器)等专用处理器。这些处理器专为人工智能计算设计,大大提高了运算速度和处理能力。相较于传统的 CPU,GPU、TPU 和 NPU 均具备针对特定计算任务优化的专用架构,这使得它们在处理图形、张量或神经网络等特定类型的计算时,能够提供远超传统 CPU 的计算性能和效率。这些专用处理器都采用了并行处理技术,能够同时处理多个数据单元,从而大幅提升了运算速度和吞吐量,特别适用于处理大规模数据集和复杂算法。

数据处理与模型训练显著进步。随着分布式存储、云计算和高效数据处理技术的发展,人工智能系统能够迅速地收集、存储和分析海量的数据。这不仅加快了数据处理的速度,还提高了数据的质量和多样性,为模型训练提供了更丰富、更全面的信息。利用这些数据,人工智能研究者可以训练出更加精确和复杂的模型。这些模型能够更深入地理解数据的内在规律,从而在实际应用中展现出更高的准确性和效率。无论是在图像识别、自然语言处理,还是在预测和决策支持等方面,这些经过大数据训练的模型都表现出了显著的优势。

开发工具与平台得到广泛普及。随着越来越多的人工智能开发工具和平台的涌现,应用开发的难度大幅降低,吸引了更多的开发者和企业投身于人工智能应用的研发工作。这种普及不仅拓宽了人工智能技术的受众范围,还推动了技术的迅速更新和各类创新应用的连续诞生。

大模型技术突飞猛进。大模型技术以其参数规模庞大、结构复杂而著称,这使得它们能够处理更复杂的任务和更大规模的数据。这些模型通常具有更强的表达能力、更好的性能和更高的计算资源需求。同时,大模型技术的突飞猛进也推动了相关产业的发展,如自然语言处理、机器翻译、智能问答等领域都将受益于这一技术的进步。例如:OpenAI 推出的 GPT-4 大模型在理解、生成和推理等方面展现出卓越的性能,成为生成式人工智能发展的重要推动力;谷歌推出的 Gemini 大模型在语言处理、生成和推理等方面同样具有出色的表现;Anthropic 公司发布的 Claude 3 在语言生成和理解方面进一步丰富了市场上的大模型选择。

4. 人工智能驱动经济社会发展迈入"智能时代"

虽然用于描述世界规律和运行特征的数据越来越丰富,但是希望从数据中找到更深的科学原理并做出更客观的判断,也变得越来越困难,而传统的"试错式"的验证模式则成本高、效率低。AI 的出现几乎给所有领域都增加了全新的思路和颠覆性的新工具,而 AI 若想从一种"数据处理"工具,走向更加通用的"智能引擎",则必须面对传统基础研究方式的各种问题。

AI for Science 开启基础研究的"第五范式"。图灵奖获得者、前微软技术院士 Jim Gary 用"四种范式"描述了科学发现的历史演变。第一范式纯粹是经验性的,基于对自然现象的直接观察得出结论。第二范式以自然理论模型为特征,例如,17 世纪的牛顿运动定律,或 19 世纪的麦克斯韦电动力学方程。这些方程由经验观察、归纳推导得出,可以推广到比直接观察更为广泛的情形。虽然这些方程可以在简单场景下解析求解,但直到 20 世纪有了计算机的发展,它们才得以在更广泛的情形下求解,从而产生了基于数值计算的第三范式。21 世纪初，计算机再次改变了科学，通过收集、存储和处理大量数据，催生了数据驱动科学发现的第四范式。当前，化学、生物学、材料学等传统依赖实验数据的学科，开始探索利用深度学习技术结合海量数据开展研究，在新材料发现、模拟准确性、合成路径智能优化以及实验自动化等方面实现了质的提升，成为基础研究的"第五范式"。例如，在化学合成实验中，AI驱动的机器人平台能够在数天内完成原本数十年的实验任务，极大地提升了研究速度和精度；在生命科学领域，AlphaFold人工智能系统在蛋白质结构预测方面表现出了超高的准确性，解决了困扰生命科学近五十年的蛋白质折叠问题，同时改变了未来结构生物学的规则；在数学领域，DeepMind利用机器学习在扭结理论和表示论两个领域协助数学家们发现了全新的猜想和定理。

　　人工智能加快经济社会向智能化跃升。在移动互联网、大数据、超级计算、传感网、脑科学等新理论新技术的驱动下，人工智能加速发展，呈现出深度学习、跨界融合、人机协同、群智开放、自主操控等新特征，正在对经济发展、社会进步、国际政治经济格局等方面产生重大而深远的影响。**在经济领域**，人工智能技术正在发挥信息时代生产要素的变革作用，加快与各行业融合，在研发、生产、交易、流通、融资等各环节渗透和应用，催生出智能化的新生产组织模式，涌现出智慧农业、智慧物流等新业态，并逐步成为经济增长的新动能，这也是人工智能发展的持续目标和动力。**在社会领域**，通过人工智能技术对流程化场景的优化能力，政府部门可以为社会提供更加便捷的公共服务，通过计算机视觉快速和准确的识别能力，城市治理部门可以更加有效地进行犯罪监控和人员信息匹配。通过深度学习技术对数据背后规律的挖掘，政府部门还可以发现社会发展的深层规律，获取更多决策支持。**在自然环境领域**，长期以来积累了海量的观测数据，但受限于数据关联不明显、规律难以挖掘等问题，对自然环境变化的分析始终不够深入和全面，基于深度神经网络等技术，目前许多组织正在开展对海洋、地震、气候等方面的数据分析，从中探索深层次的自然运行规律。

　　需要强调的是，**AI工程化（AI Engineering）是AI生产力变现的关键**。Gartner研究表明，目前只有53％的项目能够从AI原型转化为生产力，而AI要转化为生产力，就必须以工程化的技术来解决特定场景模型开发、训练、预测等全链路生命周期的问题。因此，Gartner连续两年将AI工程化列为年度战略技术趋势之一，认为AI工程化是AI落地应用和企业智能化创新的加速器。强大的人工智能工程化策略将促进人工智能模型的性能、可扩展性、可解释性和可靠性，实现人工智能投资的价值。**AI工程化和行业解决方案的结合，是解锁行业智能化升级的钥匙**。通过深入理解行业需求，结合AI技术聚焦数据运维、模型运维和开发运维，提供定制化解决方案，确保AI模型/软件高效交付，同时保证可信性、鲁棒性及可解释性，不仅能够提升行业效率，也有利于加速AI商业化和规模化应用，持续地为用户创造价值。随着技术的不断发展，未来的AI工程化和行业解决方案将更加多样化，与场景需求的适配度更高，对智能化产生深远影响。

2.3.2　数字产业化蓬勃发展，夯实数实融合底座

　　新一代信息技术发展和落地应用，对数字基础设施提出了更高的要求，推动数字基建实

现跨越式发展,掀起数字产业化浪潮,并催生海量数据资源,夯实数实融合的底座。

在数字基建方面,数字基础设施是数字经济和实体经济深度融合的必要物质基础和关键支撑,适度超前部署数字基础设施建设,有利于促进数实融合体系化发展、规模化部署和产业化应用。《"十四五"数字经济发展规划》提出"建设高速泛在、天地一体、云网融合、智能敏捷、绿色低碳、安全可控的智能化综合性数字信息基础设施,加快构建算力、算法、数据、应用资源协同的全国一体化大数据中心体系,高效布局人工智能基础设施,提升支撑'智能＋'发展的行业赋能能力",这将有利于打通数实融合的信息"大动脉"。截至 2023 年年底,我国累计建成开通 5G 基站 337.7 万个,5G 用户达 8.05 亿户。全国 207 个城市达到千兆城市建设标准,千兆光网具备覆盖超过 5 亿户家庭的能力。蜂窝物联网终端用户数达 23.32 亿户,我国成为全球主要经济体中首个实现"物超人"的国家。IPv6 规模部署应用深入推进,活跃用户数达 7.62 亿。我国数据中心机架总规模超过 810 万标准机架,算力总规模居全球第二位。在用数据中心算力总规模达 230EFLOPS。工业互联网全面融入 49 个国民经济大类,覆盖所有 41 个工业大类。标识解析体系全面建成,重点平台连接设备超过近 9000 万台(套)。

在数字产业化方面,根据国家统计局的分类,数字产业包括数字产品制造业、数字产品服务业、数字技术应用业和数字要素驱动业。数字产业是依靠数字技术和数据要素形成的经济活动,具有高创新性、强渗透性和广覆盖性的特点,是数字经济发展的核心内容,也是数字经济与实体经济深度融合的基础和支撑。据国家税务总局统计,2023 年我国数字经济核心产业[①]销售收入占全部销售收入比重达 12.1％,数字经济核心产业销售收入同比增长8.7％,较 2022 年提高 2.1 个百分点。分领域来看,截至 2022 年年底,我国软件和信息技术服务业规模以上企业超 3.5 万家,累计完成软件业务收入达 10.8 万亿元,同比增长11.2％;大数据产业规模达 1.57 万亿元,同比增长 18.6％,工业互联网核心产业规模超过1.2 万亿元,大数据产业规模接近 1.6 万亿元。2012 年以来,我国云计算产业年均增速超过30％,成为全球增速最快的云计算市场之一,AI 核心产业规模达到 5000 亿元。IDC 预计,2026 年中国 AI 市场将实现 264.4 亿美元的市场规模,2021—2026 年复合增长率(CAGR)将超 20％。

在数据资源积累方面,随着数字经济日益繁荣,移动互联网及物联网广泛应用,亿万台终端设备接入网络,各类数字化业务普及,带来数据资源的爆发式增长。平均来看,每隔40 个月全球的数据量就会翻倍。2022 年,我国数据产量达 8.1ZB,同比增长 22.7％,全球占比达 10.5％,位居世界第二。截至 2022 年年底,我国数据存储量达 724.5EB,同比增长21.1％,全球占比达 14.4％。全国一体化政务数据共享枢纽发布各类数据资源 1.5 万类,累计支撑共享调用超过 5000 亿次,如图 2-4 所示。

---

①　指为产业数字化发展提供数字技术、产品、服务、基础设施和解决方案,以及完全依赖于数字技术、数据要素的各类经济活动。

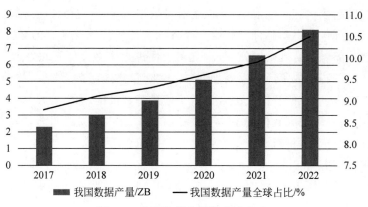

图 2-4　我国数据产量及全球占比

第 3 章

工业数字化/智能化的愿景

3.1 未来工业的愿景：数字技术全面支撑的 IMAGINE

过去的数十年里,工业企业一直在努力通过各种方式提高效率和降低成本。传统方法包括精益管理、本地化生产和自动化、信息化等,然而这些传统手段具有一定的局限性。如今,数字技术的发展为工业领域带来了更多可能性。每个工业企业都面临着如何通过数字化转型来释放更大价值的紧迫问题。

在数字技术的影响下,未来工业将怎样发展呢? 要思考这个问题,还需要回到工业本质。工业是产出提升人类生活水平所需工具/物质的过程。但生产过程不是目的,拥有产品也不是目的,人们购买并使用生产出的产品成果,满足工作和生活需求,才是工业企业实现的价值。

如果以终为始,透过本质看未来工业,那么在将来的理想情况下,随着供应侧能力的发展,工业将从产品的生产供给不断延伸边界,最终发展成能够主动感知并满足客户需求,提供一体化方案,实现价值创造的形态。模式将从供应推动式变为需求拉动式;交付形式将从卖产品变为卖服务;需求侧角色从购买者、接受者变为产品的共同定义者;供应侧角色从产品的提供者变为满足需求的价值创造者;产业链分工从清晰的上下游分工变为紧密合作共创,以实现整体产出的价值最大化。

憧憬 2030 年的世界,未来工业将改变人们的生活方式和社会组织形态,将人类带入更加美好的生活。建筑业将完成工业化,各类建筑在工厂完成标准化模块的制造,在现场快速完成组装,建设周期显著缩短,建筑质量明显提高。在建筑内生活的我们将拥有解放双手、双眼,无处不在的私人助理,它们能够感知我们的需求并指挥智能家居产品执行,让我们拥有舒适的家居生活;走出家庭,AI、机器人等技术将把我们从重复性、危险性的岗位中释放出来,更多的人在机器人的辅助下可以拥有安全及体面的工作,更多的精力可以投入具有创造力和趣味性的工作中;离开办公室,智能汽车、智能飞机、智能轮船会给我们带来智慧化、共享化的第三空间,让我们拥有便捷、安全的出行体验;当我们需要购物时,我们会以低廉的价格买到大规模定制化生产的独一无二专属于我们的服装、家居、电器。其他标准化的产品都会被自动补货进入我们的冰箱、橱柜和储藏室;未来的工业,还会给我们带来普惠的、一人一策的、定制化的教育和医疗服务。当然,未来工业还会为我们带来清新的空气、洁净的水和美丽的蓝天。

展望 2030 年,我们认为未来工业应是 IMAGINE 的,即虚实融合、大规模定制化、灵活适应变化、可靠互信、体面工作、自然友好、生态共荣。5G、工业互联网、云计算、大数据、人工智能等数字化技术是关键底座，如图 3-1 所示。

图 3-1　2030 年工业展望

3.2　数据作为新的生产要素将加速工业智能化进程

从智能家居到工业自动化，从健康监测到智能交通系统，物联网设备的普及和应用正以前所未有的速度扩展，由此产生了数据爆发增长、海量汇集。数据正在快速融入生产、分配、流通、消费等各环节，成为全新的生产要素，数据共享、开放、流通、应用步伐加快，促进精准供给，激发新兴需求，重塑经济模式，提高生产效率的乘数作用不断扩大。

一方面，以数据要素引领和打通物资流、技术流、资金流和人才流，驱动社会生产要素的集约化、网络化、共享化、协作化和高效化，改变产业分工合作模式，推动生产方式创新，提高生产效率；另一方面，数据本身具有重要价值，数据作为重要的生产要素进入生产函数，使得工业生产从传统的要素驱动转向以数据为驱动的创新模式，通过收集和分析大量的数据，可以发现新的规律、优化工艺流程、提高产品质量，从而实现创新驱动的发展。各类主体也更加重视以数据驱动发展，提升数据管理能力和开发利用水平，释放数据中蕴藏的巨大价值。

在工业领域，数据作为关键生产要素，具有明显的正外部性，如何实现数据从潜在资源到关键要素的转换，激发企业内企业间融合协同效应，对工业智能化影响深远。

数据驱动的决策能够助力企业快速响应市场变化，实现生产过程智能优化。例如，某乳品生产企业部署智能生产排产系统，通过订单、物料、产能、设备等大数据分析，预测未来一段时间产量和原料需求，结合智能排产算法生成最优的计划排产方案，产线利用率提升20%，生产周期缩短40%。

在消费者需求日益个性化的当下，数据要素可以帮助企业精准定位市场和消费者需求，推动产品和服务的个性化定制，提升市场竞争力。例如，某发动机制造商每天监测和分析来自燃气轮机、航空发动机等设备上 1000 万个传感器的 5000 万项数据，每台设备的年收益提高 3%～5%，涉及设备资产达到万亿美元。

通过数据分析可以监控产品质量,及时发现问题并进行改进,确保产品质量符合标准,提升客户满意度。例如,某家电制造企业通过 CCD 相机采集产品表面图像,应用深度学习算法进行缺陷识别和质检判断,通过工业知识图谱分析质量数据并及时溯源,持续优化工艺参数和生产过程,检测准确率高于 99.5%,漏检率低于 3%。

数据要素的应用能够优化供应链管理,通过实时数据分析来预测需求、安排生产、降低库存成本,以及提高供应链的透明度和韧性。例如,某石化集团使用计划优化模型对所属三十多家企业的原油采购、原油调度输送、装置生产方案、产品产量、下游物流与销售等供应链全环节进行一体化集成优化,累计降本增效 90 余亿元。

数据分析有助于监测和减少工业生产对环境的影响,促进资源的循环利用,支持工业领域的绿色低碳转型。例如,某钢铁企业建设全厂能效优化平台,采集用能设备、关键工序的能耗数据建立能效预测模型,并基于生产计划、供能情况等进行计划优化,全厂能耗降低 3%,能源节约 10%。

数据的深度挖掘和应用还能创造新的商业模式,催生出许多定制化、个性化的产品和服务。

可以看出,数据要素在工业领域的价值释放是全方位的,能够从多个维度,为工业发展注入新动力,助力形成新质生产力,促进工业转型升级和高质量发展。但是,与互联网领域数据应用的普及和成熟相比,工业领域数据应用还面临采集汇聚不全面、流通共享不充分、开发应用不深入等问题,如何设计一个行业智能化的通用参考架构,以更好地释放工业数据这一新型生产要素的作用和价值,有效赋能工业数字化转型和智能化升级,是当前工业领域亟须解决的重要问题。在这方面,华为已经进行了大量的探索和实践,在此基础上提出了行业智能化参考架构与相应的解决方案。

第 2 篇

行业智能化参考架构与解决方案篇

在工业面临数字化转型和智能化升级的重要时期，数字技术如大数据、云计算和人工智能的广泛应用正深刻改变着传统工业的生产方式、效率和创新能力。数实融合，即数字技术与实体经济的结合，成为推动这一转型的核心动力，旨在优化生产流程、打破产业边界并激发新的商业模式。在这一背景下，企业的智能化升级显得尤为关键，这不仅关乎企业自身的竞争力，也直接影响整个工业的智能化进程。

企业智能化升级是一个长期的、循序渐进的过程，如何选择转型道路、如何分层分级建设智能化 ICT 基础设施，将成为智能化升级的关键，需要有一个明确的指导思想来引领转型过程。过去，制造企业的自动化和信息化升级改造大都遵循 ISA-95 标准[①]的指引，这一标准为制造企业内部系统的集成与信息共享提供了有力的框架，增强了业务流程之间的互操作性。

随着技术的不断进步和企业对更深层次智能化的迫切需求，我们发现行业智能化面临多重挑战。首先，智能化的建设实施并非一蹴而就，而是需要分层分级地逐步推进。同时，我们发现许多场景设计尚显不足，开放程度也有待提高。其次，行业内的创新生态尚未完善，多业务系统之间的互联互通也存在困难。技术层面，

---

① ISA-95 标准是一套由美国仪表、系统和自动化协会(ISA)在 1995 年提出的标准，旨在定义企业商业系统和控制系统之间的集成，这一标准通过一系列的层次结构来实现管理和运营的分离，从而提供系统的可扩展性并降低开发成本。

老旧的技术框架已无法有效融合当下多样化的技术，而基础大模型也亟须调整以适应不断变化的行业需求。更为关键的是，算力供需之间存在明显的不平衡，且需求日趋多样化。最后，数据的采集、传输及使用难度也增加了行业智能化的复杂性。因此，我们需要一个行业智能化参考架构来指导企业智能化升级。在新的架构中，应考虑采用哪些技术、设备和平台，以及这些技术元素的特性和它们之间的层次关系，充分吸收 ISA-95 标准的优点，也要考虑到 ISA-95 标准的兼容性和延续性，从而加速智能化升级的进程。

华为结合自身在智能升级方面的专业技术与实践经验，推出了一种全新的行业智能化参考架构。这一架构更紧密地结合人工智能、大数据、云计算等数字技术和标准，确保企业在转型过程中能够充分利用数据价值、灵活集成智能技术，并实现系统的可持续扩展。本篇将为读者详细揭示华为所提出的行业智能化参考架构，并逐层深入解析其关键组成。同时，结合华为在智能化领域的丰富实践，为读者提供一系列前沿技术的参考与启示。

行业智能化解决方案是基于参考架构，为满足某一个具体场景智能化需求而提出的具体方法，包括实施方案、技术路线等。本篇将通过智慧工厂、研发工具链、工程设计仿真、数字化运营、企业知识库和智慧园区六大解决方案的解剖，具体展现参考架构在实际应用中的重要价值，并为用户的企业智能化升级提供可借鉴的落地方案。

让我们共同探索智能化升级的新征程，为企业的未来插上智慧的翅膀。

第 4 章

行业智能化参考架构

4.1　行业智能化参考架构特性与分层解析

2023 年 9 月,华为在 Huawei Connect 大会上发布了《加速行业智能化白皮书》,正式提出了行业智能化参考架构。这是华为与伙伴基于自身在二十多个行业(如城市管理、金融、交通、制造等)的智能化实践经验,所凝练和总结的一套通用型智能化参考架构,具有分层开放、体系协同、敏捷高效和安全可信等特点,如图 4-1 所示。

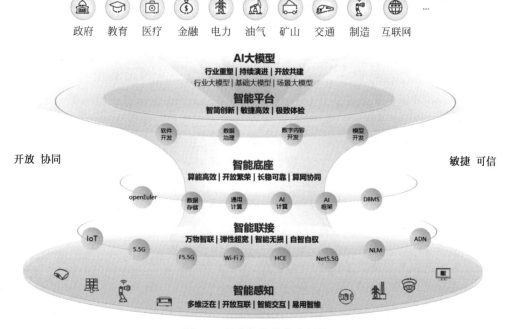

图 4-1　行业智能化参考架构

行业智能化参考架构是一个高度系统化的框架,它由智能感知、智能联接、智能底座、智能平台、AI 大模型以及行业应用 6 个紧密相连的层级构成。这些层级并非孤立存在,而是相互协同、共同工作,宛如一个生命体具备感知、思考、进化和情感的能力,能够为行业数据分析洞察及大模型开发应用提供强大工具,推动各行各业的智能化进程。行业智能化参考架构又是一个面向全行业的、能够服务不同智能化阶段的参考架构,基于企业现实条件,通过分层分级建设,选取合适的技术能力和产品,提升企业的智能化水平。同时,该架构以协同、开放、敏捷和可信为核心特点,确保企业在智能化升级过程中能够实现高效协作、灵活创新,并始终保持数据的安全可靠。

协同：在产品日趋复杂和市场敏捷交付的前提下,智能化升级不是一家企业的单打独斗,而是供应链上下游及解决方案服务商等众多企业协同合作的复杂过程。为了形成强大的合力并共同推进智能化体系的建设,企业需要基于行业智能化参考架构来构建自身的产品和能力。在企业内部智能化过程中,需要云、管、边、端的协同来实现业务信息的实时同步,以提升业务效率。而促进应用、数据、AI之间的协同,更是打通数据孤岛、实现业务场景全面智能化的关键所在。不仅如此,各行业企业之间也需要加强协同合作,共同打造具有竞争力的人工智能基础大模型和行业大模型,以更好地服务于整个行业的智能化发展。这种跨行业的协同有助于汇聚各方优势资源,推动智能化技术的创新与应用。

开放：行业智能化是涉及多个企业协同合作、宏伟复杂的工程,需要相关参考架构具有开放的能力和保障机制。通过算力开放,行业智能化参考架构能够支持各类大模型的开发,提供丰富的框架能力,从而催生出百模千态的多样化应用。同时,感知开放使得品类繁多的感知设备得以接入并相互打通,实现了万物智联的宏伟愿景。而模型开放则进一步将智能化技术匹配到千行万业的实际应用场景中,推动了行业智能的广泛实现。

敏捷：行业智能化参考架构的"敏捷"特点赋予了企业在智能化升级过程中的高度灵活性和响应速度。基于该架构,企业能够根据业务需求,迅速匹配并调用合适的ICT资源,确保智能化进程与业务战略紧密契合。同时,借助丰富且成熟的开发工具和框架,企业能够高效构筑智能化业务,降低技术门槛,使得业务人员能够直接参与智能化应用的开发。

可信：行业智能化参考架构的"可信"特点,是确保企业在智能化升级中稳步前行的基石。该架构在系统安全性、韧性、隐私保护、人身和环境安全、可靠性以及可用性等多个维度,均构建了坚不可摧的可信赖能力。这种能力不仅依赖于技术的先进性,更是从企业文化、操作流程和技术实施三个层面提供保障,确保在各种复杂场景中都能有效落实"可信"功能。此外,企业智能化应用的运行过程也必须经过严格的可信验证,确保其可追溯、防篡改,从而有效抵御外部的恶意攻击和破坏。

行业智能化参考架构自下而上由智能感知、智能联接、智能底座、智能平台和AI大模型5层组成,共同支撑千行万业的智能化。

4.1.1　智能感知

在行业智能体参考架构中,智能感知是物理世界与数字世界的纽带,它基于品类丰富、泛在部署的终端设备,对传统的感知能力进行智能化升级,构建一个无处不在的感知系统。智能感知的多维泛在、开放互联、智能交互和易用智维等特点对于提升生产效率、优化产品质量以及实现精细化管理等具有显著意义。

多维泛在的智能感知是实现生产流程透明化和精细控制的基础。通过在生产线、设备、产品等各个环节部署多种类型的感知设备,如温度传感器、压力传感器、视觉系统等,可以实时、全面地获取生产过程中的各种数据。这些数据不仅有助于及时发现潜在问题,还能为生产优化提供有力支持。例如,在智能制造系统中,多维感知数据可以实时反馈生产设备的运行状态,帮助管理人员及时调整生产参数,提高生产效率和产品质量。

开放互联是设备和系统之间实现互联互通及智能化生产的关键。以制造业为例,生产过程中往往涉及众多不同类型的设备和系统,通过开放终端生态和应用生态,开放互联能够实现不同设备和系统之间的数据共享和协同工作。这不仅有助于打破信息孤岛,提升生产效率,还能促进企业内外部的协同创新。例如,基于开放互联的智能感知系统,企业可以实现供应链上下游数据实时共享,优化库存管理和物流配送。

智能交互能够显著提升生产过程的灵活性和响应速度。通过云边协同、AI 大模型等技术,智能感知系统可以实现对生产环境和设备状态的实时认知和理解,并根据实际需求进行智能决策和响应。这不仅有助于减少人工干预,提高生产效率,还能为企业提供更加个性化、智能化的生产服务。例如,在定制化生产场景中,智能交互可以根据客户需求实时调整生产参数和工艺流程,确保产品质量的稳定性和一致性。

易用智维的智能感知系统能够显著降低运维成本和提升运维效率。由于制造业的生产环境往往复杂多变,感知设备的部署和维护成为一大挑战。通过网算电一体集成、边缘网关融合接入等能力,智能感知设备可以实现智能化简单化的部署、即插即用,大大简化了设备的安装和调试过程。智简运维平台和工具的数字化、智能化也实现了对感知设备的可视可管可维,进一步提升了运维效率和管理水平。例如,在远程故障诊断和预测性维护方面,易用智维的智能感知系统可以实时监测设备运行状态并预警潜在故障,帮助企业及时采取维修措施,减少停机时间和维修成本。

4.1.2 智能联接

一般来说,大型企业搭建的网络主要包括接入网络、广域网络和数据中心网络,三种网络共同构成了企业智能化升级的重要基础设施。

接入网络:负责将分布在设备、生产线等各个部位的感知设备接入企业内部网络中。接入网络的特征包括:①稳定可靠,即通过 5G-A、F5G Advanced 等先进技术,确保感知设备稳定可靠地接入网络,保证生产数据的实时传输和处理;②低时延,即为了满足设备监控、远程控制等实时业务处理的需求,能够确保数据的快速传输和处理;③业务区分与优先级设置,即针对如实时监控、数据传输等不同的业务类型,接入网络能够区分并设置不同的网络资源优先级,确保关键业务得到优先处理。

广域网络:对于拥有多分支机构的大型制造企业来说,广域网络是实现分支机构间数据传输和业务协同的关键。广域网络的特征包括:①高带宽,为了满足分支机构间大量数据的传输需求,如产品影像、生产数据等,广域网络需要具备高带宽的特性;②稳定性与可靠性,确保分支机构间的数据传输和业务协同不受网络故障的影响,提高企业整体运营效率;③灵活性,企业可根据自身实际情况选择租用运营商网络或自建广域网络的方式,实现灵活的网络连接策略。

数据中心网络：大型制造企业在进行数据处理和分析时，特别是在 AI 大模型训练等场景中，数据中心网络的作用尤为突出。其特征主要包括：①高性能，为了满足 AI 大模型训练等大规模数据处理需求，数据中心网络需要具备高性能的特性，如通过"内存访问"技术直达存储和设备，实现协议互通和端口复用，提高网络资源利用效率；②业务隔离，针对数据中心内不同的业务类型，如 AI 训练集群的参数面、业务面、存储面等网络平面，实现业务隔离，确保不同业务互不干扰。

基于以上三种企业网络，智能联接主要用于智能终端和数据中心的连接、数据中心之间的连接、数据中心内部的连接等，以解决数据上传、数据分发、模型训练等问题。万物智联、弹性超宽、智能无损和自智自驭的智能联接是实现智能化的关键要素。

万物智联：以制造行业为例，生产线涉及众多设备和传感器，如机床、机器人到温度、压力传感器等，需要实时、准确地上传数据以确保生产流程的顺畅和产品质量的稳定。应用 5G-A、F5G Advanced、Wi-Fi 7 等网络技术，这些设备和传感器之间能够实现无缝连接，确保数据的实时传输和处理。这样，管理人员可以远程监控生产线的状态，及时发现问题并进行调整，从而提高生产效率和质量。

弹性超宽：随着企业向智能化发展，生产数据也在急剧增长。这些数据不仅用于实时监控和数据分析，随着 AI 技术的广泛应用，还将大量用于训练 AI 模型以满足智能化生产和运营需求。为了满足大量数据的传输和处理需求，需要建立大带宽、低时延的网络。此外，基于时延地图和带宽地图动态选择最优路径功能的"自动驾驶网络"可以确保数据的快速、准确传输，使得 AI 模型的训练和推理更加高效。

智能无损：在制造业中，无损的数据传输对于确保生产线的稳定运行至关重要。通过 400GE/800GE 超融合以太网等技术，可以实现大规模、高吞吐、零丢包的数据传输，确保生产线上的每个设备都能准确地接收到所需的数据和指令。此外，智能无损计算互联还可以提高数据处理和分析的效率，例如，在 AI 大模型训练场景，集群网络万分之一的丢包率会导致算力降低 10%，而千分之一的丢包率会导致算力降低 30%，因此，智能无损传输显得尤为重要。

自智自驭：基于网络大模型，智能联接可以自动识别应用与终端类型，准确预测网络故障和安全风险，从而实现网络的零中断、安全零事故和体验零卡顿。这意味着生产线上的设备和传感器可以始终保持稳定、安全的连接状态，管理人员无须担心网络故障导致的生产中断或数据泄露等问题。同时，网络的"自动驾驶"，即系统能够自动感知网络状态、流量变化等信息，并根据这些信息进行智能决策，对网络进行自动调整和优化，可以降低运维成本，提高整体运营效率。

4.1.3　智能底座

智能化的核心在于智能底座，它凭借强大的 AI 算力、海量存储和高效并行计算框架，能够快速处理和分析海量数据，并实现高性能的存算网协同，帮助企业做出更加迅速和准确的决策。为满足不同场景的需求,智能底座提供系列化的算力能力,确保适应性和灵活性。同时,其开放能力呈现系列化、分层和友好的特点,便于集成和定制。此外,智能底座还集成了多种边缘计算设备,为边缘推理和数据分析等关键业务场景提供有力支撑,例如,可通过边缘计算分析生产设备的数据,实现故障诊断和预测性维护,以显著减少停机时间,提高生产效率。

在制造行业中,智能底座层展现了算能高效、开放繁荣、长稳可靠和算网协同的显著特点,为行业的智能化升级提供了坚实的底座支撑。

算能高效:随着企业数据量的爆炸式增长,智能底座层通过优化硬件调度和软件编译,极大提升了大模型训练的效率。智能底座还能根据不同类型的大模型和业务场景提供系列化的训练和推理算力配置,确保资源的高效利用。闪存技术的运用进一步加速了数据处理速度,降低了成本,使得 AI 大模型的处理更为高效。此外,通过全局数据可视化和跨域数据调度,实现了数据的优化布局和快速流动,显著缩短了 AI 训练的端到端周期。

开放繁荣:智能底座层的开放性体现在其能支持多种模组、板卡、整机和集群,以适应多样化的算力需求。无论是中心推理还是边缘推理,用户都能根据实际需求选择合适的硬件和软件。这种开放性不仅为用户提供了灵活的选择空间,还有助于形成繁荣的生态系统,推动企业的持续创新。

长稳可靠:智能底座层通过提升集群稳定性和提供过程数据恢复训练功能,显著降低了大模型训练过程中的风险。这种稳定可靠的特性确保了企业的智能化进程不会因为意外中断而受到严重影响。

算网协同:数据的快速、准确传输对于生产流程的优化至关重要。智能底座层通过算网协同的传输架构,打破了传统数据传输方式的瓶颈,提升了数据传输效率和模型训练速度。此外,存算协同架构进一步减少了计算和网络资源的占用,让数据在存储侧完成部分处理,实现了随路计算,提升了 AI 训练性能。这种协同作用不仅加速了智能化进程,还有助于实现更精细、更灵活的生产管理。

智能底座的核心要素包括计算能力、数据存储、操作系统、数据库以及云基础服务。计算能力以各类计算芯片为基础,通过高效的计算架构提供强大的 AI 算力,满足不同场景下的训练和推理需求。数据存储则针对复杂多样的业务数据,提供海量、稳定、高性能和极低时延的存储服务,确保数据的安全性和可用性。操作系统屏蔽硬件差异,提供统一接口,优化硬件能力发挥,实现多 CPU、CPU 与 GPU/NPU 的协同调度。数据库则应对海量、多格式数据的挑战,提供高性能、可扩展、可靠、安全的数据管理能力。最后,云基础服务通过虚拟化、容器化等技术,提升资源利用效率,灵活应对业务量波动,为制造行业的智能化应用提供坚实基础。

4.1.4 智能平台

智能平台展现了智简创新、敏捷高效和极致体验的特点,这些特点共同推动了行业的智能化进程。以制造业为例,海量的数据从生产线上的各种传感器和设备中生成,经过工业网络的传输，最终汇聚到智能平台。在这个平台上，数据经过治理和开发、模型的开发与训练等一系列流程，为生产运营活动积累了丰富的行业经验，为智能化应用的构建提供了强大的支持。

智简创新：围绕软件、数据治理、模型、数字内容等生产线能力，智能平台提供了一系列先进的开发使能工具。这些工具使得智能化应用的构建更加高效和便捷。数据、AI和应用的协同作用进一步简化了开发过程，降低了创新难度。企业可以更快地开发出适应市场需求的智能化应用，提升生产效率和产品质量。

敏捷高效：智能平台通过智能化的开发生产线能力，为业务人员提供了多样化的业务开发方式选项，使得业务人员能够更灵活地应对市场变化和业务需求。例如，强大的DevOps（Development & Operations，开发和运维一体化）能力加速了业务迭代开发过程，减少了开发周期和成本。一键发布能力则进一步提升了业务上线速度和效率，使企业能够更迅速地响应市场并抢占先机。

极致体验：智能平台具备简单易用的低代码、零代码业务配置能力，降低了开发门槛，使得业务人员可以直接参与到模型开发、数据治理、应用开发中。这为企业提供了更多的自主权和灵活性。同时，智能平台为不同用户提供个性化的操作界面，使得使用者能够更加方便地操作和管理智慧应用，提升了整体的用户体验。

智能平台层核心组件包括数据治理生产线、AI开发生产线、软件开发生产线以及数字内容生产线。这些组件共同构成了智能平台的强大基础，支持AI模型在不同框架和技术领域的开发和大规模训练，为行业智能化应用提供有效的开发和治理工具。

数据治理生产线：通过一站式的数据治理流程，包括数据入湖、数据准备、数据质量和数据应用等环节，实现了从数据的集成、开发、治理到数据应用的全生命周期智能管理。数据治理生产线大幅提升了数据开发者的效率，并确保了数据的质量和准确性。这为企业提供了可靠的数据基础，支持其做出更准确的决策和优化生产流程。

AI开发生产线：一站式AI开发平台，涵盖了算力资源调度、AI业务编排、AI资产管理以及AI应用部署等全方位的功能，提供了数据处理、算法开发、模型训练、模型管理和模型部署等全流程技术能力。AI开发生产线屏蔽了底层软硬件的差异，实现了AI应用的一次开发、全场景部署，缩短了跨平台开发的适配周期，并提升了推理性能。

软件开发生产线：一站式开发运维平台，打通了智能化应用的全生命周期，包括需求、开发、测试和部署等全流程。它提供了全代码、低代码和零代码等多种开发模式，适应了不同业务场景的开发需求。这使得企业能够更高效地开发出适应业务需求的应用软件，提升生产效率和产品质量。

数字内容生产线：提供了丰富的数字内容开发能力。它支持2D和3D数字内容的开发，能够根据用户需求，应用开发和实时互动框架生成各种服务，如数字人等。使用者无须专业设备即可轻松使用这些内容生产工具，进一步丰富了企业的数字化表达方式，提升了产品的用户体验和市场竞争力。

4.1.5 AI 大模型

典型的 AI 大模型分为三层,如图 4-2 所示。最底层是基础大模型(L0),这一层提供通用的基础能力,主要通过从海量数据中抽取知识来学习通用表达方式,通常由业界领先的 L0 大模型供应商提供。上一层是行业大模型(L1),它在 L0 基础大模型的基础上,结合特定行业的知识构建而成。利用特定行业的数据进行训练,L1 模型能够无监督地自主学习该行业的海量知识。最上层是场景大模型(L2),这一层针对更加细分场景的推理模型,是实际场景中部署的模型。L2 模型是通过 L1 模型生产出来的,能够满足各种实际部署需求。根据各个层级大模型的用途分类,又可以分为自然语言大模型、视觉大模型、多模态大模型、预测大模型和科学计算大模型。

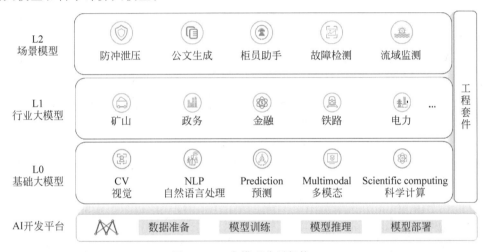

图 4-2 AI 大模型分层架构

例如,制造大模型一般是指使用制造行业的数据,微调 L0 基础大模型得到的一系列满足不同用途的 L1 大模型。企业可以在 L1 制造大模型基础上,使用特定的场景数据,继续微调和训练,得到 L2 级别的场景大模型,以解决生产制造中具体的场景问题。

AI 大模型体现了行业重塑、持续演进和开放共建的特点。这些特点共同推动行业向更高水平的智能化发展,助力提升整个行业竞争力和创新能力。

行业重塑:通过将 AI 大模型应用于价值场景,企业能够在处理各种任务时实现更智能的决策,提升业务效率。AI 大模型增加了制造流程的自动化和精确性,减少了人为错误,优化了生产计划和资源管理。这不仅有利于改变传统生产方式,还为行业未来发展提供了新的可能性。

持续演进:大模型在业务场景中应用通常需要大量的数据来进行训练和优化,同时,这些模型在部署和使用过程中也会产生新的业务数据。这些数据被用来不断地训练和优化 AI 大模型,使其能力不断增强,推理更加准确。这种持续的演进使得 AI 大模型能够适应不断变化的市场需求和制造环境,成为行业智能化的有力支撑。

开放共建：在行业大模型开发过程中，客户往往需要与大模型供应商紧密合作，共同打造多样化和多层级的大模型。这种合作模式确保了 AI 大模型能够满足各类场景和各种需求，为不同行业场景提供了多样化的选择。开放共建促进了知识、技术的共享与迭代，加速了行业智能化的发展步伐。

值得注意的是，企业在建设和使用大模型时，应遵循一系列策略和方法来确保成功。

首先，在建设大模型体系时，企业应根据自身的规模、能力、组织结构和需求来制定合适的策略。重要的是要考虑云/网/边/端的协同以及网/算/存的协同，以确保 AI 能够在整个企业中顺畅地运行。大模型的建设可以采用分层分级的方法，从 L0 到 L1 再到 L2，并逐步引入行业数据来提升模型的训练效果。同时，为了节约推理资源，模型压缩技术也是不可或缺的。这种技术可以将大模型的参数量级压缩 10~20 倍，使得千亿级别的模型能够在单张 NPU（Neural Network Processing Unit，神经网络处理器）或 GPU（Graphics Processing Unit，图形处理器）卡上进行推理，显著降低推理成本，并提升推理性能。

在实际应用中，企业需要密切关注业务场景的变化，并对 AI 大模型的能力进行迭代和演进。在具体任务场景下，有监督训练方法可以用于微调模型，以迅速达到所需效果。例如，NLP（Natural Language Processing，自然语言处理）大模型可以通过自监督训练方式进行二次训练，不断吸收行业知识。此外，基于自有训练后的模型进行强化学习可以进一步提升模型性能。对于 CV 大模型，企业和行业用户可以结合自身的行业数据进行二次训练，迭代得到适应自身行业的 L1 预训练大模型。在特定的细分场景中，可以提供小样本数据，基于行业预训练的 L1 模型进行微调，以快速获得适应自身业务的迭代模型。由于小样本量的使用，这种迭代过程也会更加迅速。

4.1.6　智赋千行万业

随着新一代信息技术飞速发展，智能化升级已成为千行万业共同追求的目标。行业智能化参考架构的 5 层体系——智能感知、智能联接、智能底座、智能平台和 AI 大模型，如同一把钥匙，为各行业打开了通往智能化的大门。

在汽车制造行业，智能化的转型正在改变传统的生产方式和管理模式。通过智能感知技术，汽车制造商能够实时监控生产线上的每个细节，确保产品质量和生产效率。智能联接则实现了车辆与云端、车辆与车辆之间的全面互联，为智能驾驶和车联网等创新应用提供了可能。基于智能底座和智能平台，车辆制造厂构建了高效的生产管理系统，实现了生产流程的自动化和智能化。而 AI 大模型的应用，则让汽车制造商能够深入挖掘生产数据，优化生产流程，降低能耗和排放，为绿色制造贡献力量。

在半导体与电子行业，智能化升级同样如火如荼。智能感知技术使得半导体生产线能够实现精确的工艺控制和质量检测，提升产品良率和可靠性。智能联接将生产设备、物料和测试仪器紧密连接起来，实现了生产数据的实时共享和协同处理。基于智能底座和智能平台，半导体企业构建了智能化的生产管理系统，实现了生产计划的智能调度和生产过程的实时监控。而 AI 大模型的应用，则让半导体企业能够准确预测市场需求和产品趋势，为制定科学合理的研发和生产策略提供有力支持。

在医药行业,智能化升级为药品研发、生产和质量控制带来了革命性的变化。智能感知技术使得制药企业能够实时监测药品生产过程中的温度、湿度、压力等关键参数,确保药品质量和安全。智能联接实现了制药设备与云平台的互联互通,为远程监控和数据分析提供了便利。基于智能底座和智能平台,制药企业构建了智能化的药品生产管理系统,实现了生产流程的自动化和智能化控制。而 AI 大模型的应用,则让制药企业能够深入挖掘药品研发和生产数据,加速新药研发和上市进程,为患者带来更多福音。

软件与信息行业作为智能化的先行者,更是将智能化技术发挥到了极致。基于智能感知和智能联接技术,软件企业能够实时获取用户需求和行为数据,为精准营销和个性化服务提供有力支持。智能底座和智能平台为软件企业构建了稳定可靠的业务系统,确保了海量数据的安全存储和高效处理。而 AI 大模型的应用,则让软件企业能够深入挖掘数据价值,为用户提供更加智能化、个性化的服务体验。

综上所述,在汽车制造、半导体与电子、医药等各个行业中,智能化应用将不断涌现。这些应用深入挖掘行业痛点,通过 ICT 技术与场景化 AI 大模型的结合,快速创造价值,以个性化、主动化的服务体验满足用户的需求,并推动着全行业的创新与发展。随着更多智能场景的落地,各行业正汇聚成一股强大的力量,共同构建着千行万业智能化的未来蓝图。无论在哪个行业,都能看到智能化的应用场景,它正改变着人们的工作和生活方式,引领着各行业向着更加高效、智能的方向迈进。

4.2　华为智能化技术实践

行业智能化参考架构为行业的智能化发展提供了一条有效的道路,华为依托行业智能化参考架构,叠加多年的行业智能化实践,打造智能感知、智能联接、智能底座等系列化的硬件能力和模型使能工具,并发布了盘古大模型,以开放的心态拥抱行业伙伴,共同构筑智能化的未来。

4.2.1　智能感知:光视联动和雷视拟合智能感知

在智能感知领域,华为推出了雷达、光纤传感以及软件定义摄像机等感知产品,并结合不同感知设备特点进行组合,实现了光视联动智能感知和雷视拟合智能感知。

1. 光视联动智能感知

华为通过组合光纤传感、软件定义摄像机两大感知产品,实现光视联动智能感知,具有全覆盖、低漏报、全天候、少误报的优势。

分布式光纤传感振动探测产品 OptiXsense EF3000 采用华为独有的低噪声相干接收系统和高性能 oDSP 算法,对微弱信号引起的光纤细微拉伸有极高的检测灵敏度,检测形变量达到头发直径的三十万分之一。同时,结合了华为独有的超高分辨率采样技术和大尺度线性探测技术,无论是强信号还是弱信号都能真实还原。

在铁路、机场、油气管线等行业中，关键场地和设施安全是重中之重，天然存在周界防护的刚性要求。针对相关场景，华为基于光视联动智能感知能力打造周界防护站方案，通过对抗模型的细节特征提取，对入侵行为和干扰行为的细节差异进行识别，并基于环境感知网络的全局性特征提取网络，对环境全局特征进行提取。该方案将环境特征与细节特征融合，再通过全域态势判决将信号区分为入侵和干扰，提供"全覆盖、全天候、全智能"的防护监测能力，实现无人化巡检防护，告警准确率提升 90%，相对于普通单事件检测算法误报率 10 次/（千米·天），IDF-AD 支持误报率降低至 1 次/（千米·天）。

2. 雷视拟合智能感知

华为通过组合雷达、软件定义摄像机两大感知产品，实现智能感知雷视拟合。华为 ASN850 毫米波感知雷达，采用华为 5G massive MIMO 大规模天线阵列和超分辨率算法，自研高清摄像机结合昇腾计算卡、墨子镜头、烛龙传感器等，支持 4K 小目标检测。

以智慧高速建设场景为例，通过超远探测和雷视拟合技术，感知距离扩大到 1000m。针对弯道等特殊场景采用了视场动态增强技术，整体可比业界方案减少 25% 的杆站建设成本。

3. 鸿蒙感知

鸿蒙系统是基于微内核的全场景分布式 OS，可按需扩展，实现更广泛的系统安全。鸿蒙系统拥有分布架构、内核安全、生态共享、运行流畅四大优势。

相比于传统"物联感知终端操作系统"碎片化、系统割裂等问题，鸿蒙系统基于一套操作系统灵活组装，实现设备系统归一，无论设备大小，只需要一个操作系统，实现了全场景统一内核。鸿蒙系统采用分布式软总线技术实现不同领域感知设备之间近场感知、自发现、自组网，完成无感连接，多个感知设备自动协同宛如一个物理设备，可以提供任务在多个感知设备上的一致体验感。

鸿蒙已经在城市、矿业、电力、公路等行业应用，通过构建形成统筹规范、泛在有序、标准统一、互联互通的感知体系，促进感知终端的共建共享，提升感知数据汇通共用水平。

华为于 2021 年将鸿蒙系统 L0 到 L2 层面的代码全部捐献给开放原子开源基金会。目前，开源鸿蒙项目群拥有多位捐赠人，生态快速成熟壮大。

4.2.2　智能联接：开放互联、高效安全的智算网络

华为提供万兆园区网络、数据中心智算网络、IP 广域网络、网络安全解决方案、IntelligentRAN 网络以及 F5G 智简全光网等解决方案，推进智联万物，加速网络升级，实现以网强算，促进开放互联，保障网络安全。

1. 高品质万兆园区网络

华为高品质万兆园区网络助力企业建设以提升企业和用户体验为中心的园区。Wi-Fi 7 和多速率交换机实现终端万兆极速接入，音视频体验保障方案实现万人园区视频会议零卡顿；融合 AI、大数据和华为数十年网络运维经验的 NCE 园区网络数字地图，网络开局效率提升 10 倍，故障定位效率提升 40 倍。华为已为比亚迪、苏黎世联邦理工学院等全球众多知名客户打造极致体验的园区。在 2022 年 Gartner 评出的企业有线无线网络基础设施的魔

力象限中,华为成功入选领导者象限。

华为 SD-WAN 方案还助力企业构建极简组网,极简运维的高品质分支网络。应用华为超融合网关(1 台相当于 6 台普通网关的功能),能够实现分支极简组网,提升部署运维效率 30%;华为超融合网关通过 NetEngine AR6700V 可将弹性扩容最大到 200G,保障性能升级而业务不中断,助力企业高品质上云。华为 SD-WAN 方案在中国石化等全球众多知名客户部署,良好的交付品质及口碑帮助华为连续三年赢得 Gartner 评出的"客户之选"。

2. 华为星河 AI 智算网络

AI 大模型依赖大规模集群互联,需要数据中心提供高性能、高可靠、可运维、大规模的开放网络作为支撑。华为星河 AI 智算网络基于超融合以太技术,实现网络智能无损零丢包;同时,通过网络级负载均衡 NSLB 算法,以网强算,实现 AI 训练网络吞吐大幅提升至98%。武汉人工智能计算中心是首个面向产业的人工智能计算中心,选用华为网络、计算、云、存储端到端解决方案,首期建设了 100P AI FLOPS 算力的智算网络;在该项目对比测试中,华为网络性能与 IB 网络整体基本持平,完全满足业务的高性能需求。

3. 华为智能 IP 广域网络

面向海量训练数据和模型文件高效传递,华为提供智能 IP 广域网络解决方案,以 IPv6+为技术基础,实现流、应用、带宽、时长等多维感知和弹性调度,大模型训练数据和模型数据快递化高效传输,效率提升百倍,解决企业训推数据传输过程中"低带宽等不起,高带宽用不起"的业务痛点。通过全业务路由器大缓存、抗突发的能力,满足企业与各级训练中心、推理中心的灵活接入、边云协同的极致高吞吐数据传递,带宽利用率最高达到 95%,逼近物理极限。例如,山西晋能控股集团寺河煤矿基于华为矿山融合 IP 工业网解决方案,建成全国领先的智能煤矿,极大提高了调配管理水平、生产效率及矿井安全性。

4. 华为网络安全解决方案

人工智能应用到行业过程中,需要高效模型传输和海量数据训练,华为基于可信网络安全解决方案,在数据传输到 AI 算力网络前进行安全防护,提供算力基础设施的"非侵入"式的安全防护,实现高效算力和安全防护的平衡。同时,华为还可提供训练数据脱敏、数据防泄露等数据安全防护能力,实现敏感数据的安全防护。对于防护智能应用的终端和用户,华为能够提供零信任安全防护能力,保证终端、人员可信接入,最小权限访问业务资源,最大程度保障 AI 关键基础设施的整体安全。"非侵入式"防御架构已在华为南方工厂等行业智能化领先企业进行了部署,已连续多年保障业务持续稳定运行,为业界树立了标杆。

5. 华为 IntelligentRAN 网络

面向新业务的多样化发展以及新站型新频的引入带来的无线网络结构性挑战,华为提供 IntelligentRAN 解决方案,以数智感知、数字孪生、意图开放、智能空口为技术基础,实现对无线环境信息高精确感知、多维分析决策、意图驱动人机交互以及高效空口信道测量的能力;无线大模型通过海量数据训练特征学习,在闭环流程中形成认知与决策,有望将无线网络真正推向意图自适应的网络级智能化高阶水平。通过在多频协同、宏微协同、网络级节能、网络故障预防预测、直播业务体验保障等热点场景引入智能化技术,实现无线网络的极致节能、故障预测预防的主动排障，以及应用体验稳定性保障，真正帮助企业提质降本增效。

6. F5G 智简全光网

F5G 是第 5 代固定通信网络，由 ETSI（European Telecommunications Standards Institute，欧洲电信标准协会）定义，致力于从光纤到户迈向光联万物。F5G 基于光纤通信技术，在增强超宽带（eFBB）、全光连接（FFC）和可保障品质体验（GRE）三大场景方面已经取得巨大成功，并向绿色敏捷全光网（GAO）、实时韧性连接（RRL）和光感知与可视化（OSV）三大全新应用场景演进。华为推出面向 AI 时代的 F5G 智简全光网，包括行业生产网络、园区网络、工业网络、地产前装、周界防护等场景的创新产品和解决方案，为 AI 全面赋能行业打造坚实底座。

在智慧办公领域，F5G 全光园区为企业打造绿色极简的上云连接，支撑企业一跳入云，并实现高效的异地办公与远程沟通。在智能制造领域，全产业链信息高效流转、精密制造的自动化精准及远程操控同样依靠 F5G 技术所赋能的无损工业网络。在智慧电力领域，F5G 技术为电力行业构建安全、稳定、可靠、易演进和运维的全光通信底座，赋能新型电力系统。在智慧医院，F5G 实现院区网络多网合一，通过硬隔离方案满足医疗信息系统安全等级保护要求，在确保传输网络可靠性的同时，为诊室、医学影像、远程诊疗等场景提供高效的数据传输和信息互联服务。

4.2.3　智能底座：昇腾系列的 AI 算力集群

1. 昇腾系列（AI 计算）

华为致力于打造领先的、坚实的 AI 算力底座，以系统级架构创新，突破规模算力瓶颈，使能百模千态的繁荣发展。

如图 4-3 所示，华为昇腾 AI 产业生态围绕昇腾 AI 基础软硬件平台（包括 Atlas 系列硬件、异构计算架构 CANN、全场景 AI 框架昇思 MindSpore、昇腾应用使能 MindX 以及一站式开发平台 ModelArts 等）持续创新，释放昇腾 AI 澎湃算力，性能保持业界领先。

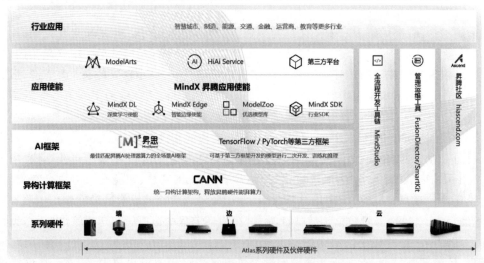

图 4-3　华为昇腾 AI 产业生态

致力于让 AI"用得起、用得好、用得放心",华为研发了昇腾系列板卡,作为华为人工智能解决方案的核心部分和关键支撑。基于昇腾系列,华为推出了 AI 训练集群 Atlas 900、AI 训练服务器 Atlas 800、智能小站 Atlas 500、AI 推理与训练卡 Atlas 300 和 AI 加速模块 Atlas 200,完成了 Atlas 全系列产品布局,覆盖云、边、端全场景,面向训练和推理提供强劲算力。

华为的 AI 算力集群,拥有创新超节点架构,具备超高稳定性和超强性能,支持万亿参数大模型训练且训练效率高。

首先,依托华为在网络领域的长期能力积累,集群互联采用了全新的华为星河 AI 智算交换机 CloudEngine XH16800,借助高密的 400GE 端口能力,即可实现大规模 NPU 无收敛互联。

其次,华为的 AI 超级集群采用了全互联 AA 数据保护架构,独创故障现场保存技术和盘控协同的超高带宽技术。针对万亿参数大模型训练所特有的 PB 级 CheckPoint 数据读写,分钟级即可完成,断点续训恢复时间也缩短到分钟级,恢复速度是业界平均速度的 3 倍。同时,华为将通信领域积累的高可靠性系统工程能力引入 AI 集群,实现了器件级的故障预测、节点级精准液冷,万卡集群的稳定性从天级提升到月级,提升约 10 倍。

同时,集群采用创新超节点架构,多卡通过总线互联成一个 NPU。通过总线和 openEuler 操作系统的协同,为大模型训练提供充足内存,规避因内存不足所带来的算力空耗现象。

最后,通过华为独有的网络级负载均衡 NSLB 算法,在网络硬件不变的情况下,集群内网络吞吐率从 50% 提升到 98%,性能提升约 1 倍。

华为以开发者为核心,繁荣技术生态,以伙伴与客户为核心,做厚商业生态,坚持技术生态与商业生态双轮驱动来发展昇腾 AI 产业。华为践行开放、开源的策略,进一步开放异构计算架构 CANN,全面兼容业界的算子、AI 框架、加速库和主流大模型,以更加灵活的算子开发使能开发者业务创新,以共建、共享、共治,持续贡献昇思开源社区,把昇思 MindSpore 打造成支持大模型和科学智能等 AI 创新的框架。

2. OceanStor 存储

华为推出的 OceanStor 系列是可大规模横向扩展、弹性伸缩的数据中心级智能分布式存储产品,通过系统软件将存储节点的本地存储资源组织起来构建分布式存储池,可向上层应用提供分布式文件存储、分布式对象存储、分布式大数据存储与分布式块存储服务,具有丰富的业务功能和增值特性。借助华为数控分离架构的高性能存储 OceanStor A800,实现数据流 I/O 直通,减免了 CPU 计算耗时,数据加载效率高。

OceanStor 系列存储采用闪存技术加速大模型训练:具备高速读写能力和低延迟特性,并伴随着其堆叠层数与颗粒类型方面的突破,带来成本的持续走低,使其成为处理 AI 大模型的理想选择。数据读写性能的大幅提升,将减少计算、网络等资源等待,加速大模型的上市与应用。据华为测算,以 GPT-3 采用 100PFlops 算力为例,当存储的读写性能提升 30% 时,将优化计算侧 30% 的利用率,整体训练时间将缩短 32%。

　　OceanStor 系列存储通过数据编织方案提升 AI 大模型协同分析效率：通过全局的数据可视、跨域跨系统的数据按需调度，实现业务无感、业务性能无损的数据最优排布，满足多个源头的价值数据快速归集和流动，以提升海量复杂数据的管理效率，直接减少 AI 训练端到端周期。

　　华为存储支持灵活开放：OceanStor 存储软件可以集成第三方的 GPU 服务器、网络节点以及 AI 的平台软件，方便集成商自由、灵活地装配其超融合节点。

3. 多种算力开放模式

　　华为致力于打造领先而坚实的 AI 算力底座，提供多种算力供给模式，来满足行业客户的差异化需求，使能"百模千态"，加速千行万业走向智能化，如图 4-4 所示。

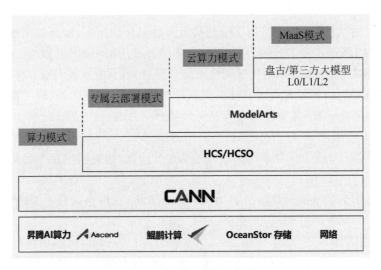

图 4-4　多种算力供给模式

　　算力模式：华为提供算力底座，包括智能感知、智能联接和智能底座。通过直接提供领先昇腾 AI 算力，使能客户和伙伴灵活打造差异化的算力平台和 AI 服务。

　　专属云部署模式：华为提供智能感知、智能联接、智能底座和基础云平台，通过基础算力＋HCS/HCSO 基础云平台能力，方便客户面向多租户提供 AI 算力。

　　云算力模式：为不同客户提供叠加的 DataArts 数据治理，ModelArts 一站式 AI 开发平台，帮助客户快速进行大模型开发。

　　MaaS 模式：面向千行万业的中小企业，提供开箱即用的 MaaS（Model as a Service，模型即服务）模式，加速业务应用上线，快人一步。

4.2.4　智能平台：全流程应用开发的"生产线"

　　华为为智能平台提供了丰富的"生产线"，一系列的模型使能工具，使能伙伴共同开发，繁荣生态。

　　华为数据治理生产线 DataArts 提供一站式数智融合的开发与治理，该系统支持接入超过 40 种数据源,具备处理高达 10 万以上并发作业调度的能力,全流程拖曳式开发,全生命周期数据治理,帮助企业快速构建从数据接入到数据分析的端到端智能数据系统,消除数据孤岛。

模型开发生产线 ModelArts 是 AI 开发的一站式平台。ModelArts 持续构建大模型训练、推理加速能力,从算力资源调度、AI 业务编排、AI 资产管理到 AI 应用部署,提供数据处理、算法开发、模型训练、模型管理、模型部署等 AI 应用开发全流程能力支撑。ModelArts 提供开放架构,联合伙伴以第三方工具集成的方式,打造全流程工具链赋能各类 AI 开发场景。IDC 中国 2021H1 人工智能公有云服务市场研究报告显示,华为云 ModelArts 蝉联中国公有云机器学习市场 TOP1。

软件开发生产线 CodeArts 提供一站式 DevSecOps 开发运维能力,面向应用全生命周期,打通需求、开发、测试、部署等全流程。同时,提供全代码、轻代码和低代码等各种开发模式,支持多种主流编程语言和开发框架,内置代码检查规则,支持千万 TPS 的自动化测试并发请求。

华为数字内容生产线 MetaStudio 提供 3D 数字内容开发,应用开发和实时互动框架。通过华为云 MetaStudio 数字内容生产线,各行业客户都可以便捷地在云上生产数字内容、开发 3D 应用,打造虚拟演唱会、虚拟展会、办公协作、工业数字孪生等 3D 虚拟空间,同时支撑海量用户的实时互动,让虚拟世界和现实世界无缝融合。

4.2.5　盘古大模型:行业智能化的"加速器"

盘古大模型达到千亿级参数,相对于以前的作坊式开发,AI 工业化开发效率可以大幅提升,同时 AI 模型具备更佳的性能。盘古大模型分为三层,L0 基础大模型,L1 行业大模型,L2 场景大模型,如图 4-5 所示。盘古大模型采用完全的分层解耦设计,可以快速适配、快速满足行业的多变需求,企业既可以为自己的大模型加载独立的数据集,也可以单独升级模型。

L0 层是盘古的基础大模型,包括自然语言大模型、视觉大模型、多模态大模型、预测大模型、科学计算大模型,提供满足行业场景智能化的多种工具和能力。

L1 层是行业大模型,既可以提供使用行业公开数据训练的行业通用大模型,如政务、金融、制造、矿山、气象等;也可以基于行业用户的自有数据,在盘古的 L0 和 L1 上,为用户训练自己的专有大模型。

L2 层是为企业提供更多细分场景的模型,更加专注于某个具体的应用场景或特定业务,为用户提供开箱即用的模型服务。

盘古 NLP 大模型可用于内容生成、内容理解等领域,由于首次使用了 Encoder-Decoder 架构,兼顾 NLP 大模型的理解能力和生成能力,能够保证模型在不同系统中的嵌入灵活性。在下游应用中,仅需少量样本和可学习参数即可完成千亿规模大模型的快速微调和下游适配。

盘古 CV 大模型可用于产品分类、质量检测等领域,是目前业界实现模型按需抽取的最

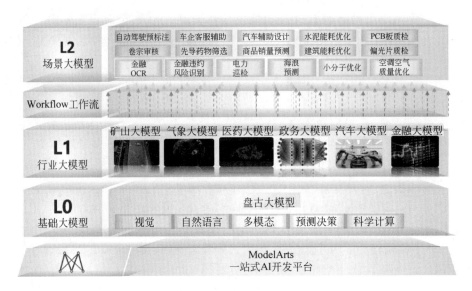

图 4-5　盘古大模型架构

大 CV 大模型，实现兼顾判别与生成能力。基于模型大小和运行速度需求，自适应抽取不同规模模型，使得 AI 应用能够开发快速落地。由于使用了层次化语义对齐和语义调整算法，在浅层特征上获得了更好的可分离性，使小样本学习的能力获得了显著提升。2021 年，盘古 CV 大模型在 ImageNet 数据集线性分类检测结果达到业界第一。

华为在推动盘古大模型赋能行业智能化方面进行了积极探索，目前已在政务、金融、制造、药物分子、矿山、气象等行业发布了 L1 行业大模型。

在煤矿运输场景中，应用视觉大模型可快速识别运输皮带上的大块煤、锚杆、钢筋等异物，识别精度超过 98%，检测效率提升 10～100 倍，安全事故降低 90%，避免了停工停产带来的巨大损失；在工业质检场景中，可以对偏光片流水线进行质检，对铁路货车运行故障进行动态缺陷检测；在电力巡检场景中，针对无人机每天拍摄的海量照片，快速筛选有缺陷的样本。从前要实现以上功能，需要用到几十个小模型，现在用一个统一的大模型就能够加快筛选过程，提高工作效率。

在气象预报领域，盘古气象大模型是全球首个精度超过传统预报方式的 AI 模型，相关成果在国际顶级学术期刊 *Nature* 发表。该模型可以在秒级时间内完成全球未来 1 小时到 7 天的天气预报，精度超过传统的数字分析方法，而预测速度则提升了 1 万倍。在药物研发领域，盘古药物分子大模型可以提高小分子合成物筛选速度，使过去数年的传统药物研发周期缩短至一个月以内，大幅提高研发效率。

在生产制造领域，过去单产线制定器件分配计划，往往要花费 3 小时以上才能安排好 1 天的生产计划。盘古制造大模型应用大模型＋求解器，在学习华为产线上各种器件数据、业务流程及规则的基础上，能够对业务需求进行准确的意图理解，通过调用天筹 AI 求解器插件，1 分钟即可做出未来 3 天的生产计划。

第 5 章

智慧工厂：让生产更高效和智能

在全球制造业"数字化和智能化"变革中,以新一代信息技术与制造机理深度融合为基本特征的智能制造,成为加快制造业高质量发展和建设新型工业化的重要抓手。2021 年 12 月 28 日,工业和信息化部等八部门联合印发了《"十四五"智能制造发展规划》提出:"十四五"及未来相当长一段时期,推进智能制造,要立足制造本质,紧扣智能特征,以工艺、装备为核心,以数据为基础,依托制造单元、车间、工厂、供应链等载体,构建虚实融合、知识驱动、动态优化、安全高效、绿色低碳的智能制造系统,推动制造业实现数字化转型、网络化协同、智能化变革。

智慧工厂以打通企业生产经营全部流程为着眼点,充分利用新一代信息技术与工业制造自动化技术等交互融合所形成的解决方案,通过采集工业设备 OT 数据,与 IT 生产控制及管理系统进行联通分析,提供数字化和智能化人机交互、复杂系统以及信息分析与决策等手段,实现从产品设计到生产执行、从设备控制到工厂资源调度等所有环节的信息快速交换、传递、存储、处理与集成。

从生产业务管理的发展过程来看,工厂的生产过程经历了 4 个阶段的变化,从最初的人工作业,依赖手工操作、记录、检测及控制实现生产业务的基本管理,逐步向生产及管理智能化阶段转变。在这个过程中,云计算、大数据、工业物联网、人工智能及数字孪生等新一代信息技术发挥了越来越大的作用,绿色低碳、"无人或少人"、智能制造等发展趋势尤其明显,生产领域的数字化及智能化应用在过去几年呈现出日新月异的发展势头,工厂生产业务管理的发展趋势如图 5-1 所示。

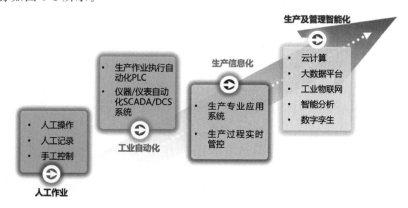

图 5-1　工厂生产业务管理的发展趋势

在企业生产及管理智能化升级中,加快工厂升级改造,建设智慧工厂成为首要目标。其中，数据驱动是智慧工厂的关键要素，推动工厂管理从单点优化迈向全局协同变革；通过虚实融合，在数字空间还原、模拟及仿真实际生产过程及业务，实现工厂生产资源的最优化配置，同时满足产线"柔性敏捷"的需求；为落实国家"碳中和"和"碳达峰"战略部署，绿色安全成为智慧工厂新的使命和责任。

5.1　业务挑战

传统工厂因为数字化及智能化程度不足，生产过程主要依赖人工进行管理，生产效率低、质量效益提升难；当生产过程中出现问题时，由于无法及时进行人员调度和生产资源调配，问题解决慢、闭环时间长。传统工厂在生产及制造过程中主要存在以下业务挑战及问题。

（1）**生产过程透明度有待优化，生产数据有待完善**。以汽车工厂为例，传统工厂只知道车辆进入总装车间的时间及从总装车间出来的时间，总装车间中各工位实际生产情况（是否停台、滞留或拉入拉出）完全黑盒，生产出现问题时也没有办法及时干预和处理，导致生产效率难以提升。

（2）**生产工艺缺少智能化分析能力，优化成本高**。传统生产制造中，影响生产工艺的参数多而杂，工艺的改进主要由工程师通过经验积累对各类参数进行修改和优化，这种手工作坊模式导致工艺端到端改进和优化一次需要较长时间，优化成本也较高，优化方案及经验也难以传承。

（3）**人工质检效率低，生产过程质量数据不足，质量提升难**。质量贯穿生产的每个环节。传统质检多以人工检测为主，存在检测效率低、工作量大、成本高的问题。而且人工检测结果受主观因素影响，检测标准不统一，导致质量控制困难，容易出现漏检和误判。同时，由于生产过程质量数据没有有效采集和利用，只能利用结果质量数据进行逆向分析，导致在质量改进时，无法追溯到根因，在质量优化时，缺少有效的优化算法及模型，难以找到质量提升的方向。

（4）**设备管理依赖工人巡检，设备健康难管理**。设备点检主要依靠人工通过计划性点检，定期记录设备运行状态。这种工作方式会导致点检的准确性和可靠性，直接受到个人技能和经验水平的影响。例如，在平时点检和维护中，可能并没有发现重大设备故障及问题隐患，但在实际使用中，突然出现设备故障，导致整条生产线或车间停线或停产。

（5）**生产过程中能源消耗大，生产成本高**。在生产过程中，由于缺乏有效的监测手段，工厂对水电气这些基本生产能源大部分消耗到哪个产线或工位不清楚，甚至存在很多设备无效耗能的情况，比如工人下班或工间操时，汽车涂装工位的空调还在全速运行，并没有降频或关机。尤其是一些钢铁、化工、水泥等行业的生产耗能大户，如果没有与实际工作日历做关联，就可能导致生产能耗成为一本"糊涂账"。

5.2　解决方案

5.2.1　智慧工厂技术架构

根据"十三五"以来智能制造发展情况和企业实践,结合技术创新和融合应用发展趋势,工信部总结了3方面16个环节的45个智能制造典型场景,为智慧工厂及智慧供应链建设提供参考。本章介绍的智慧工厂解决方案主要从制造过程、生产管理及质量检测的智能化切入,聚焦计划调度、生产作业、质量管控、设备管理、能源管理、工厂建设这6个环节的应用场景,通过建设"云、边、管、端"的数字基础设施,优化生产环节中"人、机、料、法、环"五大要素配置,智能调度和管理各类生产资源,帮助企业建设高水平的智慧工厂,实现提质降本增效,确立新的竞争优势。

智慧工厂首先要打通 OT 数据和 IT 数据之间的壁垒,通过工业协议标准化数据采集,解决工业设备七国八制、种类多、数据采集难问题。按照应采尽采要求,基于业务实质,结合IT 生产系统订单、计划、供应和物流等业务数据,利用大数据、人工智能及云计算等先进技术积累和固化工业 know-how,如产品工艺设计、产品质量要素、设备运行机理等,实现生产工艺优化、生产质量提升、设备智能化管控及能源智能综合优化及管理的目标。

智慧工厂解决方案以行业智能化参考架构为基础,由智能感知、智能联接、智能底座(边侧和云侧)、智能平台(边侧和云侧)、AI 大模型 5 个层次组成,是一套涵盖"云、边、管、端"的完整数字治理体系。该解决方案以生产数字平台为核心——以智能底座为基础设施(简称"一云"),基于统一的智能平台技术栈(简称"一平台"),利用先进的网络连接技术(简称"一网"),实现"现场-产线-车间-工厂"四级协同及管理。智慧工厂解决方案的技术架构如图 5-2所示。

基于上述技术架构,智慧工厂解决方案按"云-边-管-端"4 层架构分解,各层基本能力如下。

1.云侧

以云平台为基础设施,基于工业物联平台(中心侧)、工业 AI 质检平台(训练)、工业大数据平台(包含数据治理及工业大数据分析)、云高阶服务(如开发使能平台、应用集成平台等)、视频管理服务及存储服务 6 大类技术平台及工厂 AI 大模型,提供工厂级生产业务应用及管理系统。

(1)工业物联平台(中心侧)提供工厂级物联实现集中管控能力。包含物联数据跨车间统一汇聚、管理和分析;物模型统一开发及各车间远程部署和管理;各车间应用系统统一部署、远程分析和运维;工业物联平台(边缘侧)远程运营及运维管理 4 种能力。

(2)工业 AI 质检平台(训练)提供智能质检应用算法标注、训练和学习,包括训练数据上传、清洗、标注、训练、管理与下发等。

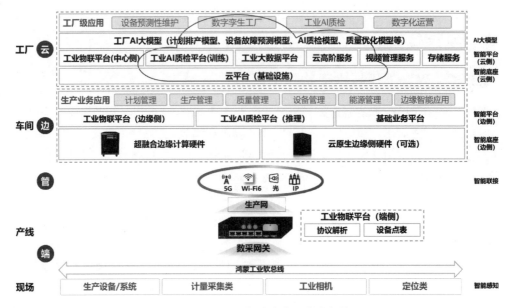

图 5-2　智慧工厂解决方案的技术架构

（3）工业大数据平台提供生产领域各部门（如生产计划、供应链、物流、制造执行及生产运营等）的生产数据统一治理及大数据分析能力。

（4）云高阶服务以云平台为底座，根据云上业务需求，提供开发使能平台（低代码开发、全代码开发及数据可视化引擎）、应用集成平台（消息队列、快速数据集成及 API 集成及调用管理）。

（5）视频管理服务提供工业相机云侧管理及视频管理服务，如视频接入、视频录制、视频回放和实时视频流的存储管理等。

（6）存储服务提供数据集存储、图像存储和日志存储能力，支持 RAID5 数据存储、备份和恢复能力。

（7）工厂 AI 大模型提供生产业务智能化的能力，如计划排产模型、设备故障预测模型、AI 质检模型及质量优化模型等。

工厂级生产应用系统以智能化应用为主，基于云计算技术提供的算力底座，提供以下价值场景。

（1）设备预测性维护：将人工智能技术赋能设备工作机理，通过故障模型及算法预测设备故障及生命周期。

（2）数字孪生工厂：基于 3D 数字建模能力，实时还原工厂级生产现场及状态，模拟和仿真生产线流程，实现虚实融合。

（3）工业 AI 质检：对产品装配质量及关键工位人工操作规范进行检测，提供电芯外观检测、模组外观检测、Pack 电池包外观检测、组装错漏反检测、焊缝检测、操作规范检测、漆面、冲压件检测、轮胎装配检测等多种检测应用场景。

（4）数字化运营：对生产各车间关键运营数据进行实时监控，实现生产运营数字化和智能化管理，提供生产运营 BI 分析及生产 KPI 指标实时监控，实现"察打一体"，全方位管控生产过程。

2. 边侧

以超融合一体机或云原生边缘硬件为基础设施，通过工业物联平台（边缘侧）、工业 AI 质检平台（推理）及基础业务平台（如组态软件平台等），提供车间生产业务应用。

工业物联平台（边缘侧）提供车间级 OT 数据接入及分析处理能力，支持边缘工业设备按标准联网实现数据采集及 OT 数据实时清洗和分析。在性能上要求有百万级工业点表接入管理，支持高并发车间物联数据管控、毫秒级生产数据组态呈现、网关设备远程运维和管理等功能。

工业 AI 质检平台（推理）作为云侧工业 AI 质检平台训练模型的边缘侧部署，通过运行工业 AI 质检智能算法对智能工位上传的生产检测数据进行实时推理和分析，获取质检结果。

车间级生产业务应用提供车间基础业务管理，实现生产过程的可视、可管、可控。

（1）计划管理：将分解到车间的日计划自动按生产节拍下发到生产设备，同时对生产计划提供按需调整和重新排程的能力。

（2）生产管理：对生产过程中出现的故障及问题进行及时调度和处理，实现生产过程的实时管理，如安灯管理等。

（3）质量管理：建立生产质量管理体系，实现关键工艺及产品质量可追溯、质量可改进及提升。

（4）设备管理：对车间各类工业设备进行全生命周期管理，对设备运行状态实时管控，设备出现故障及问题时，能实时预警。

（5）能源管理：基于能源消耗数据，对生产过程能耗实时分析和管理，以绿色安全为目标，实现生产过程的低能低耗管理。

（6）边缘智能应用：提供检测图像管理、检测结果管理、边缘数据分析及端侧工业相机管理能力。

3. 管侧

管指的是网络管道，它是数据传输的通道，负责将"端"（设备）产生的数据高效、安全地传输到"边"（边缘计算节点）和"云"（云计算中心），同时也负责将"云"和"边"的指令或数据下发给"端"。网络管道的性能和稳定性直接影响到整个系统的运行效率和可靠性。

为了满足工业现场不同设备的连接需求，网络管道需要提供确定性的数据采集网络。这意味着网络管道需要具备以下特点。

确定性：网络管道需要提供确定性的数据传输服务，确保数据传输的实时性和可靠性。

灵活性：网络管道需要支持多种传输方式，包括有线和无线，以满足不同设备的连接需求。

安全性：网络管道需要具备完善的安全机制，确保数据传输的安全性和保密性。

可扩展性：网络管道需要具备良好的可扩展性，以适应不断变化的工业现场环境和设备连接需求。

基于上述要求，网络管道按连接方式主要包括有线网络和无线网络，每种网络都有其独特的作用和要求，适应不同的工业场景。

有线网络提供稳定、高速的数据传输通道，需要铺设线缆，因此部署成本较高，但传输稳定性和安全性较好，适用于数据传输量大、实时性要求高的场景。有线网络包括交换机＋路由器方式构建的局域网，以及工业 PON（Passive Optical Network，无源光网络）等。工业 PON 网络方式适用于长距离、高带宽、多分支的复杂工业环境。

无线网络提供灵活、便捷的数据传输方式，适用于设备移动性强、布线困难的场景。无线网络包括 Wi-Fi 6 无线接入、5G 无线回传等，无须铺设线缆，部署成本较低，但需要考虑无线信号干扰和安全性问题。Wi-Fi 6 无线接入提供了更高的传输速率和更低的延迟，适用于高密度设备接入场景；5G 无线回传则有广覆盖、大带宽、低时延的特性，适用于远程控制和实时数据传输场景。

工厂可根据自身条件和业务发展需求，选择不同的网络连接方式。

4．端侧

以边缘网关、能源网关或第三方专业网关（如工业传感器采集网卡）为载体，与工业设备连接，通过适配的工业协议驱动，采集设备数据点位，实现工业 OT 数据的实时采集；现场工业相机也可通过标准协议，如 ONVIF 或 GB/T 28181，接入云侧视频管理系统。

工业物联平台（端侧）实现工业设备互联互通、OT 数据应采尽采。针对单 PLC 要求有万级点位秒级数据采集性能；工业设备写控制要求小于 100ms；提供车间设备标准化接入和采集方案，解决工业数据散落车间、采集难等问题。

5.2.2　生产数字平台核心组件

生产数字平台通过提供强大的联接能力、数据处理和分析能力、智能化应用能力，使工厂能够实现数字化、自动化和智能化生产。以下四大关键技术是智慧工厂解决方案中生产数字平台的核心组件：

（1）**工业物联平台**提供了"云-边-端"三级 OT 数据采集和分析处理能力，是解决方案的核心组件之一。

（2）**工业 AI 质检平台**是实现智能化工业质量检测能力的基础组件，它将人工智能技术赋能工厂质量检测环节，实现全天候生产过程的高质量看护。

（3）**工业大数据平台**将生产领域的 IT 数据和生产车间的 OT 数据统一进行治理和分析，基于生产业务需求（如工艺改进、质量提升），实现生产领域主题库、专题库和指标库，为生产各应用系统提供统一的数据底座。

（4）管侧通过**生产网**，根据不同业务场景提供 OT 数据及 IT 数据的传输管道，如 AGV 物料配送场景则需要通过无线网络（根据工厂实际环境选择 Wi-Fi 6 或 5G 无线技术），提供 AGV 实时调度管理及控制。

1．工业物联平台

工业物联平台按"云-边-端"三级架构，分别为工业物联平台（端侧）、工业物联平台（边缘侧）和工业物联平台（中心侧）三部分。它从生产现场的设备中采集 OT 数据并进行数据清洗、分析和治理，开放给生产应用系统。其基本功能包括数据采集、孪生建模、数据存储和数据开放等，并提供 OT 数据"采、存、算、用"一体化的完整数据标准化能力。

（1）数据采集

工业物联平台是一个云边协同的数采统一框架，通过数采协议插件化的方式，对边缘侧和端侧的设备数据进行统一采集。

（2）孪生建模

孪生建模本质上是一种以面向对象的思维模式进行数据管理的方法，改变了传统软件面向结果/面向过程的方式。这种先建模后实例化的方式，能够以面向业务对象的方式实现数据的内聚，即围绕客户关心的业务对象进行数据的组织，使得各个业务模块能够更好地理解和使用各种数据。

孪生建模围绕设备的标准物模型及其实例化做实施，统一设备模型的定义和分发，还可基于设备标准物模型基础上再叠加各种层级的关系模型。

为了能够对业务对象进行数字化的描述，需要一套灵活性强、扩展性高的建模语言作为支撑。工业物联平台采用的孪生建模语言为 DTML（Digital Twin Model Language，数字孪生模型语言），它是基于 JSON-LD 来描述数字孪生模型，而 JSON-LD 不仅可以直接用作 JSON，也可以在 RDF（Resource Description Framework，资源描述框架）系统中使用。

通过 DTML，所有的物理世界中的对象如一类机器、一类车间等都可以抽象成为"物"。在 DTML 的定义中，"物"使用元模型描述自身的所有行为，元模型包含属性、命令、事件、数据模式、组件、关系。

（3）数据存储

工业物联平台提供基于时序库的高性能实时数据存储管理能力，高于开源时序库 2～5 倍性能，支持最大亿级时间线，百万并发写入，支持多级压缩算法（时间戳相似性压缩算法，时间戳差量压缩），提供 10～20 倍的时序数据压缩能力，降低数据存储成本。

（4）数据开放

通过设备建模将设备上的点位数据转换为模型的属性字段，设备上报的数据为测量数据，上报平台后经过指标计算的数据称为指标数据，测量数据和指标数据都属于物的属性数据，即 THING_DATA。基于设备上报的数据创建事件触发规则，产生的事件数据即 EVENT_DATA。

THING_DATA 和 EVENT_DATA 都是可订阅的数据对象。通过订阅，应用系统从工业物联平台消费数据，或由平台推送给应用系统。

工业物联平台向其他应用或平台提供多种数据开放的能力，帮助其使用工业物联平台治理后的数据。数据开放方案可采用标准 REST 风格的 API、订阅推送或批量导出，如图 5-3 所示。

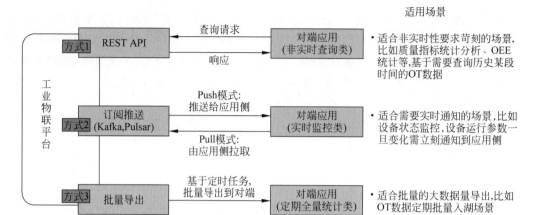

图 5-3　数据开放方案

2. 工业 AI 质检平台

工业 AI 质检在众多行业领域有着广泛的应用场景，能够有效提高检测效率，降低成本，提升良品率。工业 AI 质检平台主体为"云-管-边-端"4 层架构，分别为云端层、网络传输层、边缘计算层和终端层 4 部分。以下是工业 AI 质检平台的整体架构，如图 5-4 所示。

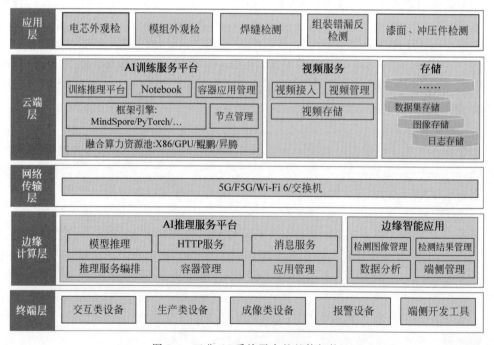

图 5-4　工业 AI 质检平台的整体架构

工业 AI 质检平台由终端、边缘计算、网络传输、云端 4 层组成，各层级的主要功能分析如下。

终端层快速适配产品差异：工业 AI 检测终端层部署有智能工位,包含交互、生产、成像、报警、端侧应用五大设备,端侧应用内部封装有工业级 AI 算子工具,通过低代码开发平台的 AI 质检应用,提供图像/视频获取及处理,推理业务逻辑判断。AI 质检应用可与产线 MES、PLC、报警器等工控系统联动实现数据打通,提供设备统一管理能力。终端层提供了流程编排低代码开发模块,通过模块化的编排设计能力和丰富的编排功能节点,可以快速适配不同的产品质检场景,很好地应对产品和工艺多样化的挑战。

边缘计算层快速响应边侧推理：边缘计算层部署了推理服务平台,为工业质检提供边缘 AI 推理、边缘数采网关、边缘 IoT、边缘计算、边缘存储、边缘智能应用能力。其强大的边缘算力及推理能力可助力 10ms 级的快速响应,满足工业高速生产线对响应速度的极致要求,也为工业 AI 质检提供了高速实时响应能力。

网络传输层安全与隐私的保障：网络传输层具备快速、安全的网络数据传输能力,为工业质检提供网络设备安全保护能力。

云端层数据质量提升与高性价比的完美统一：云端部署了智能计算中心,可在云端推理平台上进行生产数据的处理,包括数据上传、清洗、标注、训练、管理、下发等,这种一站式全流程的数据处理能力为 AI 质检提供数据质量保障。平台提供的自动标注、智能训练可以节约大量的数据标注人力成本和数据训练时间成本。云端层还提供推理训练平台、容器化应用管理、云边消息通信、视频服务以及存储服务等系列能力,助力数据质量和性价比提升。

工业 AI 质检平台针对不同的业务场景,提供了不同的部署方案,如图 5-5 所示。

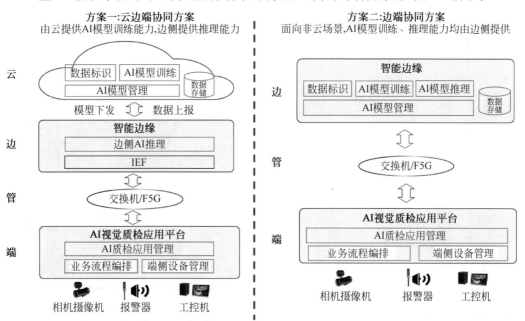

图 5-5　工业 AI 质检平台部署方案

　　工业 AI 质检平台提供了云边端和边端两种部署方案，两种部署方案的差异主要在于是否有云场景，对于有云的场景可以把 AI 模型训练部署在云上，充分发挥云端已有的相关能力如数据准备、数据管理、数据标注等，以及数据的上报统计、模型下发、运营运维等能力。对于非云场景，可以把精简的 AI 模型训练、模型管理能力部署到边端，形成边端训练推理一体的边端部署方案。

　　工业 AI 质检部署架构具有以下三个优势。

　　训练推理服务统一管理和运维，运维效率高、成本低。通过在云端统一管理或将服务集中部署在边侧管理，可以实现对服务的统一管理和运维。这种方式降低了运维工作的复杂性，提高了运维效率，从而降低了成本。

　　推理集群可以实现负载均衡，避免单点故障。当某个推理节点出现故障时，其他节点可以自动承担负载，确保整体推理服务的稳定运行。这样，即使个别节点出现问题，也不会影响整个生产线的正常运行，从而提高系统的可靠性。

　　推理集群的算力可以统一调度和灵活分配。当某条生产线需要更多的算力时，可以从其他生产线动态调配资源，实现算力的优化分配。这样既可以满足各生产线在不同时期的算力需求，又可以提高整体算力的利用率。

3. 工业大数据平台

　　工业大数据平台既可用于工业设备数据的实时分析，用来实时监控预警和设备控制，也可将工业设备数据和生产 IT 应用数据进行综合分析，提高企业经营水平。工业大数据平台为 IT 系统数据和 OT 设备数据的集成、处理和分析提供平台，为制造企业的安全生产、集中控制、智能巡检、经营优化等数据应用提供数据底座。工业大数据平台的技术架构图如图 5-6 所示。

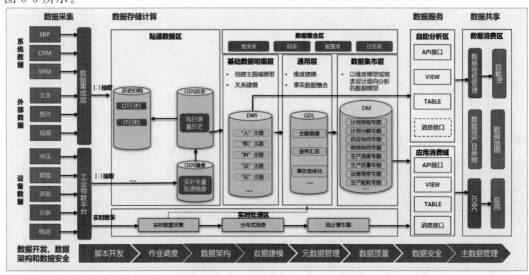

图 5-6　工业大数据平台的技术架构图

在工业大数据平台中,数据采集、数据存储计算、数据服务、数据共享、数据开发、数据架构和数据安全是该技术架构的核心组件,其主要功能如下:

数据采集:支持批量数据迁移、实时数据集成和数据库实时同步,支持 20 多种异构数据源,全向导式配置和管理,支持单表、整库、增量、周期性数据集成。根据外部数源的不同,数据分为系统数据、外部数据和设备数据三种类型。对于前两种数据,集成方案通过数据集成层完成,设备数据则通过工业物联平台完成。

数据存储计算:按业务需求和数据特性,制定数据在不同组件中的存储策略。数据存储计算由贴源数据区、数据整合区(包含基础数据明细层、通用层及数据集市层)、实时处理区三部分组成。

数据服务:为企业搭建统一的数据服务总线,帮助企业统一管理对内对外的 API 服务。数据服务为企业提供快速将数据表生成数据 API 的能力,涵盖 API 发布、管理、运维的全生命周期管理,帮助企业简单、快速、低成本、低风险地实现微服务聚合、前后端分离、系统集成,向合作伙伴、开发者开放功能和数据。它包含自助分析区数据服务和应用消费域数据服务。

数据共享:确保数据使用方在依法合规、保障安全的前提下,根据业务需要申请使用数据。

数据开发:一站式的大数据协同开发平台,提供全托管的大数据调度能力。它可管理多种大数据服务,极大降低用户使用大数据的门槛,帮助企业快速构建大数据处理中心。使用数据开发模块,用户可进行数据管理、脚本开发、作业开发、作业调度、运维监控等操作,轻松完成整个数据的处理分析流程。

数据架构:作为数据治理的一个核心模块,承担数据治理过程中数据加工并业务化的功能。数据架构主要包括数据调研、标准设计、模型设计和指标设计四部分。

数据安全:数据安全为数据湖提供数据生命周期内统一的数据使用保护能力。通过敏感数据识别、分级分类、隐私保护、资源权限控制、数据加密传输、数据加密存储以及数据风险识别等措施,帮助企业建立安全预警机制,增强整体安全防护能力,让数据可用不可得和安全合规。

4. 生产网

为了应对生产制造过程中遇到的挑战,企业需要构建面向智能化升级的网络底座。按不同的业务类型,分成不同的子网,通过工厂核心进行互联互通。整个网络架构如图 5-7 所示。

根据工厂业务特征,一个工厂的网络通常涉及生产、研发办公、安防监控、数据中心、外网接入区、运维管理区等不同区域,其中,业务系统的服务端部署在数据中心内,客户端分布在工厂其他位置。由于各类业务对网络需求差异大,工厂网络分区、分模块建设的思路使得各分区业务功能明确、边界清晰,模块内调整影响范围小,更利于问题定位和故障隔离。工厂网络功能区介绍,如表 5-1 所示。

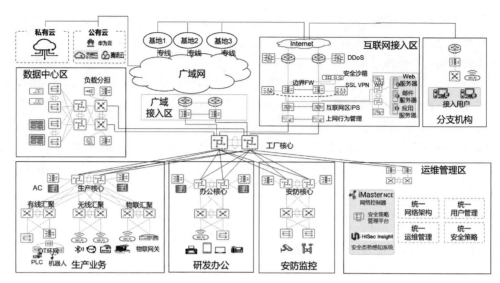

图 5-7   智慧工厂生产网网络架构

表 5-1   智慧工厂网络功能分区表

序号	功能分区	分区介绍
1	生产业务网	主要承载重要性较高的生产数据和部分控制业务,网络关键特征包括高可靠、高实时、高安全、无线化、多样性的有线无线接入,保障网络稳定运行。终端类型主要为生产装备、物流 AGV、传感器及各类生产 PAD
2	研发办公网	主要承载办公业务,例如,邮件、文件共享、视频会议等业务,接入终端以智能终端为主,网络建设更关注接入体验、视频会议保障等
3	安防监控网	主要承载工厂园区的安防业务,如设备管理、信息发布、园区楼宇智能化等园区管理业务。这些业务流量较大,接入设备往往以哑终端为主,网络建设更关注大带宽、防私接
4	工厂核心	整个工厂网络的核心枢纽,连接内部各个业务模块,可根据行业规定、业务发展等情况灵活动态增加新模块。该设备关注高稳定、高可靠
5	数据中心	主要承载工厂内各种应用系统的连接,例如,MES、QMS、WMS、CAPP、部分仿真、实验业务。数据中心网络更关注超算、存储、业务网的技术融合管理
6	安全隔离区	生产网通过安全隔离区严格控制进入生产网的连接、文件、远程运维等数据流。该区域主要针对有高安全要求或高威胁场景的生产网,为其提供安全保护
7	外网接入区	主要承担员工访问互联网、第三方供应商以及与其他数据中心网络的互通等功能,一般包括广域接入区和互联网接入区。该区域建设时,通常需要根据不同的类型设置独立的安全防护策略
8	运维管理区	主要部署网络控制器、分析器、安全分析器、安全控制器等管理软件

生产网的网络底座应具备高可靠、高敏捷、高性能、高安全 4 大关键特征,满足稳定量产、柔性制造、研发提速和安全运营 4 个关键要求。

（1）稳定量产

稳定量产高度依赖可靠的网络连接，通过打造"5 个 9"的高可靠生产网，以网络的零中断，保障生产执行"零"中断。具体包含高可靠生产 IT 网络、高可靠生产 OT 网络以及边缘计算物联网关三部分。具体网络架构如图 5-8 所示。

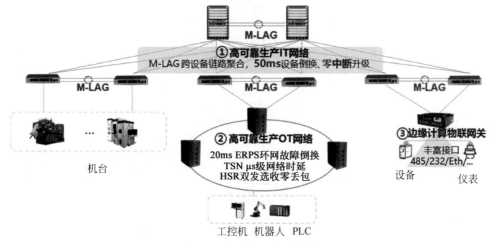

图 5-8   高可靠生产网架构

（2）柔性制造

随着生产制造过程对敏捷化、柔性化要求的提高，生产线的布局和流程需要根据不同产品和工艺要求进行调整，全无线接入的解决方案应该做到覆盖范围广，并提供超大带宽，支持网络和设备的快速重新配置，从而适应生产过程的灵活调整。可通过 Wi-Fi 6 AP＋CPE 组合，提供无损漫游、双发选收等关键技术能力，实现 Gb/s 大带宽，20ms@99.999％高可靠，实现 AGV 全年零趴窝、产线机台调整时间从天级别提升至分钟级。同时，AP 上行也可接入超长光电复合缆，满足车间去机柜、无源等场景诉求，按需灵活部署。具体网络架构如图 5-9 所示。

（3）研发提速

制造企业面临激烈的市场竞争和不断缩短的产品生命周期，因此加快产品研发和新品上市变得至关重要。为了满足这一要求，高性能算力成为关键因素。高性能算力可以帮助企业在产品研发过程中进行更复杂的模拟和计算，在早期阶段及时发现潜在的问题并快速优化产品设计，从而加快设计验证和测试过程。为了使得算力得到极致释放，大带宽、零丢包网络连接成为刚需。通过全无损以太解决方案，可打造高性能算力网络，以网络的零丢包，保障算力高效释放。网络架构如图 5-10 所示。

（4）安全运营

对于制造企业而言，固定资产和信息资产的安全性是企业持续稳定运行的基础。在安全威胁不可避免的情况下，构建全方位的安全保障体系显得尤为关键。通过如图 5-11 所示的韧性生产安全解决方案来应对上述业务挑战，从对抗无穷的威胁，到保障有限的业务，构

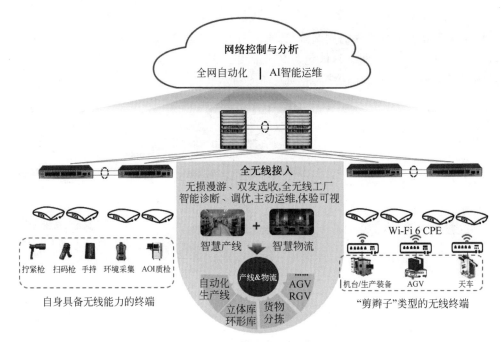

图 5-9　无线接入生产网架构

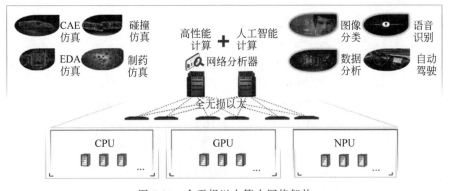

图 5-10　全无损以太算力网络架构

图 5-11　韧性生产网解决方案

建起可承受高强度攻击的韧性制造网络环境,确保企业的业务与数据安全,保障生产不断,数据不丢。

同时,针对机台漏洞开放、安全防护能力弱、病毒扩散后影响范围大等特点,通过微隔离等创新方案将高价值机台和老旧机台接入微隔离防火墙,开启防病毒和"虚拟补丁"功能,对机台提供贴身防护;安全管理系统统一管理所有的微隔离防火墙,划分安全域,灵活下发安全策略,阻断机台之间的非法通信,大幅缩小威胁扩散范围。

5.3　小结与展望

数字化和智能化已成为传统工厂向智慧工厂升级的必选项。通过云计算、大数据、AI人工智能、区块链等新兴技术,赋能生产环节数字化转型,能够帮助企业实现降本、增效和提质的目标。未来的生产将更多依赖数字化技术,IT 的发展也将在 OT 生产环节发挥越来越重要的作用。

(1)**从被动响应到主动预防**:生产制造不再是出现问题后被动响应和管理的模式,通过智能化技术的加持,主动预防成为生产效率提升的主要原因之一。

(2)**从结果检查到过程管控**:智慧工厂的建设,改变了生产管理思路,生产过程不再只注重结果管理,同时更关注生产过程的精细化管控。

(3)**从个人经验到知识共享**:将个人经验以知识、算法或模型的方式沉淀下来,能够实现整个团队的知识传承和持续受益。

(4)**从局部应用到平台集成**:平台化和技术路线的统一,帮助生产企业实现最大化的能力共建和共享,降低资源配置成本,实现运营成本最优。

(5)**从单点优化到系统性持续改善**:从小范围的效率提升上升到系统性持续改善,智慧工厂不再只关注局部优化,全局最优是未来工厂建设的目标之一。

第 6 章

研发工具链：实现研发作业数字化、智能化

数字化和智能化浪潮席卷而来，万物数字化已成为必然趋势，用户需求的快速增长、市场环境的瞬息万变引发高度不确定性。未来的企业只有快速响应市场的瞬时变化、加速研发数字化转型，才能形成差异化竞争力，从而适应、跟上甚至引领数字时代。

研发数字化的核心价值在于突破传统研发模式，通过研发能力数字化，实现流程、规则和对象的数字化，利用数据流的变化和分析能力的提升，缩短研发环节决策链，是一场革命性的研发流程变革，如图 6-1 所示。

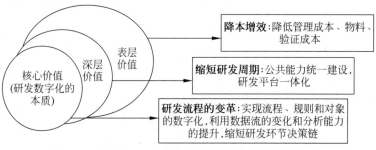

图 6-1　研发数字化的核心价值

研发数字化转型的主要目标包含三方面：首先，提供极致的研发体验，来更好地服务客户，理解客户，优化客户端到端流程，从而驱动营收增长；其次，提升研发业务环节效率，降低工作成本和管理风险；最后，新技术的不断进步，促使我们在更多的业务领域探索新机会。

随着研发数字化转型的不断深入，大型企业研发模式、软硬件研发工具以及 IT 基础设施均发生了显著变革。具体表现在以下几方面：首先，研发基础设施正迅速向云化方向转型，极大地提升了资源的灵活性和可扩展性；其次，研发流程日益数字化、智能化，借助先进算法和大数据分析，研发决策更加精准高效；最后，企业正致力于构建一个统一的研发平台，推动软件研发和硬件研发工具向 SaaS 化、智能化发展，进而促进跨团队、跨部门的协同合作。

在这一背景下，统一构建研发领域的产品数据管理和标准化研发数据对象显得尤为重要。通过整合和优化研发软件、硬件的内外数据，企业能够实现产品研发环节的 E2E（End to End，端到端）可追溯性。E2E 可追溯不仅确保了产品数据的完整性、准确性和一致性，还为企业在复杂多变的研发环境中提供了强大的风险防控能力。当问题出现时，企业能够迅速定位问题源头，有效减少故障排查时间和成本。同时，E2E 可追溯也为企业的持续改进和创新提供了坚实的数据支撑，助力企业在激烈的市场竞争中保持领先地位。

6.1　业务挑战

传统制造企业为了能更好地面对越来越复杂的产品设计和快速变化的市场需求，在研发数字化方面需要克服以下困难。

（1）**研发工具缺乏统一规划和管理。**业务部门单独建设软件、硬件工具，没有统一规划，而且工具没有准入、上架、运营和停止服务的全生命周期管理，导致工具重复建设、能力分散等问题。

（2）**研发数据质量参差不齐，需要加强治理。**由于研发工具七国八制，研发数据的"需求-交付件-用例-缺陷"之间无法关联，而且难以追溯。

（3）**研发资产资源治理不足。**硬件资源使用率低，资源独占，难以共享，同时资源无法做到在线管理，主要依靠人工。

（4）**研发作业等待时间长，手工任务多。**软件构建排队和构建时间长，硬件仿真资源排队现象严重，研发作业环节手工任务多，严重影响开发效率。

（5）**需要解决网络安全问题。**任何安全漏洞都可能被恶意利用，导致数据泄露、系统瘫痪或其他严重后果。开源工具和部分商业工具的安全问题频出，例如，2021 年年底，Apache Log4j2 的一个远程代码执行漏洞（CVE-2021-44228，被称为 Log4Shell）被公开。由于 Log4j 在大量 Java 应用中作为日志记录工具被广泛使用，这个漏洞迅速成为严重的安全风险，允许攻击者远程执行任意代码。

6.2　解决方案

研发工具链通过应用研发工具和研发数据及基础设施上云，在研发流程、安全、效能、质量、协同、体验等维度持续构筑竞争力，以满足企业研发的敏捷交付为目标，实现贯穿基础设施到应用的认知重塑、架构升级和技术跃迁。研发现代化需从底层基础设施、技术架构、研运管理、统一治理等视角出发，构建自下而上的完整能力，从而赋予企业实时洞察与快速响应个性化、场景化、定制化需求的能力。在唯快不破的市场竞争环境下把握先发优势，保持核心竞争力，研发工具链的典型特征如下。

极致弹性：采用开箱即用、极致弹性的云原生基础设施，包含多样算力（CPU＋GPU/NPU）应对智能化的要求，算力可随业务量变化动态调整，保障高并发、大流量场景下的业务连续性。

高可用：通过现代化技术架构注入双活、容灾能力，为用户提供 $7 \times 24h$ 的高可用服务。

智能化：利用 AI 大模型辅助研发效率提升，实现研发作业智能化。

内生安全：将安全的标准和规范内置于开发、运行、运维的全流程中，并通过工具进行自动化实施和验证，全面提升研发安全性。

高效敏捷：技术与业务架构双敏捷，在保证质量的前提下，提升研发效率，以适应快速变化的用户和市场需求。

研发工具链解决方案的核心模块位于行业智能化参考架构的智能底座和智能平台层，主要包括5个层次，如图6-2所示。

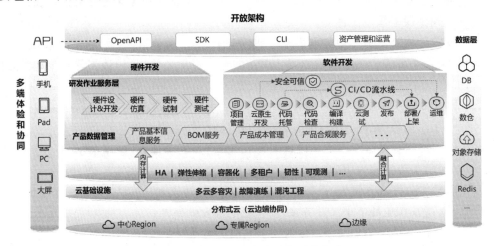

图 6-2　研发工具链解决方案总体架构

云基础设施层：包括研发场景所需的 IaaS、PaaS、高性能计算、AI 训练推理和大数据处理等相关基础设施，能够通过云化技术实现统一调度管理和高可靠性。

产品数据管理层：统一构建研发领域的产品数据管理服务，以业务驱动、标准牵引来实现工业数据管理及协同平台的纵向及横向打通，形成端到端的整体方案。

研发作业服务层：针对硬件开发和软件开发典型场景，提供自主创新、体验最优的专业工具，以工具链的方式替代传统离散的工具集，打通作业流程中的数据通路，实现研发作业数据端到端双向可追溯。

数据层：提供数据处理及服务功能，实现多个存储设备之间协同工作，同时保障数据实时同步和备份，提供数据高可靠和高性能。

API 层：提供开放的 API 和 SDK 等方式，实现功能的灵活可扩展。

6.3　小结与展望

随着数字化、智能化成为研发主流，研发基础设施和研发模式正在发生巨大的变化，"数据-模型-工具-应用"为一体的新型研发平台涌现，未来的研发能力将更多体现在智能化能力的构筑上。

智能化开发使研发作业从以人为主走向人机协同，将重塑开发模型，重构软件工程，重构软件生态。

未来随着企业研发数字化转型及智能化的不断深入，研发投资和研发人员规模的不断扩大,建设集成、统一的研发作业云平台已经成为大势所趋,最终达成以下几个目标。

作业在云:面向用户打造集成的、全云化的全在线工作环境。支撑跨地域的研发人员高效协同的最佳作业体验。

数据在云:面向产品全生命周期贯通全量数据,支撑研发数据清洁、准确地直达数据消费方。

资源在云:将研发过程中产生的各类资源全面数字化,以资产数字化、资源数字化和流程数字化的方式统管研发领域的资源。

智能在云:通过云化技术统一构建智能化服务,为研发效率、质量提升提供人工智能使能工具。

第 7 章

工程设计仿真：驱动研发创新，提高研发效率

工程设计仿真是指通过高性能计算，分析和模拟复杂工程和科学问题。仿真技术（工具）主要包括 CAE（Computer Aided Engineering，计算机辅助工程）和 EDA（Electronic Design Automation，电子设计自动化）。CAE 仿真主要求解产品结构强度、刚度、屈曲稳定性、动力响应等工程问题；EDA 仿真主要通过功能仿真和时序仿真，验证电路的行为与设想中是否一致。

随着产品的复杂度越来越高，产品研发的上市节奏越来越快，对于仿真的能力要求也越来越高，如图 7-1 所示。

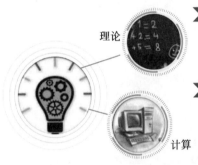

芯片仿真实验

- 芯片设计阶段耗时长，成本高，场景复杂，很难做到充分测试
- 通过计算仿真，一系列的技术手段达成检验电路设计的正确性检查及设计优化

汽车碰撞试验

- 真车试验，耗时长，成本极高。同时场景复杂，很难做到充分测试
- 通过计算仿真，一系列的技术手段达成碰撞模拟和设计优化

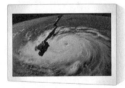

图 7-1　工程设计仿真简介

7.1　业务挑战

7.1.1　工程设计仿真 CAE 场景

CAE 主要应用于汽车、航空航天装备等的研发，解决产品工程开发和产品结构中的性能问题，确保产品性能的优化和安全。例如，车企可以通过 CAE 工程设计仿真驱动研发创新，提高研发效率，如图 7-2 所示。

随着 CAE 仿真技术在汽车行业应用日益广泛，其面临的挑战也日趋复杂。一是汽车

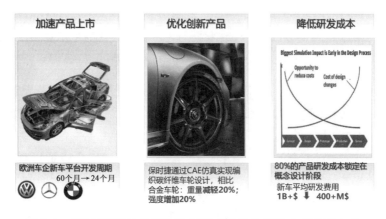

图 7-2　汽车工程设计仿真通过 CAE 驱动研发创新，加速产品上市

研发周期越来越短，主流车企的研发周期已经缩短至 24 个月甚至更短，仿真必须快速准确地提供结果，以支持设计和决策过程；二是现代汽车包含数以百万计的部件和数以千计的系统，这些系统之间的相互作用极其复杂，需要仿真模型准确无误地反映这些复杂性；三是电动汽车、自动驾驶技术和车联网等新技术的快速发展，仿真工具需要不断地更新和改进，以适应新技术应用要求；四是在仿真过程中会产生设计数据、仿真结果和实验数据等大量数据，如何确保这些数据的准确性和一致性也是一大挑战。

同时，在 CAE 应用过程中，仿真系统多学科、多技术融合而产生的异构算力需求以及本身算力需求在不断增长。例如，主流整车研发车企均部署了用于仿真的高性能计算的基础设施，行业需求总量高达 5 万核以上，广泛用于开展流体、碰撞、结构测试等工作，如图 7-3 所示。因此，如何建好、用好和管好这些工程设计仿真平台及其基础设施，也是 CAE 场景解决方案所必须考虑的重要问题。

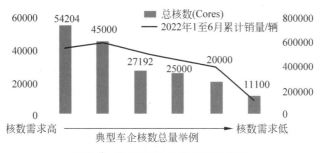

图 7-3　汽车 CAE 仿真核数示意图

7.1.2　工程设计仿真 EDA 场景

EDA 在半导体行业中主要用于集成电路的设计和验证，驱动研发创新，加速产品上市。随着集成电路工艺节点不断向纳米级别发展，设计复杂性增加，集成度达到数十亿门级，EDA 仿真任务数年增长 75%，数据量年增长 50%，读写性能要求数十万 OPS（Operations

Per Second,每秒操作次数），如图 7-4 所示。电路的 PPA（Power，Performance and Area，功耗、性能与面积）优化也变得更加困难，纳米级工艺还要求设计师考虑更多的物理效应，如电迁移、量子效应等。同时，随着设计复杂性的增加，验证的难度也在提升，需要进行大量的仿真和测试。

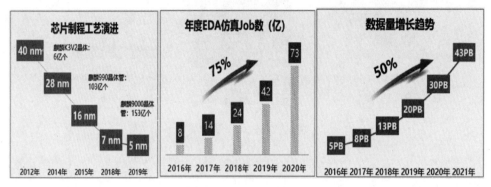

图 7-4　EDA 仿真趋势

对于仿真平台和基础设施来说，EDA 前仿真的海量小文件和高并发场景，以及后仿真的大小文件混合对 OPS、带宽和不断增长的算力要求，以及对平台可靠性的要求，是目前 EDA 场景解决方案的主要挑战。

7.2　解决方案

工程设计仿真需要满足仿真场景多学科、多技术融合而产生的多样性算力需求，主要包含如下几方面。

高性能计算集群：工程设计仿真的核心，以并行工作的强大处理器集群为基础，用于处理海量多维数据集。

并行计算技术：使用并行计算以大规模的并行的方式解决复杂的计算问题。这包括多核处理器、并行编程框架、高速互连、分布式文件系统和加速器等软硬件技术。

集群管理与调度：充分发挥集群的计算能力，负责计算资源的管理和批处理作业的调度。

存储系统和网络系统：高性能及可靠的存储系统，满足仿真场景的文件访问性能及可靠性诉求，以及高性能网络，提供仿真过程的高带宽和低时延要求。

高可用：通过现代化技术架构注入双活、容灾能力，为用户提供 7×24h 的高可用服务。

行业应用：满足 CAE 和 EDA 不同场景的应用。

工程设计仿真解决方案由基础设施、硬件平台、基础软件、集群管理与调度及行业应用组成，如图 7-5 所示。

基础设施：主要包含数据中心机房的机柜、空调、液冷设备、供电等物理设备，为工程设

图 7-5　工程设计仿真解决方案架构

计仿真提供可靠及绿色节能的基础设施。

硬件平台：主要包含高性能计算的硬件部分，分为计算、存储和网络三大部分，提供满足仿真场景的算力、存储和网络的基础能力。

基础软件：提供并行计算的 MPI、编译器、数学库和操作系统等，实现仿真计算的并行计算和高效计算。

集群管理与调度：包含集群管理软件和集群作业调度软件，用于仿真任务的管理与调度。

行业应用：包含 CAE、EDA 仿真领域的流体仿真、电磁仿真等具体应用。

7.3　小结与展望

随着技术的不断发展，工程设计仿真主要有以下三个趋势。

趋势一：高性能计算云化趋势

HPC（High-Performance Computing，高性能计算）的"云化"是将高性能计算资源和能力通过云计算技术提供给用户。HPC 云化不仅提供了更加灵活、高效和成本效益的计算资源，而且推动了技术创新和跨领域的合作。Hyperion Research 预测未来几年 HPC 云化的收入年复合增长率将保持在 17.6%，如图 7-6 所示。工程设计仿真往往需要大量的计算资源来处理复杂的模型和大规模的数据集，通过 HPC 云计算，工程师可以快速访问到所需的计算资源，而无须在本地硬件上进行大量的投资。同时，云化的 HPC 资源可以跨地域、跨组织地进行共享，使得异地工程师之间可以协同优化仿真模型。可以看出，HPC 云化为工程设计仿真提供了一个实验和测试的新平台，有助于推动技术创新和产品改进。

趋势二：ARM 计算已成为高性能计算主流技术与未来发展的重要趋势

2022 年 11 月，全球超级计算机 TOP500 排行榜中，共有 5 台基于 ARM 指令集兼容架

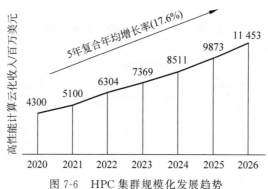

图 7-6　HPC 集群规模化发展趋势

构处理器构建的超级计算机入围。同时，美国、日本、欧洲也都发布了多台基于 ARM 指令集兼容架构处理器的超级计算机建设计划。ARM 指令集兼容架构已成为高性能计算领域的主流技术与未来发展的重要趋势。ARM 指令集兼容架构在仿真领域的软件应用生态已具规模，操作系统、编译器和高性能计算软件等应用不断成熟。随着仿真应用生态不断扩大，ARM 指令集兼容架构已经具备大规模进入生产系统的条件。

趋势三：高性能计算＋AI 成为趋势

随着深度学习的崛起，高性能计算和 AI 结合是未来的趋势。在高性能计算与 AI 的领域融合时代，计算架构从算子独立向算子融合演进，计算网络从 100G，向 200/400GE 带宽演进。对于工程设计仿真来说，HPC 提供了强大的计算能力，结合 AI 算法，能够在复杂的仿真环境中找到最佳的设计参数组合，极大地减少了实验次数，并提高设计质量。例如，对于多物理场耦合等复杂系统的仿真，HPC＋AI 可以依靠足够的算力和智能算法来处理类似复杂仿真问题。

第 8 章

数字化运营：构建企业运营智能指挥中心

随着全球数字化转型的提速，数据正在成为重组全球要素资源、重塑全球产业组织，改变全球竞争格局的关键力量。美英与欧盟聚焦数据价值潜能释放，稳步推进各自的数据战略。我国把充分发挥数据要素价值放在重要的战略位置，《"十四五"数字经济发展规划》明确提出要"充分发挥数据要素作用"，利用数据资源推动研发、生产、流通、服务、消费全价值链协同。

数字化运营的核心也是数据，主要来自业务活动中产生的数据和由智能感知获取的数据。数字化运营主要是指利用数字化技术获取、管理和分析数据，为企业的战略决策与业务运营提供量化、科学的支撑与依据，推动运营效率与能力的提升。在具体业务中，数字化运营更多的表现为在现有标准流程的基础上提升数字化能力。数据是企业进行精细化管理和科学决策分析的核心要素。如何在运营中利用数字化技术获取、管理和分析数据，为企业的战略决策与业务运营提供量化、科学的支撑和依据，是企业实现智能化升级与创新发展的关键。

数字化运营解决方案是在智能平台基础上，围绕行业信息技术应用特点和趋势，以及客户业务痛点而规划设计的方法和工具，旨在通过数字模型为企业创造价值，助力业务战略目标达成、业务现状可视、风险预测、业务快速决策、机会预期、效率提升并增强客户体验，最终实现业务模式的创新。

8.1　业务挑战

如何高效地做出运营决策和如何在运营过程中让客户获得舒适的体验，是企业在运营管理活动中需要考虑的两个关键问题。对第一个问题来说，运营效率与企业数字化水平息息相关，数字化水平包括从业务感知数据采集到业务数据处理、业务分析能力等全过程的数字化实现。但是，一些企业在生产数据采集方面可能就存在很多问题，例如，生产设备老旧、不同厂商设备协议不统一，导致数据获取困难，源头数据的获取和管理往往以手工为主，实时性差、准确性低。又如，在业务数据处理方面，企业可能没有适当的 IT 系统来集成和统一不同业务部门的数据，这导致研发、采购、生产、营销领域等业务应用系统数据分散存储在各种孤立的系统中，造成数据孤岛，增加了数据处理和分析的复杂性；同时，由于缺乏系统的数据管理规划，往往需要花费大量时间进行手工整理、筛选、分类和分析，数据处理的准确率难以得到有效的保证。上述原因造成企业无法结合业务场景快速分析数据，也不能及时掌握市场需求、产品研发和生产制造的实时状态，容易错过决策判断的最佳时刻。通过数字化转型提升生产与经营一体化协同,依托智能联接、智能底座等新技术,能够有效解决传统经营与生产协同效率低、生产计划与市场需求脱节、经营战略无法高效指导生产环节等问题。

从实践来看,数字化运营已经成为提高企业决策有效性的关键业务能力之一,并且被视为一种必然选择。领先企业在数字化运营方面的投资和努力,不仅提高了运营效率,还增强了企业的竞争力。

8.2　解决方案

数字化运营是利用数字化技术获取、管理和分析数据,需要从架构设计上满足数字化运营信息通信技术能力的组合,从业务数据的智能感知、数据采集、智能联接、数据传送、智能平台数据治理、分析、展现、决策、行动的一系列过程的技术实现,主要包括运营体系建设、数据治理、数字化运营系统三个业务阶段,如图 8-1 所示。数字化运营解决方案围绕上述三个阶段提供数字化底座及装备工具,助力业务运营过程中的高效率、高质量,以及沉淀运营过程中的数字资产。在解决方案中,基于智能感知获取数据,并通过智能底座、智能平台实现运营中数字化工具需要的流程的编排,运营过程中的指标多维结构设计,以助力运营中高质量数据底座的保障,实现业务运营指标的可视、可管、可控。

图 8-1　数字化运营业务阶段

运营体系建设包括运营的组织、流程、指标体系等业务元素的梳理及规划。具体包括运营跨领域集成流程视图、运营流程架构、运营组织及决策机制,以及根据业务战略与业务执行度量指标模型建设,定义指标及指标树建设、指标 Metrics 度量定义。数字化则是围绕上述运营体系业务的关键元素在应用系统中落地。

数据治理是智能化参考架构中智能平台中的重要组成部分,是综合体系化的工程,引用《华为数据之道》所述的内容,包括建立公司级的数据治理政策、信息架构、数据产生、数据应用及数据质量的职责和分工等;将 IT 的数据治理融入变革项目中,即管理数据流程与管理变革项目、管理质量与运营之间的关系;建立公司层面的数据管理组织。整体来讲,包括治理方法和数据治理成果落地,本解决方案以后者为重,通过数据治理工具构建运营所需要的清洁数据。

数字化运营系统是数据消费的环节,围绕上述业务运营体系中的基础元素、智能底座能力,在应用系统中建立行业业务运营模型,实现运营体系中的组织、指标体系、运营流程等信息化、数字化、智能化。通过数字化实现运营 PDCA(Plan-Do-Check-Act,规划-执行-查核-行动)闭环管理,即业务运营计划、过程监控、度量、分析与报告、持续改进,解决传统运营中业务指标不可视、问题闭环低效、业务决策滞后等一系列运营动作的数字化管理。

数字化运营系统方案架构可以分为数字化运营底座及智能运营中心两大部分,如图 8-2 所示。数字化运营系统技术架构适合采用微服务应用的云中间件,为用户提供注册发现、服务治理、配置管理等高性能和高韧性的企业级云服务能力。

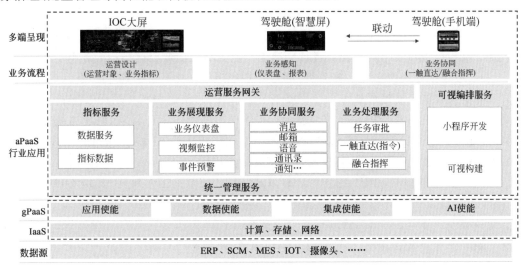

图 8-2　数字化运营系统方案架构

图 8-2 中 IaaS、gPaaS 部分是通过连接整合智能感知的数据源,构建运营所需要的智能底座及基础平台,主要包括数据服务能力,包括应用使能、数据使能、集成使能、AI 使能,以及数字化运营平台运行、开发所需要的计算、存储、网络资源。**应用使能**提供数字化运营平台开发框架服务和场景主题模型服务,使能应用程序的开发、部署和管理。**数据使能**包括数据的存储、计算、编排、数据共享、数据治理相关的数据资产、业务指标数据模型,以及数据安全相关的能力,提供高性能数据计算、调度服务能力。**集成使能**提供高质量整合汇集来自不同来源的数据的能力,通过批式、API 访问等多种数据调用形式为用户提供统一数据视图的过程,打通数据孤岛,实现数据的互联互通,为运营提供集成的管理及分析。**AI 使能**是指对业务数据处理分析过程中自学习、推理、分析的自动化,通过内置常见的算法模型,可实现轻量化 AI 建模服务,例如,预测服务、OCR、NLP 服务,支持 CPU、GPU 并行训练/推理的能力。数字化运营所需要的数据源是通过智能感知连接来自企业内部业务信息系统,例如,ERP、SCM、HR、MES 等,以及 IOT 平台采集到的生产设备 OT 数据。

IaaS、gPaaS 是数字化运营的基础底座,而数字化运营作业则是在此之上,围绕客户运营价值实现,利用数字化工具承载企业业务运营体系中的指标定义、指标树逻辑关系、指标运营责任人、指标告警规则、改善关键措施、影响因子、AI 算法等多维度要素构建立体的数字化指标模型,并通过大中小屏多端呈现、互动来激发数据价值,实现业务价值流的创造过程，提升整体的运营效率。

在 aPaaS 行业应用中，主要包括以下几部分功能。

指标服务：围绕数字化运营业务流程体系构建指标树，在平台中实现指标体系的管理，包括指标体系树、统计周期、统计维度、指标算法等信息的模型构建。例如，在汽车行业中，指标体系主要指汽车主机厂 OTD 流程域，生产计划达成率、设备综合效率、生产停台等系列指标。除了指标算法外，还需要构建指标相关的负责、问责、征询、通知干系人、告警规则、根因分析树、关键措施等指标维度。

业务展现服务：用于展现业务指标当前数值，通过仪表盘或图表直观地展现。展现层次包括一级指标卡片及下钻页面或者详细数据。业务展现需要根据指标服务中定义的多维度的信息，通过指标阈值实现预警告警，通过 AI 知识图谱或算法快速定位原因，推荐问题提升或者解决办法。展现形式可以是用仪表盘或折线、柱状这些常见的图表方式展现指标数据，还包括以 3D 建模方式更直观地展示。根据应用场景或用户需求，展现的载体可包括大屏、中屏（PC 或者智慧屏）、移动设备端。其中，大屏以展现关键业务指标或者现场实时画面为主；中屏展示业务运营、具体运营动作的操作执行，例如，详细数据查询、运营指令发起；移动设备端则可以实现重点指标订阅，以及随时随地查询运营数据、发起或响应运营指令的动作。

业务协同服务：主要在运营过程中与企业构建内部连接通信平台对接，实现信息及时传递。该服务采用灵活、低耦合的微服务架构设计，使得它可以成为开放的服务化平台，为企业提供的认证、邮件、联系人、业务应用及知识等基础办公服务。企业内外均可以与已有IT 系统进行集成，如通讯录同步及统一登录认证、H5 轻应用免登接入、待办审批对接，起到连接器的作用。

业务处理服务：业务处理服务在数字化运营的"察打一体"模式中扮演着至关重要的角色。"察打一体"是指通过数字化转型，实现对业务流程的全面监控（"察"）与高效执行（"打"），从而提升企业的运营效率和客户体验。这要求数据不仅可视，还要可控、可管，实现基于数字化运营体系，围绕指标关联的行动计划执行过程，形成 PDCA 闭环。该服务具体通过大中小屏的互动功能，根据数据同源的原则，在运营过程透明化并准确定位后，支持发起改进任务，并落实责任人和行动计划，同时对相关业务动作进行执行与效果追踪，实现数字化运营的精准管理和控制的指挥体系。处理服务具体包括个性化设置、订阅、取消订阅、圈阅分享、任务督办、消息交互、电话联系、行动计划管理、任务下发、任务跟踪、计划闭环、关联推荐、任务提醒等功能。

可编排服务：该服务旨在帮助企业形成数字资产并且重复应用以发挥价值，实现业务部门自助数据分析，同时复用公司已有的指标数据卡片。

值得强调的是，数字化运营解决方案需要提供基于平台低码开发能力支持业务实现二次开发。

（1）可视构建：平台具备指标数据卡片二次编辑开发的能力，提供卡片的修改、配置，以及在线辅助、联调测试、发布。

（2）小程序开发：支持在移动应用中的卡片开发编辑、指标应用管理、卡片拖曳编排、移动小程序接入、小程序开发的功能。

8.3　小结与展望

数字化运营是基于智能化参考架构，为了达成业务战略与目标，基于数据要素对业务运营进行量化管理的活动与方法，通过建立一致、可信的智能底座和信息分析系统，对指标设计、度量、预测、分析、改善和评估的闭环管理，实现从投入、价值创造到产出全过程的可视化，做到"现状可见、问题可察、风险可辨、未来可测"。数字化运营的核心是数据，旨在基于数据的精细化管理和科学决策分析，通过数据的整合、AI 模型构建，提升传统运营的效率及质量。

未来数字化运营是基于流程统一、系统统一、数据统一而构建运营能力，通过数字化技术及工具，让数据在运营与决策中发挥更大的参考作用，实现更准确、更及时、更有效的分析及决策。通过全量全要素的数据连接，实现从单点信息到系统性的执行；数据也将平行服务企业全员，实现从管理者到企业全员参与运营；运营也将连接产业链深度数字化，拉通从公司内部到全产业链的数字化信息。

未来数字化运营平台将基于行业智能体参考架构，提供统一的框架结构，通过人工智能大模型重塑运营方式，通过基础模型、行业大模型，实现企业在财经、生产、研发等领域的数据挖掘，形成知识和运营模型，对核心业务运营做出精准预测并持续优化核心业务流程，这有助于提升企业的核心竞争力，也充分体现了人工智能支撑企业运营模式创新的强大力量。

第9章

企业知识库：大模型和知识图谱
融合的智能方案

知识是企业的重要资产，而企业知识库则是集中存储、管理、共享和利用企业知识的关键工具。随着互联网技术的飞速进步和海量数据的不断积累，企业知识存储形式正由以文本为主的数据存储，演进到包含文本、图片、视频、音频等多模态的数据存储。同时，企业知识的应用也从知识管理系统升级到半智能化前端应用，例如，智能搜索、智能客服、智能问答等。因此，企业知识库已不再是简单的数据堆砌，而是需要智能化、高效率的知识管理和应用。

随着 NLP、知识图谱、大模型等技术的重要突破，新一代智能搜索、智能客服、智能问答、智能推荐等新应用不断出现，成为进一步挖掘企业知识库资源价值的强大助力。其中，知识图谱发挥的作用尤为突出。

自 2012 年谷歌首次引入知识图谱概念以来，这项技术在过去的十几年里取得了显著进步。知识图谱的应用范围不仅局限于搜索、问答、推荐等互联网领域，而且在构建企业知识库中也展现了广泛的应用前景。例如，利用知识图谱技术可以构建产品知识图谱，整合产品设计、生产、销售等各环节的信息，形成全面且系统化的企业产品知识体系，有助于企业更深入地了解产品性能和特点，优化产品设计和生产流程，提升产品质量和市场竞争力。此外，知识图谱技术还能通过构建企业知识库，将分散且异构的数据转换为结构化、直观的知识网络。在企业客服系统中，知识图谱技术的应用可以促进智能问答、个性化推荐等功能的实现，加速系统对用户问题的理解和响应。通过对图谱中的关系进行深入分析，客服系统还能更主动地识别用户需求，提供更精准的服务，从而改善客户体验，提高服务效率。

9.1 业务挑战

虽然知识图谱在企业知识库中的应用越来越广泛，但在企业落地过程中也面临着较多问题。

(1) 构建成本高：传统知识图谱的构建包括数据收集、清洗、标注、建模等工作，需要大量的人力、时间和资源，尤其需要专业的技术人员参与，导致构建成本高。

(2) 数据质量和准确性问题：由于数据来源多样化和数据质量参差不齐，传统知识图谱技术难以保证数据的质量和准确性。例如，不同来源的数据可能存在重复、矛盾或不一致的情况，这会影响知识库的可靠性和准确性。

(3) 可扩展性和灵活性差：传统知识图谱技术通常采用固定的模式或结构来表示知

识，难以适应企业知识的不断变化和更新。当企业知识发生变化时，需要重新构建知识库，这会导致可扩展性和灵活性较差。

（4）查询效率低：传统知识图谱技术通常采用图数据库或关系数据库来存储和查询知识，当数据量较大时，查询效率会受到影响。此外，由于知识库的结构固定，难以实现复杂的查询和分析需求。

（5）无法处理非结构化数据：传统知识图谱技术主要处理结构化数据，对于非结构化数据（如文本、图像、视频等）处理能力较弱。然而，在企业中，大量的知识以非结构化数据的形式存在，如文档、邮件、会议记录等，这些知识无法被传统知识图谱技术有效处理。

（6）语义理解能力有限：传统知识图谱技术主要关注实体和实体之间的关系，对于实体和关系的语义理解能力有限。例如，对于同一实体在不同上下文中的不同含义，传统知识图谱技术难以准确理解和区分。

（7）知识更新困难：随着企业发展和市场变化，企业知识需要不断更新和补充。然而，传统知识图谱技术的更新过程烦琐且成本高，难以实现知识的动态更新和维护。

9.2　解决方案

自 2022 年 ChatGPT 诞生以来，因其在语言理解和知识问答方面的优异表现，以 GPT（Generative Pre-Trained Transformer，生成式预训练 Transformer 模型）为代表的大模型被认为具备记忆和应用世界知识的能力，受到了学术界和工业界的广泛关注。对于传统基于知识图谱技术的企业知识库和客服系统在使用体验上可能存在的诸如查询不准确、交互不自然、推荐不精准、知识更新困难和可扩展性差等问题，可以引入 AI 大模型来增强知识图谱的语义理解能力、交互自然性、推荐精准性、自动更新能力和可扩展性，从而提高企业知识库和客服系统的使用体验。知识图谱和大模型作为表示和处理知识的手段，二者高度互补，一方面补足了大模型的语言理解能力，另一方面丰富了知识图谱的知识表示方式，二者的融合发展不仅可能更有效地开发企业知识库潜能，还能有效推进各行业、各领域信息系统的智能化进程。

近几年，一种创新型的企业知识库平台架构正逐渐受到广泛应用，如图 9-1 所示，这一架构将知识图谱与大语言模型紧密结合。在此架构中，大语言模型平台利用知识图谱平台所生成的符号化知识，实现了对企业内部各类知识的有效集成。通过对大语言模型平台的执行过程进行分解，能够应对并完成复杂的任务。知识图谱平台与大语言模型平台协同工作，能够共同解决复杂问题的知识问答。这种协同不仅充分利用了大语言模型在语义理解和知识储量方面的优势，同时也彰显了基于知识图谱的问答系统在知识精确性和答案可解释性方面的长处。在这一协同过程中，知识图谱平台还承担着大模型平台中关键知识沉淀的职责，从而确保在需要精确、可解释的问答和行动时能够提供有力的支持。

企业知识库和智能客服创新解决方案的核心模块位于行业智能化参考架构的智能平台层。其中，大语言模型工具链不仅提供预训练模型管理、精细化的模型监督微调，还集成了

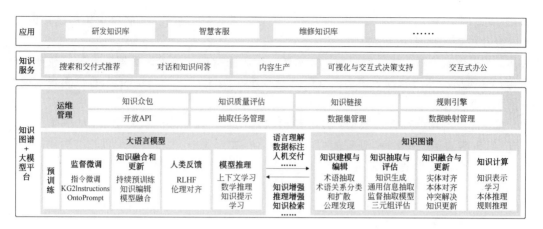

图 9-1　基于 AI 大模型加持的知识图谱解决方案

RLHF（Reinforcement Learning from Human Feedback，基于人类反馈的强化学习）工具，使企业能够高效完成模型开发和训练。同时，通过参考架构中智能平台的数据治理和数字内容开发，企业可以便捷地构建知识图谱工具链，实现知识的系统化构建、编辑、抽取与评估。

依托于智能平台中的大语言模型工具链和知识图谱工具链，企业首先训练得到行业大模型，然后进一步使用场景数据对行业大模型进行微调，得到企业知识库和智能客服的 AI 场景大模型。这些大模型为企业提供了搜索与交付式推荐、对话与知识问答、内容生成等基础功能。

凭借这些 AI 场景大模型的强大功能，企业能够开发出多样化、场景化的知识库和客服类应用，如服务于研发人员的专业研发知识库、面向客服团队的售前咨询与售后技术支持系统，以及助力运维工程师的维修知识库等，从而全面提升企业的智能化水平和服务质量。

在这个创新型的企业知识库和智能客服解决方案中，知识图谱与大语言模式互为补充、互为增强，共同提供更优的人机交互体验，为用户提供准确的、专业的知识内容和信息反馈。

首先，大语言模型能够显著降低知识图谱的构建成本。通过提升知识自动建模的效率，大语言模型可以对知识抽取生成标注数据。借助其强大的知识理解能力，业务人员可以设计信息抽取方法，利用单一模型同时抽取实体、关系、属性值和事件。此外，大语言模型还能进行零样本知识生成，利用通用信息抽取得到的三元组，结合人工校对形成大规模标注数据，进一步用于训练监督模型。大语言模型还有助于提高知识融合的自动化水平，并且能够增强知识图谱的知识表示学习能力。同时，知识图谱也能为大语言模型提供语料生成、Prompt 增强和推理增强的支持。

其次，知识图谱能够对大语言模型进行知识增强、推理增强并提升知识检索能力。在监督微调阶段，知识图谱可以转换为具体的指令，对大语言模型进行微调。当进行知识融合和更新时，可以利用知识图谱中的三元组来编辑大语言模型，从而实现知识的更新。此外，大语言模型与知识图谱还可以通过表示学习进行深度融合，甚至可以将一个大模型的知识迁移给另一个大模型。在推理阶段，知识图谱还能生成提示，用于增强大语言模型的推理能力。实践证明,基于知识图谱在知识标准化、可解释性、可信性、可溯源性等方面的优势,将知识图谱用于大模型从预训练到应用的全生命周期各环节,能够有效提升大模型的训练效果和推理结果的可用性,如图 9-2 所示。

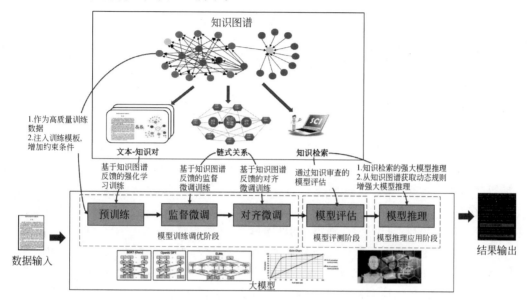

图 9-2　大模型与知识图谱结合技术方案

基于 AI 大模型的企业知识库和客服系统的具体落地流程如下。首先,需要对数据样本进行脱敏处理,并将其输入大型模型中进行大模型微调。其次,对训练后的领域大模型进行私有化部署。在大模型应用阶段,可以采用两种方式进行输出内容控制。首先,需要使用提示词进行约束,例如,可以选择让大模型完全使用知识库内容进行答复,或者允许其进行扩展回答。其次,为确保输出的准确性和合规性,所有模型产生的答案都会连接到质检系统进行进一步的审查,确保输出内容没有合规风险,如图 9-3 所示。

图 9-3　大模型知识库落地流程

9.3　小结与展望

综上所述,知识图谱与大语言模型结合在制造企业构建知识库和客服系统方面具有广阔的发展前景。

(1) **提高知识库的智能性和可访问性**：制造企业通常拥有大量的专业知识和数据,但这些知识和数据往往难以被非专业人员有效地利用。通过结合知识图谱和大语言模型,可以构建一个智能的知识库,使得企业内部人员能够更加方便地访问和使用这些知识。同时,通过大语言模型的自然语言处理能力,非专业人员也能够以更加自然的方式与知识库进行交互,从而提高知识库的利用率和效果。

(2) **实现智能客服**：在制造企业的客服系统中,结合知识图谱和大语言模型可以实现更加智能的客服服务。通过知识图谱的引导,客服系统能够更加准确地理解用户的问题和需求,并在知识库中查找相关的解决方案。同时,大语言模型的生成能力可以帮助系统提供更加自然、流畅的回答和建议,从而提高用户满意度和客服效率。

(3) **促进产品创新和服务升级**：通过结合知识图谱和大语言模型,制造企业可以更加深入地了解市场和用户的需求,从而在产品创新和服务升级方面取得更大的突破。例如,通过分析用户对产品的反馈和评价,企业可以发现产品的潜在问题和改进方向,进而推出更加符合用户需求的产品和服务。

(4) **提高决策效率和准确性**：在制造企业中,决策往往需要依赖于大量的数据和专业知识。通过结合知识图谱和大语言模型,可以构建一个智能的决策支持系统,帮助企业更加高效地进行决策。该系统能够自动分析和整理相关的数据和知识,为决策者提供全面、准确的信息和建议,从而提高决策效率和准确性。

总之,知识图谱与大语言模型结合在制造企业的知识库和客服系统里具有巨大的发展潜力和应用前景。随着技术的不断发展和完善,相信这一结合将为企业带来更加显著的效益和价值。

第 10 章

智慧园区：打造安全、高效、便捷的制造园区

随着云计算、物联网、大数据、人工智能、5G 等新一代信息技术与制造业的深度融合，国家实施"制造强国"战略，正驱动制造业加速转型升级，智慧园区已成为制造企业数字化转型的试验田和数字化变革的切入点。

智慧园区是运用数字化技术，对传统工业园区或科技园区进行技术改造或直接建设的新型园区。它不仅是一个地理位置上的概念，更是一种集成了信息技术和智能化管理理念的先进发展模式。我们可以将智慧园区看成一个以全面感知和泛在连接为基础的人机物事深度融合体，具备主动服务、智能进化等能力特征的有机生命体和可持续发展空间。智慧园区的业务范围主要包括园区的行政和后勤服务，目前已延展到园区办公，并逐步向园区生产制造服务发展。

一般来说，智慧园区的发展可以分为三个阶段：园区 1.0 阶段实现单场景智能，如基于人脸识别的闸机通行、基于摄像头的安防监控等；园区 2.0 阶段基于数字平台将传统垂直架构演进为水平分层架构。在这个阶段，园区的管理和服务通过数字平台转型升级，能够更好地实现系统间联动和数据融合，支持园区精益运营。例如，当园区的安全系统检测到异常时，可以通过平台快速通知其他系统，如视频监控系统、报警系统等，实现快速响应。园区3.0 阶段基于人工智能、深度学习和数字孪生等技术运用，实现园区全要素聚合和全场景智慧，成为一个基于数据自动决策、自主学习、自我进化的有机生命体，为社会带来新的价值。

近年来，在政策、资本、技术、市场等多重因素的推动下，我国的制造园区智慧化建设步伐正在紧锣密鼓地推进，但是整体智能化水平偏低，大多数园区还处在智慧园区 1.0 阶段，智能化道路任重道远。

10.1 业务挑战

随着制造园区的规模越来越大，管理对象越来越多，承载的业务也越来越复杂，园区在安全、体验、成本和效率等方面面临如下几个挑战。

（1）**园区建设缺乏顶层设计**：传统园区往往缺乏系统性和前瞻性规划，基础建设长达数年甚至十几年，碎片化功能建设为主，系统性考虑不足，各子系统封闭孤立。缺少顶层设计将导致园区建成后，出现重复投资、无法平滑迭代演进等突出问题。

（2）**园区基础设施亟待改造**：传统园区的弱电系统、园区网络、数据中心等基础设施老化，有线、无线等多张网络独立部署，彼此不联通，缺乏智能化的基础，迫切需要升级改造。

（3）**园区数据缺乏治理、信息孤岛现象严重**：各部门/业务的信息系统"烟囱"林立，数

据不能有效互通共享，数据获取困难，信息孤岛现象严重；即使单个部门/业务做了智慧化改造，但系统之间无法联动，无法实现整体智能化。

（4）**园区管理智慧化程度较低**：园区管理粗放，大量依靠人工管理，管理成本高。例如，安防以人防为主，安全事件被动响应；能耗详情不了解，能源浪费不知情；重要生产设施设备由人工点检和定期维护，潜在故障隐患无法及时发现，长期积累导致生产停机；园区物流车辆流转效率低，车等货、货等车现象严重；园区服务体验感知差，不能提供主动服务。

总之，制造园区的智能化建设是一项长期的、系统性工程，它不仅是技术革新，更是经营理念、战略、组织、运营等全方位的变革，需要全局谋划。

10.2　解决方案

基于中国工程建设标准化协会发布的 T/CECS 1183—2022《智慧园区技术标准》中智慧园区智慧化架构，围绕制造园区的愿景、业务目标，构建"端-连接-平台-应用"4 层架构，如图 10-1 所示。

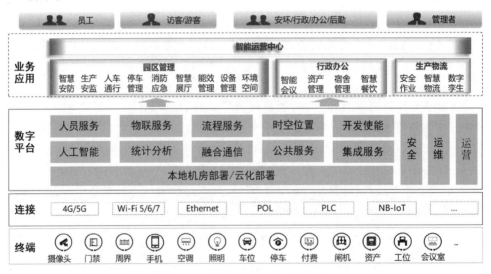

图 10-1　智慧制造园区方案架构

10.2.1　连接层：构建园区信息高速公路

传统园区在网络建设过程中，通常是多网独立建设，交付周期长，运营成本高；多视频高并发场景下易卡顿，网络体验差；端侧设备种类多、联网率低、非标协议多、集成难度大；IT 部门人力不足，难以支撑园区网络运维。

智慧园区连接层基于 Wi-Fi、POL（无源光网络）、以太网、PLC（电力载波）4 种连接技术，实现网络架构融合，如图 10-2 所示。连接层打通了园区各类子系统，为子系统间数据融合打下基础，具备如下特点。

（1）通过网络切片划分专属隔离网络，实现巡检网、监控网和控制网多业务统一承载，保障生产控制业务低时延、低抖动要求。

（2）高可靠组网、无线双发选收技术，AGV漫游切换无感知，提升运输效率。

（3）网络与安全联动，隔离网络安全威胁。

（4）网络架构融合，极大降低网络建设成本，节省网络机房空间，简化网络运维，分钟级故障定界定位。

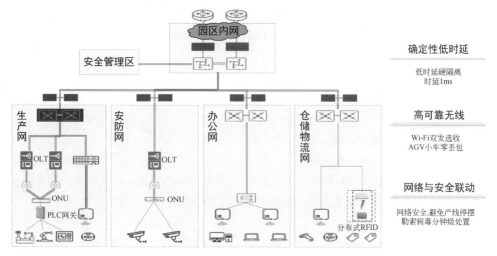

图 10-2　智慧制造园区网络架构

10.2.2　数字平台：打造园区数字化统一 IT 底座

传统园区的管理和控制，散落在多个独立子系统中，系统集成难度高，需要专业维护人员多，运营效率低，难以满足智能化要求。

园区数字平台基于云计算、物联网、大数据、人工智能和视频云等技术，对园区内的人、车、物、事等对象进行数字化建模和重构，实现园区内各类子系统间业务及数据融合，打造园区数字化的统一 IT 底座，主要具备如下特点。

（1）统一接入：不同厂商园区终端统一接入，形成标准化数据模型，符合标准数据模型的南向子系统可直接对接。

（2）数据融合：汇聚园区各类业务资源数据，通过封装的 AI、大数据等 ICT 技术对数据进行融合分析和治理，并提供训练＋推理服务。

（3）能力开放：开放北向能力，提供强大的应用开发环境和服务，快速汇聚生态伙伴。

10.2.3　业务层：汇聚园区生态伙伴

园区数字平台以其全面而高效的服务能力，包括人员服务、物联服务、开发使能和集成服务等，为合作伙伴提供了强大的应用开发和业务创新支持。这一举措不仅显著降低了合作伙伴的开发难度，更有利于园区生态伙伴的迅速汇聚。同时，通过构建多样化的场景应用,为园区的可持续发展注入了新的活力。

1．综合安防

综合安防包括视频监控、门禁管理、车辆管理、消防管理、安全巡逻、智能告警等多个方面,通过物联网、大数据、云计算等技术,对园区内的人员、车辆、设施等进行数据采集、分析和处理,实现对园区安全的全面监测和控制,提高安全防范和应急响应的能力。

2．便捷通行

利用身份识别技术,使人在园区无感、安全和自由地通行,打造极度顺畅、便捷的通行体验。通过数字平台打通通行信息与人员管理系统,可以自动记录员工的上下班情况(自动打卡);通过人员鉴权管理,使访客高效通行。

3．智能会议

智能会议室以一张屏集成视频会议所需的所有功能,开会前营造高效舒适的会议环境;一键扫码入会,无线投屏,与会人员随时随地接入;多媒体智能调度优先保障会议带宽资源,沉浸式高清体验;远程白板互动让沟通更简单、协作更高效。

4．资产管理

通过物联网 AP 和 RFID 技术实时采集和分析重要资产信息,实现资产的精细化管理,提高资产的利用效率,降低运营成本,提升管理水平和服务质量。

5．设施管理

通过物联网、云计算、大数据等技术手段,对园区的设施设备进行实时监测、数据分析和智能控制,提高设施的使用效率、安全性和可靠性,同时降低设备故障响应时长,提升园区的整体运营效率和竞争力。

6．能效管理

通过物联网、云计算、大数据等技术手段,实时监测各类能源(水、电、气、暖)消耗数据,建立能源调度、设备运行、环境监测、人流密度等多维分析模型,依托智慧园区数字平台的大数据智能分析诊断模型和算法,动态调整园区的供能模式,提高能源利用效率,降低能源消耗和排放,实现可持续发展。

7．环境监测

通过物联网、云计算、大数据等技术手段,对园区内的空气质量、噪声、温度、湿度、光照等环境因素进行实时监测和数据分析,以便及时掌握园区环境状况,提高园区的生产效率和员工的工作舒适度。

8．物流车辆调度

数字平台打通园区与物流仓储等多系统信息断点,全面优化园区人、车、货、场资源配置,提升车货协同效率。主要功能包括:车辆预约,提前规划物流计划;车辆签到,联动仓储系统分配月台,提前备货;车牌识别联动预约信息,车辆入园零等待;电子大屏引导车辆到指定月台,实时感知车辆行驶态势;月台作业,实时感知月台作业进度、违规/危险行为告警,保障作业及人货安全;车牌识别联动物流仓储系统,完成车辆出园校验,如图 10-3所示。

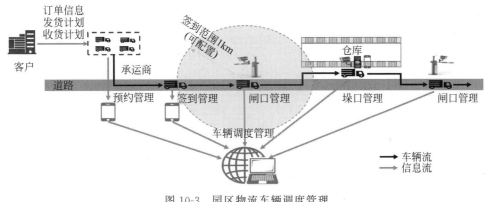

图 10-3　园区物流车辆调度管理

10.3　小结与展望

　　智慧园区是一个持续发展与演进的过程,随着数字技术与经济社会各领域深度融合,智慧零碳园区、全场景智慧园区、全生命周期生态共建等成为园区发展新趋势。

1. 智慧零碳园区

　　智慧零碳园区是以数字化技术赋能节能、减排、碳监测、碳交易、碳核算等碳中和措施,推动园区"源、网、荷、储"云化统一管理和调度,促进园区低碳化发展、能源绿色化转型、资源循环化利用、设施集聚化共享,实现园区内部碳排放与吸收自我平衡,生产、生态、生活深度整合的新型智慧园区。

2. 全场景智慧园区

　　通过 5G、云、AI、大数据和数字孪生等多技术融合与协同创新,实现园区全要素聚合和全场景智慧,成为一个基于数据自动决策、自主学习、自我进化的有机生命体。

3. 全生命周期生态共建

　　智慧园区在规划、建设、运营全过程很多环节的衔接与管理方式尚在摸索和完善过程中,包括运作机制、营利机制、协同机制、价值评价等方面尚未形成成熟体系。未来的智慧园区将从系统管理的思路出发,对园区的规划、设计、建设、运营到维护的整个生命周期进行智能化管理,以创新商业模式构建回报机制实现园区内主体间的生态合作,共建产业生态圈,逐步形成服务于项目全生命周期、多方协同发展共进的园区建设新局面。

第 3 篇

行业应用篇

经过前面篇章的深入阐述，我们已经对新型工业化的特点和要求、智能化变革的重要性、行业智能化参考架构及华为实践有了全面的了解。在此基础上，我们即将进入第 3 篇"行业应用篇"，在这一篇章中，将聚焦于行业特色与智能化实践的深度融合。

每个行业都有其独特的生产流程、市场需求和发展挑战，而智能化正是帮助企业应对这些挑战、提升竞争力的关键。在接下来的章节中，将详细探讨汽车制造业、半导体与电子、医药、酒水饮料、软件与 ICT、建筑地产以及零售等多个行业领域的智能化应用实践。通过具体案例和解决方案的介绍，将展示如何将智能化技术与行业实际需求相结合，推动各行业的创新与发展。

第 11 章

行业数字化/智能化发展现状

数实融合不能一蹴而就，而是要遵循数字技术和数据要素发展规律，推动实体经济沿着数字化、网络化、智能化方向依次递进、逐步深化。**数字化是数实融合的基础形态**，是指从物理世界收集、聚合数据并加以分析、应用，把数据转换为生产要素和现实生产力，为企业在数字世界中以更加敏捷、更低成本和更高质量的方式创造价值奠定基础。**网络化是数实融合的中间形态**，主要通过构建万物互联的数字网络，实时感知、采集和监测生产经营活动中产生的数据，促进价值创造过程的无缝衔接和生产网络的动态协同。**智能化是数实融合的高级形态**，主要依托 AI 技术突破，经济活动将逐步实现自主学习、动态决策，主动适应、改变和选择环境，引领构建数据驱动、人机协同、跨界融合、共创分享的智能经济形态。一般来说，同一个行业中三种形态会次第发展，而不同行业由于数字化水平不同，会出现三种形态并行推进的情况。

11.1 行业数字化转型奠定智能化基础

根据华为 2021 年发布的《战略到执行、实践到卓越》报告中的评估，不同行业数字化智能化发展进程存在较大差异，有的刚进入数字化起步期，有的已经迈向初步的智能化，但整体仍处于数字化转型起步期。其中，金融保险、信息通信等行业处于工业数字化进程的第一波次，工业处于第二波次，处于转型追随者的位置，建筑地产、农业等处于第三波次，起步较晚，如图 11-1 所示。

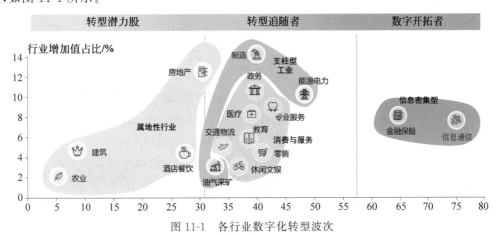

图 11-1　各行业数字化转型波次

　　从行业智能化维度看，第一波次生成式人工智能技术将优先影响互联网与高科技、金融和专业服务行业；第二波次将是教育、通信、医疗服务、零售、文娱传媒、消费品及先进制造业；第三波次中农业、材料、建筑业、能源等行业受到生成式人工智能技术的影响相对较小，如图 11-2 所示。对比图 11-1 和图 11-2 可以看出，人工智能对不同行业的影响顺序与行业数字化的波次大致相似，只有具备了较好的数字化基础，有普遍联网的设备、充足的数据要素、丰富的应用场景以及较成熟解决方案的行业，才有可能在较短时间内应用人工智能技术实现智能化跃升。

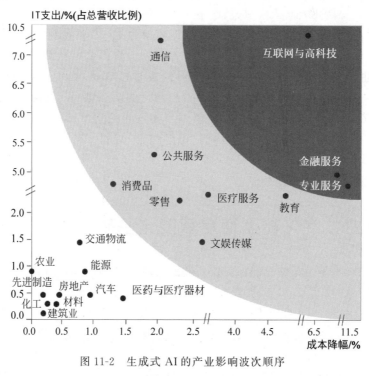

图 11-2　生成式 AI 的产业影响波次顺序

11.2　细分行业数字化指数呈现较大差异

　　工业企业往往面临流程复杂、资产重、变革包袱大等困境，其转型进程虽不及与数字化亲和度更高的信息密集型行业，但其希望通过数字化提升竞争的诉求更强、应用场景更丰富。同时，工业领域宽广，子行业众多，每个行业有着不同的数字化基础和水平。华为在《工业数字化/智能化 2030》报告中，对工业细分行业的数字化发展水平进行了评价，从结果来看，半导体、汽车、航空航天、石油化工行业整体数字化水平最高；采矿、建筑材料、轻工、纺织与服装的数字化水平相对滞后，如图 11-3 所示。

　　从细项指标分数看，数字化设计、设备数字化率、生产数据自动采集、关键工序质量在线检测等指标的整体水平较高，主要集中在研发设计和生产作业等相关场景中，如图 11-4 所示。

各行业数字化指数

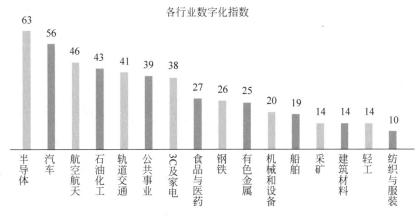

图 11-3　16 个行业工业数字化指数评估结果

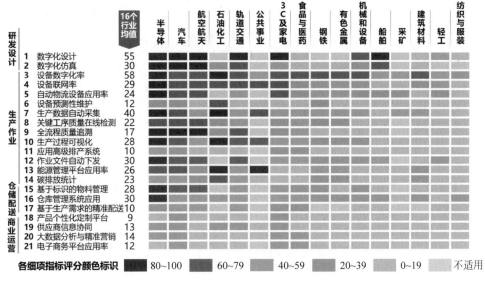

图 11-4　16 个行业工业数字化指数评估细项指标结果

11.3　5 类行业"数字化转型＋营利能力"画像

华为的《工业数字化/智能化 2030》报告对各行业的数字化指数和其营利能力进行了综合分析,从这两个维度出发,将 16 个子行业划分为 5 种行业画像,如图 11-5 所示。

从这两个维度进行分析是因为数字化指数和营利能力之间有一定相互促进的正相关关系,较高的数字化水平能够促进企业营利水平提升,同时雄厚的资金实力才能够支撑数字化投入。

引领型行业:包括半导体、汽车、航空航天、石油化工行业。这些行业具有技术密集、固定资产投入高、大规模和高精度生产、流程标准化的天然属性,人工相比设备不具优势,因此

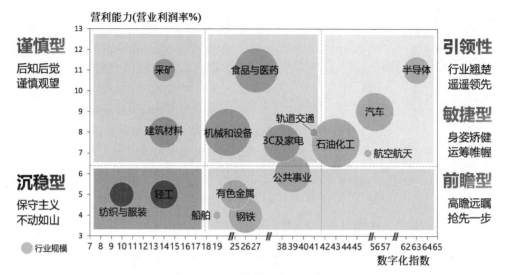

图 11-5　工业数字化的行业画像

数字化起步最早、转型最为成熟。同时,有极强的营利能力作为有力支撑,保障对数字化的持续投入,由此形成"滚雪球效应"。这些行业的生产过程数字化已经基本完成,未来将重点关注结合 AI、数字孪生、传感系统等前沿技术,发掘更为丰富的智能化应用。

　　敏捷型行业：包括轨道交通、3C 与家电、医药与食品、机械与设备行业。对这些行业来说,数字技术有利于精准洞悉市场需求并开展创新研发,同时对于生产活动的降本增效、精度与质量、可靠性提升效果显著。这些领域虽与引领型行业存在差距,但已具备一定的数字化基础,未来在补齐短板的同时,将关注应用的协同及集成,以及大数据应用。

　　前瞻型行业：包括公共事业、钢铁、有色金属、船舶行业。这些行业受生产活动的属性影响,数字化是必备的生产要素,也是降本增效的必要条件。如对于钢铁、有色金属行业来说,流程制造的主生产环节的物理化学反应完全依赖于设备,人工仅作为辅助。因此在营利能力相对引领型行业较弱的情况下,这些领域的企业仍然敢为人先,有动力去推动生产设备数字化改造和生产过程数字化转型,未来将进一步根据投入产出比进行数字化投资。

　　谨慎型行业：包括采矿、建筑材料行业。该领域生产模式较传统和粗放,工艺流程复杂度不高,长期以来都以人力劳作、经验传承为主,同时对于对数字化的价值认知较晚,因此行动相对谨慎和保守。接下来在针对关键工序进行数字化改造的同时,将逐步扩大数字化范围,从点到面,拓宽应用场景,全面满足安全、环保的生产需求。

　　沉稳型行业：包括轻工、纺织与服装行业。这些领域中小企业众多,除少数已深耕数字化的头部企业,大部分企业受制于自身营利和资金能力,数字化转型相对迟缓。对这些中小企业来说,轻量、投入少、见效快的云化工业应用软件将是重点。

第 12 章

华为智能化实践

在科技日新月异的今天,智能化已经成为企业发展的重要引擎。华为,作为全球领先的信息和通信技术解决方案提供商,一直致力于推动行业的智能化进程。其智能化实践的成功,不仅体现在产品和服务的创新上,更体现在对行业智能化参考架构的深入理解和应用上。

首先,华为的智能化实践为行业智能化参考架构提供了丰富的经验依据。华为以客户需求为导向,通过不断的技术创新和业务创新,推动了行业的智能化发展。其成功的案例,如智能网络、智能云、智能终端、智能服务等,都为行业智能化参考架构提供了有力的支持。其次,行业智能化参考架构也为华为的智能化实践提供了持续的指导,有助于华为明确目标、优化策略、规范实施、降低风险、提高效益,实现智能化转型升级。同时,华为深知,只有通过实践不断改进和丰富行业智能化发展的理论模型与方法,并更好地指导实践,实现理论与实践的融合共进,才能保持自身的竞争优势。因此,华为将自身的智能化实践融入企业的战略中,通过持续的学习和改进,推动了自身的智能化发展。然而,华为的智能化实践并非一帆风顺。在这个过程中,华为面临着各种挑战,如技术的更新换代、市场的竞争压力、客户需求的变化等。但是,华为凭借其坚定的决心和创新的精神,一直在努力应对这些挑战,持续推进自身的智能化升级。在本章中,将深入剖析华为的智能化实践经验,探寻其与行业智能化参考架构之间的内在联系和相互作用,以期为读者揭示智能化升级的内在逻辑和成功之道。

12.1 华为智能化发展历程

在经历了机械化和电气化革命之后,制造业正在朝着数字化和智能化的方向飞速发展。华为作为全球领先的信息与通信解决方案供应商,不仅推动着信息与通信技术、物联网、云计算、大数据等 ICT 技术创新,为客户实现数字化智能化提供数字化技术与方案;而且华为在近 30 年的发展历程中大胆创新、敢为人先,积极探索自身数字化和智能化之路,在产品研发、供应链、生产、销售和服务等制造业生命周期各环节积累了深厚的数字化、智能化经验与能力,为制造企业智能化升级提供了难得的经验和生动的模板。

华为自 2014 年开始启动数字化转型和智能化试点,以智能业务目标作为驱动,继往开来,迭代发展,大体经过了自动化、数字化、网络化和智能化几个阶段,实现了智能研发、智能生产、智能营销、智能服务和智能管理分层配合,全面发展。

1. 产品研发领域

经历了集成研发 IPD 1.0 变革和集成研发 IPD 2.0 变革两个阶段。1999 年启动 IPD 1.0 变革，是以客户需求为导向，将产品开发作为一项投资（ROI）来管理，历经试点突破、全面推行和与时俱进三个小阶段的持续变革，IPD 流程融入 QMS 体系，与 MTL、LTC 等对接，真正实现集成、研发作业上 IT，研发上云。

IPD 1.0 做到了产品研发从偶然到必然的改变，使公司在产品开发周期、产品质量、成本、响应客户需求、产品综合竞争力上取得了根本性的改善，从依赖个人能力转变为依靠管理制度来推出有竞争力的高质量产品。

IPD 2.0 的使命是从不可能到可能，聚焦可信赖的工程能力、业务连续性保障、数字化开发和突破性创新开发等，围绕产品主数据打通、产品与产品配置端到端优化、产品数字化设计、产业发展与生态建设变革等启动产品数字化、过程数字化和工具智能化变革。在产品的创意设计、概念设计、原理设计、详细设计等过程中，大量采用先进的数字化与智能化技术。为了提高产品研发效率与设计质量，在产品设计基础资源库、设计成本预估、敏捷产品全数字建模、数字样机技术、产品模型与图档质量检查、产品规划与项目管理、高效协同设计等领域构建了业界独有的 AI+能力工具。

在仿真验证方面，华为产品设计过程中涉及结构、力学、电磁、热、流体、声学、光学等众多学科的联合仿真。经过多年的积累，依托高端仿真专业人才，在仿真数据管理、仿真试验数据库、仿真模板、高性能运算、集群调度、仿真数据处理、统计报告等领域积累了大量宝贵经验，而这些能力基础正是华为能够在全球制造业处于领先地位的重要因素之一。

2. 在供应和制造领域

目前华为主要生产无线、网络、终端、天线、精密工装等 9 大类产品，在全球拥有 53 家 EMS 厂，18 家 ODM 厂，8 家维修中心，具有强大的全球制造管控能力。在产品订单、生产计划、制造执行、物流配送、成本核算、人力资源等领域均具有业界领先的管理方法与行之有效的管控手段，并且已经在数字化与智能化工厂建设过程中取得了阶段性成果。

在过去二十多年的时间里，供应链变革历程分成三个阶段。1999 年启动的面向国内市场和单工厂构建了供应链的组织、流程、IT 基础架构变革，即 ISC（Integrated Supply Chain，集成供应链）1.0。其后随着全球业务的扩展，通过 GSC 变革项目构建了全球供应链基础平台，GSN 项目构建了海外供应中心和 EMS 外包业务，区域计统调项目通过打通信息链及一体化运作，构建了区域供应能力，即 ISC 2.0。2015 年，针对"把供应链建设成为华为核心竞争力之一"的战略诉求，结合工业互联网、工业 4.0、人工智能等新技术应用，启动 ISC+变革，构建数字化主动型供应链，即 ISC 3.0。

供应链数字化变革经历了三年建设期和两年运营期，基本实现了从线下到线上、从手工操作到自动处理、从经验判断到 AI 辅助决策、从串行传递到共享协助、从推送为主到推拉结合、从机关管控为主到充分授权一线等 6 个重要转变，实现了与客户的数字化连接，简化了交易模式，提升了客户的交易体验；实现了与供应商及产业链数字化连接，业务透明、风险可控。

智能生产是华为智能化发展的重要部分。华为在坚持持续推行 6sigma 全面质量管理、精益生产的基础上,积极发展自动化、数字化、智能化制造。第一阶段通过自动化规模应用,初步实现数字化制造。华为优先推行设计与制造融合,依托设计与制造一体化平台,在设计阶段构建精益、自动化、数字化和部分智能化制造能力;同时开展自动化规模应用和人工智能的初步应用探索,开展智能制造标杆车间和标杆工厂的建设。

第二阶段推进数字化全面覆盖和智能应用深化。随着 MES＋系统持续优化,将生产信息流和实物流同步精益,推进均衡化生产;同时结合物联网、机器学习、深度学习等人工智能技术应用,构建人机互动、自学习和自优化能力。例如,将人工智能应用在制造领域,实现质量大数据智能预警与闭环、设备智能维护、智能排产与调度、智能物流等持续突破。

第三阶段完成智能园区建设,支撑智能制造向世界一流水平迈进。通过持续构建与客户需求协同、设计与制造融合、供应商协同、计划/订单与制造协同、自制外包协同 5 个协同能力,实现适时化生产。同时,以客户体验为中心,将产品制造延伸到为客户提供极致体验,积极开展多工厂、多生态模式下 C2M(Customer-to-Manufactory,客户对工厂)大规模定制化生产模式探索,在自动化、数字化规模应用的基础上,集成各领域的 ICT 技术、人工智能的成熟应用。到 2023 年完成了团泊洼智能园区的建设。

3. 营销领域

围绕一线销售场景,华为一直推行 LTC(Lead To Cash,线索到回款)端到端打通,通过 CRM(Customer Relationship Management,客户关系管理)流程提供从线索到合同的商业流程支撑,提供线索管理、机会点管理、配置报价、商务管理、合同管理以及辅助销售等六大核心服务。"CRM＋"变革构建了云化平台 ISales,围绕风险管理、效率提升和客户体验提升等方面加快数字化和智能化应用变革。此外,场景化 AI 应用在合同处理与审核、合同 BCG 风险鉴别、管理客户关系、营销资源智能推荐、收入预测及监管智能化等方面发挥着越来越关键的作用。

4. 财经领域

华为财经的变革旨在通过规则的确定来应对结果的不确定,使华为公司成为一个具有长远生命力的公司。华为历经财务四统一、共享中心建设、IFS 体系建设到财经数字化转型几个阶段的发展期,财经的角色也从传统簿记员、专业会计师、财经专家转变成为价值整合者和绩效促进者。面向新场景、新业务,财经变革始终紧密围绕"数字化财经"来展开,持续引领华为财经成为 ICT 领域全球领先的财务实践组织。

12.2　华为智能化实践经验

基于需求导向、技术进步和商业模式转变的驱动,人工智能加速了在华为制造全生命周期的场景化应用落地。

华为数字化、智能化发展以智能业务目标为驱动，对准"5个1目标[①]"，在人员不显著增加的情况下，实现收入、利润、现金流持续有效增长，成为行业领导者。自动化、数字化等技术夯实了AI落地的基础，智能研发、智能制造、智能营销、智能服务和智能管理等智能场景梯次落地，形成多样应用。在AI 1.0（2022年以前）阶段，平台助力各类业务与AI的广泛融合，应用规模不断扩大，加速构建智能华为。例如，在公司各业务领域，针对海量、重复和复杂的业务场景生成了600＋的智能应用，创造19000＋数字员工，沉淀了6700＋AI模型应用。在AI 2.0（2022年至今）阶段，AI大模型发展迅速，大模型重构一切，推动人工智能应用在制造业全生命周期的加速落地。

具体来看，华为AI场景应用瞄准三个方向：一是提升企业生产力和运营效率，如研发智能、营销智能、智能驾驶、业务运营如何察打一体快速解决问题等；二是防范关键风险，包括合同风险、采购风险、人员安全作业风险等；三是提升客户和员工体验，如精准营销、口碑提升和服务体验等。

制造企业在产品全生命周期都存在智能化改造需求，通过下面列举的部分AI场景化应用案例，可以切实了解到制造业中AI的广阔应用前景。

AI技术在产品全生命周期都存在智能化改造需求，通过下面列举的部分AI场景化应用案例，可以了解到在制造业AI应用前景最广。

1. 智能仿真助力产品设计

由于华为产品大多数属于小批量多品种的生产模式，尽可能地缩短产品设计与制造导入周期逐渐成为产品占领市场的核心竞争力。一方面，依托设计与制造一体化平台，在产品开发阶段同步完成设计仿真、数字化工艺BOP设计，通过虚拟仿真验证其可制造性，使后期的生产工艺路径更加科学、高效，从而缩短生产周期，降低运营成本；另一方面，还需要考虑协调多个产品的EBOM（Engineering Bill Of Materials，工程物料清单）、MBOM（Manufacturing Bill Of Material，制造物料清单）以及BOP（Bill Of Process，工艺清单）配置，使用高级虚拟化和分析工具，验证制造规划决策路径，确保制造约束在产品设计中协调一致，从而获得更高效的制造方案。

2. 产供销一体化协同生产计划优化

生产计划是企业根据订单，结合产能、库存等状况制定企业生产、采购、外协等生产任务计划的过程。计划合理性决定订单交付周期、资源利用效率和生产成本。华为在2002年开始导入APS（Advanced Planning and Scheduling，先进规划排程）应用，逐步推行基于两层计划决策机制、三级供应网络下的产供销一体化的计划运作机制。聚焦生产计划高效精准策划与订单准时交付需求，基于企业资源计划系统与采购、库存、生产、销售等集成打通，应用约束理论、寻优算法和大数据分析等技术，对需求、产能、安全库存和供应链交期等数据进

---

① a. 合同/PO前处理到订单生成1天完成；b. 订单生成后到准备好，并发出，1周完成，如果销售单元有库存，则1天完成备货；c. 订单生成后，1个月货到客户指定的地点（包括运输）；d. 软件订单和软件备货，1分钟准备好；e. 站点交付、验收1个月完成。

行分析和预测,以便精准地制订生产计划。生产计划优化使得产供销协同下生产计划更精准合理,有助于缩短订单交付周期,减少库存积压,同时实时感知和预测需求、生产、采购、销售等波动并进行动态调整,避免交付风险或者资源浪费。

华为 APS 包括制定要货预测、制订全球 S&OP 计划、制订主生产计划、制订采购计划和制订加工计划等,主要包括以下两类典型应用模式。一是基于订单拉动的生产计划优化。基于产能状态、库存状态、供应链交期等数据分析和精准洞察,应用约束理论、(非)线性规划、智能算法等,以订单交付期为约束,确定最佳采购入库、生产完工时机,保障交付准时,适用场景包括计算存储等 ICT 产品的生产计划优化。二是基于销售预测的生产计划优化。通过实时采集市场、客户或者销售数据,基于数据分析结合智能算法预测未来一段时间的销量波动,进而动态调整产品生产计划,降低库存积压成本,可用于手机等终端产品的生产计划优化。

3. 基于模型算法实现智能排产与调度

多品种小批量的按订单生产模式是市场趋势,但也为计划专员和车间主管等带来了挑战:多工厂、多节点加工、计划难平衡;排产需求条件多、约束多、目标之间冲突;插单、改单、设备异常等事故频频打断计划,需要实时排产快速响应。华为坚持以实物流/信息流精益为基础,通过对调度对象、流程规则、过程状态的数字化,并与产品、订单、计划和物流上下游数据同源、在线共享互动、数字化融合等,应用仿真模拟和算法优化,实现智能排产与调度。在模型开发时会将业务逻辑抽象出来,通过参数来配置使用,业务人员使用中只需保证数据的准确输入,算法会自动计算出优化的排程结果。在部分场景中,计划员需要对结果做人工微调,或者调整算法的配置参数,就能实现全节点联动智能排产、全节点进度实时可视/精准预估、异常处理专家系统智能决策和产能动态调配智能决策。

4. 机器视觉让质检工位拥有会思考的眼睛

保证产品质量是企业的立身之本。对拥有大量高精尖产品类型的华为来说,质量问题直接影响产品性能和体验。在按节拍生产的生产线上存在大量过去依赖人工检测的作业需求,由于严重依赖人的经验和责任心,不仅效率低、成本高,而且容易出现缺陷难以判断、出现遗漏等问题。华为以物联网、大数据、AI 算法三位一体的运作模式,构建 AI 质检平台。在装配工位、质检环节增加工业相机,从端侧获取实时图像或者视频流,利用云端训练、边侧推理,同时开发了读码、定位、测量、外观检查、动作规范性及安全等算子算法,并不断迭代优化核心算法能力,推动 AI 技术在视觉外观检测场景的落地应用,并实现了 AI 质检在线体、车间、制造园区的大规模的部署。例如,AI+机械手助力手机出厂测试,提升识别能力,终端主副版装配拇指级动作视频检测防呆,基于机器视觉秒级检测 PC 外壳缺陷。大规模的 AI 质检部署,既节省了大量的质检人员,也提升了制造的生产效率,保证了产品的出厂质量。

5. 大数据质量预警形成大中小质量闭环

华为始终坚持开放与合作理念,积极学习业界先进质量管理经验,以 ISO 9001 为基础建立和持续完善制造大质量管理体系，实施全员全面全过程制造质量管理。华为质量管理历经了基于问题驱动和管理驱动思路的质量保证、全球一致质量管理、精益零缺陷质量管理等阶段，当前已发展到基于"过程和风险"质量管理模式，即在业务源头和过程中构筑可信赖可预防的智能化质量管理新阶段，有效地保障了产品的质量稳定和持续提升。

其中，大数据质量预警是华为数字化智能化质量控制的重要组成部分，对于提前识别潜在质量问题，保障产品质量至关重要。基于"风险-隐患-问题"全生命周期管理，首先要落实QC（Quality Control，质量控制）三部曲"设计QC-运作QC-改善QC"，在三个流的源头和过程中构筑高质量；其次要识别产业链关键质量影响参数/预警控制点，建设IT系统实现数据自动采集，通过对采集数据进行分析建立合理门限及数据挖掘模型，通过模型运算触发预警后自动推送质量相关人员，以快速定位预防质量问题；最后，完善数学模型的导入，形成质量感知网，针对单元控制、业务域控制和系统级控制形成小、中、大质量闭环，拉通端到端融合预警应用，提高质量预警拦截问题的能力与准确率。

6. 安全作业-人员作业安全风险异常监控预警

安全就是最高的质量。工厂和仓储/生产场所占地面积大、路径交织，物料周转频繁。过去安全管理依赖培训、安全专员现场巡检以及现场摄像头的人工监控；现在结合AI的OCR、图像检测、人体/人脸识别等技术，针对作业人员及行为异常（如未着工装、走路看手机、货台闯入）及作业安全规范（如工序、货品 挤压、调度、车辆靠台）等业务风险构建场景分析模型，通过边云协同计算方案，进行视频实时感知与分析、实时空间互联监控预警，能够实现360°全天候实时安全监控预警管理，大大提高生产制造本质安全水平。

7. 智能仓储与物流成为供应商与产线高效连接的"路由器"

华为在精益物流的基础上，一方面将看板管理、拉式配送、milk-run循环取货/中心仓/线边超市相结合，另一方面将人工智能、射频识别、智能传感等技术与立体库、AGV（Automated Guided Vehicle，自动导引运输车）等仓储设备以及WMS（Warehousing Management System，仓储管理系统）、WCS（Warehouse Control System，仓库控制系统）等仓储管控系统相融合，实现了物流配送自动化/数字化/智能化。具体来说，一是通过构建数字化物流平台，推行物流园区智能调度，实现过程可视和送货自动识别/挂号等；二是打通供应商物流（物料）数据，应用智能算法，实现货量预估/装柜仿真，推荐AGV、Outbound车辆实时最优路径；三是通过自动收发、自动存储、精准自动/JIT配送，"货到人、料到手"，实现物流透明高效运作。

智能仓储实现了物料存取作业和库房管理的少人化，有利于提升库存管理效率质量，降低库存成本，同时库存环节的数字化、智能化打通了物料和加工环节，支撑基于生产需求的准时物料配送。主要包括以下三类典型应用模式。一是自动化物料存取。依托WMS系统进行出入库、库存等信息管理，应用WCS系统自动控制立体库、堆垛机、穿梭机、积放链等库存装备，结合人工智能规划和优化库位，进行物料的自动识别、存储、分拣和出库。如无人化立体自动化仓库的自动化作业。二是协同联动物料存取。基于WMS系统与生产计划、车间执行、采购销售等系统集成打通,以生产投料、采购入库、在制品流转、订单发货等计划信息驱动物料自动出入库作业。如与 MES(Manufacturing Execution System,制造执行系统)集成的在制品协同出入库,与 SRM(Supplier Relationship Management,供应商管理系统)集成的采购物料协同入库等。三是实时拉动式物料存取。将智能仓储系统与各工序生产管控直接对接,匹配工序生产节拍,依据工序实际物料消耗和物料需求预测开展实时拉动式物料出入库和库存管控。如线边仓和生产线按排产波次配送计划高效协同等。

8. 大数据＋人工智能助力精准营销

结合大数据的人工智能技术在终端消费市场得到广泛应用。一方面基于 AI 对购买历史、浏览记录、评价反馈、人口统计信息等消费者数据进行分析和画像,实现精准产品推荐;围绕高相关性和个性化服务,向既有用户和潜在客户推荐新款产品智能定价。另一方面,基于对历史同期数据和消费者其他消费习惯的分析确定产品的最优定位,以实现销售利润的最大化。另外,在广告精准投放方面,过去广告位选择靠经验,选择结果常常达不到预期,事后核验耗时耗力,现在根据智能终端所采集的用户数据,分析用户观看广告的时间及地点,对比既有客户的数据,实现对潜在客户的广告精准投放和促销时机决策;以历史同期销售价格、销量数据及销售地点数据为学习样本,建立多维数据＋AI 模型,根据人工智能算法,找到不同商场的最佳销售策略。

9. 智慧运营:GTS 站点交付全面提升业务运营效率

GTS(Global Technical Service,全球技术服务)交付业务场景复杂,变异因素多,管理难度大。针对各业务场景特点,华为设计了场景化的智能化方案,大大提升了作业效率和交付质量,如图 12-1 所示。

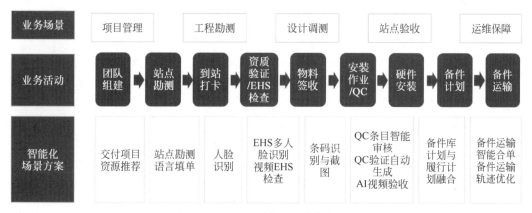

图 12-1　GTS 交付集中运营指挥中心

10. 智能财经:全球结账全程可视、风险快速识别

华为通过将财经业务对象、财经过程和财经规则数字化,各业务数据入湖,构建坚实的财经数据底座,打造财经集成作战平台。通过开发各类财经场景智能化应用,实现账务全流程可视,风险可控,能够有效支撑月报 X 天初稿,X 天终稿,年报 X 天完成初稿,大幅提升了财报质量和效率。

12.3　智能化参考架构构筑三重优势实现企业智能升级

从行业智能化参考架构通过先进的平台架构和强大的"赋智"能力，为企业构筑信息、决策和行动优势提供了有力支撑。参考架构实现了信息的全面感知和高效整合，确保企业能够迅速准确地获取内外部数据，从而构筑信息优势。同时，该架构的决策支持能力基于大数据分析和 AI 技术，助力企业做出科学决策，降低风险，构筑决策优势。通过平台提供的自动化和智能化工具，企业能够快速响应市场变化，优化运营流程，构筑行动优势。

12.3.1　构筑信息优势

随着企业规模的扩大和市场环境的多变，传统的信息处理和决策模式已无法满足快速响应和精准决策的需求。华为在数字化实践中，深刻认识到信息优势对于企业决策和市场竞争的重要性。为此，华为致力于构建"全量全要素连接与实时反馈"的数字化体系，旨在提高业务确定性并显著提升信息的丰富度和准确性。

在华为看来，"全量"意味着对运营过程中产生的所有数据和信息的全面捕捉，也就是说，不分历史与实时、结构化与非结构化、内部与外部数据，一律纳入收集和分析的范畴。这种全量数据的整合为企业提供了前所未有的广阔视角，使得决策者能够基于更全面、更丰富的信息做出更科学的判断。

而"全要素"则强调将企业内外的所有关键要素——人员、设备、物料、资金、信息、技术等——紧密连接起来。华为利用先进的网络技术和通信技术，打破了信息孤岛，实现了各部门、各团队乃至与外部合作伙伴之间、线上线下资源和要素的无缝协同。这种全要素的连接不仅提高了企业的运营效率，更使得企业能够快速响应市场变化。

"实时反馈"作为这一体系的核心机制，确保了企业在运营过程中能够实时获取各项活动的状态和结果。通过实时反馈，华为能够及时发现潜在问题、调整策略和业务模式，从而保持与市场和客户需求的同步。

在推进数字化的过程中，华为特别注重业务对象、过程和规则的数字化。业务对象的数字化使得每个实体和概念都能在数字世界中找到精确的对应，从而实现了物理世界与数字世界的紧密融合。过程的数字化则确保了企业运营流程的透明化和可量化，使得每一步操作都能被实时监控和分析。而规则的数字化则将企业的决策逻辑和业务规则转换为计算机可执行的代码，大大提高了决策的效率和准确性。

以华为的智能化产线为例，通过 RFID 标签等技术实现业务对象的数字化，每个零件的状态和质检信息都能被实时捕捉；通过传感器和数据分析技术实现过程的数字化，装配过程中的每个细节都能被实时监控和优化；通过规则的数字化，装配程序能够自动匹配零件型号和批次，确保每一步操作都符合质量标准。这样一来，生产线不仅实现了高效、精准的自动化装配，更确保了产品质量的稳定性和可靠性。

此外，在实现数字化的过程中，"信息一致性"和"一点中转"是华为特别强调的两个关键要求。信息一致性确保了数据的准确性和可靠性,避免了因数据不一致而导致的决策失误;而一点中转则实现了数据的集中管理和统一分发,提高了数据处理的效率和准确性。

综上所述,华为在数字化实践中通过构建"全量全要素连接与实时反馈"的体系以及实现业务对象、过程和规则的数字化等手段显著提高了自身的信息优势。

12.3.2 构筑决策优势

决策优势不仅来源于领导者的智慧和经验,更依赖于先进的数据分析技术和工具。华为通过构建智能底座、智能平台和 AI 大模型这三大关键组件,成功地构筑了企业的决策优势。

智能底座作为整个智能化升级的基石,为企业提供了稳定、高性能的计算和存储资源。它确保了生产数据的实时采集、存储和处理,使得企业能够随时掌握生产线的运行状态和物料消耗情况。智能底座的强大功能为企业后续的数据分析和决策提供了坚实的数据基础。

在智能底座的支持下,智能平台对生产数据进行了全面的分析和处理。利用先进的数据分析工具,智能平台能够深入挖掘数据中的隐藏信息和规律,为华为提供有价值的洞察和见解。通过可视化展示,华为决策者能够更加直观地了解生产过程中的瓶颈和问题,为后续的优化和调整提供明确的方向。

AI 大模型则是整个决策优势中的核心组件。它利用海量的历史数据和实时数据进行深度学习和预测,能够准确地预测未来一段时间内的生产需求和资源消耗情况。基于这些预测结果,AI 大模型结合先进的求解优化算法,为华为提供了最优的生产计划和资源调配方案。这些方案不仅考虑了生产成本和效率,还综合考虑了设备维护、人员排班等多个因素,确保了资源的合理利用和排程的全局优化。

在这个过程中,"推动力+拉动力"相互促进的关系体现得淋漓尽致。**信息优势为决策优势提供了强大的推动力**,通过全量全要素连接与实时反馈,华为能够获取全面、准确的数据,为决策提供了丰富的信息来源。而业务对象、过程、规则数字化则进一步改善了信息的质量,提高了信息的准确性和可信度。这些信息优势使得华为能够更加精准地把握市场趋势和客户需求,制定更加科学、合理的决策。

同时,**决策优势对信息优势产生了强大的拉动力**。智能底座、智能平台和 AI 大模型等先进技术和工具的应用,使得华为能够对海量数据进行高效处理和分析,提取有用的特征和规律。这种决策优势不仅提高了企业的决策效率和准确性,还拉动了华为对更多、更高质量的信息的需求。为了满足这种需求,华为需要不断地完善和优化信息收集和处理流程,进一步提高信息的全面性和准确性。这种相互促进的关系形成了一个良性的循环,推动了华为在数字化转型和智能化升级道路上不断前进。

综上所述,华为通过构建智能底座、智能平台和 AI 大模型这三大关键组件,成功地构筑了企业的决策优势。

12.3.3　构筑行动优势

华为在数字化和智能化实践中，始终致力于构建行动优势，以快速响应市场需求，高效执行任务，并在变化中展现出灵活应变的能力。华为深知，企业的行动优势来源于两方面：一是业务流程的高效执行，二是员工工作能力的提升。因此，华为通过整合先进的技术和工具，特别是引入行业智能化参考架构，从"事＋AI"和"人＋AI"两个维度入手，全面提升企业的行动优势。

在"事＋AI"方面，华为利用数字员工技术自动化处理重复性、烦琐或需要专业技能的任务。例如，在客户服务领域，数字员工通过自然语言处理和机器学习技术，能够自动化地处理客户咨询、投诉和建议，提供全天候的客户服务。在市场营销领域，数字员工则利用大数据分析和机器学习算法，精准地识别目标客户群体，制定个性化的营销策略。这些数字员工的引入，极大地提高了华为的业务处理效率和质量。

在"人＋AI"方面，华为则通过提供智能助手工具来提升员工的工作效率和创造力。这些智能助手能够协助员工处理日常任务、管理时间和信息、提供决策支持等。例如，智能助手可以帮助员工规划和管理时间，自动筛选和整理邮件和文档信息，以及提供个性化的决策建议。这些功能使得华为员工能够更加高效地完成工作并提升个人能力。

值得一提的是，随着大模型技术的崛起和发展，华为在"事＋AI"和"人＋AI"方面的应用也得到了进一步的提升。大模型技术为数字员工和智能助手提供了更加强大、全面和人性化的智能支持。例如，深度理解与生成能力、上下文感知、多模态交互、情感与情绪理解等功能使得人机交互变得更加自然和高效；而知识增强与创新、自适应学习等功能则进一步激发了华为员工的创新思维，提升了工作效率。

综上所述，华为通过整合先进的技术和工具特别是大模型技术并从"事＋AI"和"人＋AI"两个维度入手成功地构建了企业的行动优势。

第 13 章

汽车制造行业

汽车行业被誉为"现代工业皇冠上的明珠",是现代工业技术集大成者,也是公认的最能体现国家制造实力的重要标志之一。当前,汽车行业正在经历一场从传统汽车制造向智能化、电动化、网联化、共享化转型的重大变革,这在给新进入者带来绝佳机遇的同时,也对传统制造商形成了巨大挑战。

中国不仅是世界上最大的汽车市场,也是全球最大的汽车生产国之一。近年来,中国汽车产业发展按下"加速键",尤其是比亚迪、长安、吉利、长城等中国自主品牌汽车制造商抓住汽车转型升级的机遇,通过技术创新实现了"换道超车"。乘用车市场信息联席会最新数据显示,2023 年自主品牌汽车在国内市场占比突破 52%,新能源和出口表现亮眼,成为增长新引擎。

13.1 汽车制造行业洞察

13.1.1 汽车行业概况

得益于系列政策支持和电动化、智能化新赛道的开辟,我国的汽车产业在整车制造、智能网联、动力电池材料和新技术应用等多领域实现创新发展,产业生态也日益丰富,推动"中国制造"向"中国智造"迈进。

新能源汽车成为变革方向。越来越多的汽车制造商投入电动汽车的研发和生产中,以满足市场对清洁能源汽车的需求。根据壳牌公司的研究预测,电力、氢能源将从 2030 年前后开始逐步"接管"汽车能源市场,2040 年、2060 年使用量将分别占 20% 和 60% 以上,2070 年乘用车市场将全面摆脱对化石燃料的依赖,电动汽车将得到普及。中国的《节能与新能源汽车技术路线图》提出了到 2035 年新能源汽车和智能汽车占新车销量的比例应显著提高的目标,同时内燃机汽车的能效将大幅提升。政府还通过提供购车补贴、建设充电基础设施、实施车牌限制等措施,鼓励消费者购买 EVs(Electric Vehicles,电动汽车)、PHEVs(Plugin Hybrid Electric Vehicle,插电式混合动力汽车)和 FCEVs(Fuel Cell Electric Vehicles,燃料电池汽车)。

智能网联汽车快速发展。电动汽车相对于传统燃油车更适合推广智能化应用,因为其本身具备更多的智能化技术集成条件和基础设施支持。一辆电动汽车中会有数十甚至上百种不同的电子车载设备,而这些电子设备更容易集成各种智能化网络化技术。例如,智能驾驶、自动泊车、语音识别等功能正在成为汽车的标配,汽车逐步由传统代步机械工具向新一代具备感知和决策能力的智能终端转变。《智能网联汽车技术路线图 2.0》提出，到 2025 年，中国 PA 级（Partial Automation，部分自动驾驶）、CA 级（Conditional Automation，有条件自动驾驶）智能网联汽车销量占汽车总销量超过 50%，C-V2X（Cellular Vehicle-to-Everything，蜂窝车联网）终端新车装配率达 50%；HA 级（Highly Automated，高度自动驾驶）汽车实现限定区域和特定场景商业化应用。2030 年，PA、CA 级占比 70%，HA 级占比超过 20%；C-V2X 终端新车装配基本普及。2035 年，各类网联高度自动驾驶车辆广泛运行于中国广大地区。这也将车企推向了研发、生产、营销等多领域快速发展的新时代。

产业链向中高端迈进。汽车制造业产业链上游主要为原材料和零部件生产，原材料部分包括钢铁、橡胶、有色金属、塑料等，零部件包括动力系统、电子电气系统、地盘、车身附件及内外饰等。产业链中游为整车制造，可分为乘用车和商用车两类。产业链下游为汽车销售与后市场，业务包含新车销售、金融保险、售后和二手车等。当前，随着汽车电动化、智能化发展，车用芯片、激光雷达、车载系统和软件等智能软硬件逐渐成为产业链的重要一环，环境数据、汽车运行数据和用户数据商业价值凸显，推动产业链价值链向高端化迈进。

行业数字化智能化水平不断提高。根据华为对工业细分行业的数字化发展水平的评价，汽车行业整体数字化水平位居第二，仅次于半导体。从发展历程看，汽车行业率先完成了自动化的改造，拥有高度自动化的生产线，其智能制造水平一直走在各行业前列，人工智能、数字孪生等技术的发展更是将汽车工业整个体系推向智能化。例如，在设计领域，企业普遍利用虚拟仿真技术来模拟汽车性能、结构和制造过程，减少实物原型测试，节省成本和时间。在生产领域，机器人和自动化设备的应用非常广泛，扮演着装配工、操作工、焊接工、喷涂工等各种角色。据国际机器人协会统计，2021 年全球汽车行业机器人装机量达到 11.9 万台，仅次于电子行业，其中 6.2 万台安装在中国，占比达 52.1%。在供应链协同领域，应用物联网、边缘计算、大数据、云平台、微服务组件等技术，以多系统集成协同的方式打通整车厂、供应商和经销商之间的数据流，建立实时、透明、共享的协同制造网络。在服务领域，企业打造主动式客户服务，基于人工智能和孪生模型，分析学习运行状态和用户习惯，变革人机交互模式，将汽车建设成为第三生活空间。

汽车行业正在经历一场全新的智能化绿色化变革浪潮，如何在新时代形成差异化的竞争力，在残酷的市场中胜出，成为摆在汽车制造业面前的普遍挑战和难题，尤其是造车新势力和具有互联网背景的公司入局，更是加剧了汽车行业的竞争，由此进入一个汽车行业的"战国时代"。

13.1.2　研发领域：软件定义汽车成为共识

未来一辆汽车的智能化网联化水平，很大程度上将由车上所搭载的软件来决定，由此业内出现了"软件定义汽车"的声音和共识。软件已成为现代车辆差异化竞争的核心，智能网联业务比重不断加大。普华永道早在《2020 数字化汽车报告》中就提出，到 2030 年软件在汽车消费者感知价值中的占比将达到 60%，新型用车模式的发展将推动这一比例的进一步提升。其次，受到互联汽车、无人驾驶、智能出行和电气化趋势的影响，汽车软件数量增长将超过 300%。

　　一方面,在软件定义汽车的大背景下,造车的壁垒由从前的上万个零部件拼合集成能力演变成将上亿行代码组合运行的能力。车企为了适应这种变化,纷纷成立专门的软件子公司,或与其他企业合资,或在已有体系架构下成立单独的研发部门,加大车辆软件部分的技术研发,搭建适合自身业务流程和特点的研发一站式工作台,以软件敏捷开发和效能提升的新研发模式提升整个研发的效能和管理水平。同时,车辆网联化对汽车安全风险管理也提出了更高的要求,需要从概念设计、实现和验证阶段就开始考虑。其中值得注意的变化是,众多车企对 ASPICE(Automotive Software Process Improvement and Capacity Determination,汽车软件过程改进及能力评定)愈发关注,研发的数字化和智能化变革成为迫切需求。

　　另一方面,以数字孪生技术为代表的智能化研发在车企愈发普及,包括在虚拟环境中设计、测试和优化车辆组件以及整车性能、仿真测试等应用。通过数字孪生创建精确的虚拟模型,使得车企能够在不同阶段对产品进行更加深入的分析和优化。因此,车辆研发作为整个价值流的前端,其智能化水平直接关系到生产、销售、运营端的质量与效能提升。

13.1.3　生产领域：智慧工厂的建设成为主流

　　智慧工厂在众多行业领域取得了明显的进展,众多车企也纷纷加入了智慧工厂的建设和传统工厂的转型升级中。如在汽车的冲压、焊装、涂装、总装、动力总成等生产车间,产线的设备基于 IIOT 工业物联网平台实现互联互通,为 MES、WMS、LMS 等应用提供统一的物联数据输入;在生产智能调度和排产、智能仓储及物流等环节,通过调度和物流等算法优化进一步提升生产和物流环节的效率;在生产经营管理领域,通过大数据智能预测与质量拦截使端到端的质量追溯和质量预警变成了可能。

　　华为依托自身在生产智能化上的丰富实践,与最新的 ICT 技术和应用结合总结出汽车智慧工厂的九大特征,如图 13-1 所示。

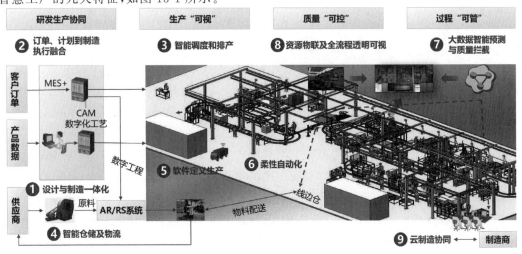

图 13-1　汽车智慧工厂的典型特征

　　汽车智慧工厂具有设计与制造的一体化、智能调度与排产、物联及全流程透明可视、大数据智能预测与质量拦截等典型特征。以设计与制造一体化为例，它是将产品设计和制造工艺相互整合，以实现产品开发和制造过程的协同和高效。例如，面对新能源车上市周期从36个月压缩到18个月甚至更短时间的趋势，设计制造一体化可以在设计阶段就考虑制造过程，可以提前识别潜在的生产瓶颈和制造难度，从而减少后续修改和重新设计的需求，加快产品从概念到市场的过程，从而提高产品开发的效率和质量。而资源物联及全流程透明可视则解决了传统汽车工厂在生产管理中经常面临的"黑盒"问题，在这种情况下，车辆进入产线只清楚入端和出端的信息，无法实时掌握现场生产的详细信息、故障、进展等信息。而通过物联网技术和信息化手段，各种设备、机器、仪器和传感器等资源通过物联网技术连接到平台上，实现生产过程中各种资源的联网和监控，它们之间的数据共享和互联互通，整个生产过程中的各个环节的数据和信息实现透明化和可视化管理。管理者可以随时了解生产过程的运行状态和数据指标，从而及时做出调整和决策。驱动车企以订单驱动后端的生产制造和发运，改变过去批量生产的固有模式，更加灵活地适应市场前端的需求。

　　智慧工厂的建设打通了智能制造的工程数据流、生产工艺流和商业信息流，可以实现信息的实时共享和流程的协同，从而提高生产效率和质量。而要实现智慧工厂的建设，就必须打破原有的只考虑自身系统和应用的烟囱式工厂建设模式，搭建平台化和微服务的开放工业互联网架构，并将智能制造的应用构建在统一的数据平台和应用平台架构之上，使应用系统更加敏捷，能够更快地响应业务需求和市场变化。另外，车企普遍面临经验的沉淀问题，生产的工艺数据、宝贵的生产经验往往掌握在少数几个"老师傅"的脑子中，通过平台化的数据能力沉淀和挖掘，能够快速适配市场和生产的需求，同时也可以沉淀自身的经验和能力，更好地共享和利用知识资源，提高决策效率和准确性。

13.1.4　服务与体验：智能驾驶和智能座舱将成为标配

　　在从自动化向智能化演进的过程中，随着人工智能技术在汽车驾驶领域应用的进一步成熟，汽车驾驶变得更加安全、便捷、舒适和高效，为驾驶员提供更好的驾驶服务和体验。这种智能化的服务与体验主要基于智能驾驶和智能座舱技术。

　　智能驾驶包括驾驶辅助、智能导航、车辆网、智能座舱等内容，通过传感器、摄像头和雷达等设备，对车辆周围环境进行实时监测和识别，帮助驾驶员进行安全驾驶和减少驾驶疲劳。智能座舱是采用语音识别、手势识别、触摸屏等技术，使驾驶员与车辆之间的交互更加智能化和便捷，减少驾驶员的分心行为。同时可以通过车载传感器和摄像头，对驾驶员的驾驶行为进行实时监测和分析，提供驾驶行为评估和安全提醒，帮助驾驶员养成良好的驾驶习惯。例如，问界M9、小鹏G9、蔚来ET7、理想L9等智能座舱产品通过引入车机大屏、多屏联动、车机互联等技术，为用户提供智能化、沉浸式车机交互体验。华为、百度、阿里巴巴、腾讯、科大讯飞等纷纷推出语言大模型，并在问界、智己、吉利等车辆量产应用，为用户提供更自然的对话体验、生成式的交互界面和更个性化的出行服务建议。

为了满足市场对自动驾驶的需求,多家车企对于自动驾驶提供了明确的路标规划,如表 13-1 所示。

表 13-1　车企自动驾驶方案规划

车　企	智驾系统名称	2023 年 H2	2024 年	2025 年
小鹏汽车	XNGP	至 11 月底,就将城市 XNGP 扩展到 25 城,并在 12 月底扩展到 50 城	XNGP 覆盖全国主要路网城市,2024 年年底 NGP 覆盖欧洲市场	全面自动驾驶＋无人驾驶
特斯拉	FSD	年底前实现 FSD V12 版本	实现 L5 级别自动驾驶	
蔚来	NOP＋	2023 年第四季度,将累计开通城区领航路线里程 6 万千米	Q1 累计开通城区领航路线里程 20 万千米,Q4 将累计开通城区领航里程 40 万千米	
理想	NOA	开始推送城市 NOA 内测,至 11 月将 NOA 布局的范围扩大至 50 城,到年底覆盖 100 城		
奇瑞	雄狮智驾	实现基础 ADAS 产品出海	实现行泊一体出海	实现 L2＋级别的 NOA 出海
上汽智己	IM AD	9 月去高精地图 NOA 开启公测	通勤模式覆盖 100 城	全场景通勤落地
极氪	NZP	将 NZP 扩展到 20 城,并且同步开启 20 个城市的 NZP 公测	自研 AP 芯片,规划 2024 年下半年流片	实现 L4 级自动驾驶商业化,完全掌握 L5 级别自动驾驶
比亚迪	天神之眼	Q4 推送高速 NOA	Q1 交付城市 NOA	

随着智能网联汽车在道路上行驶的数量和里程的增加,智能驾驶技术进入人工智能和大数据驱动的发展阶段,数据量激增,算法不断进步,智能应用日益丰富。而汽车产业对 AI 算力的需求也暴涨,各大车企围绕着算力的建设展开了"军备竞赛"。为了在智能化的下半场竞争中不落后,车企纷纷加大了 AI 智算中心的建设。车企 AI 智算中心的建设可以从以下几方面进行。

数据驱动与人工智能技术的引入:随着智能网联汽车的发展,车企 AI 智算中心将更加注重数据驱动和人工智能技术的应用。在自动驾驶的业务闭环中,车企需要海量的数据来进行数据标注、大模型训练、仿真测试等工作,以提升自动驾驶技术的精确性。这也包括对车辆传感器数据、车载摄像头数据、地图数据等进行深度学习、机器学习等技术的应用,以提升自动驾驶、智能交通管理等方面的能力。可见,从海量数据中挖掘价值场景并进行算法优化,将对自动驾驶技术商用落地起到巨大的推动作用。

对安全和可靠性的重视:随着智能网联汽车的推进,车企 AI 智算中心将更加重视车辆安全和可靠性。这包括对自动驾驶系统的安全性能进行持续改进、对车辆网络安全的保护、对数据隐私的保护等方面。

生态系统的建设：车企 AI 智算中心将积极构建智能网联汽车产业生态系统，包括与车载通信技术提供商、地图数据提供商、智能交通基础设施建设商等的合作，以构建完整的产业链生态系统，推动整个产业的发展。

随着市场和技术的双轮驱动，智能化的技术与应用将在汽车行业发挥越来越重要的作用，既有利于提高产品的竞争力，满足消费者对智能化汽车的需求，同时也推动了汽车产业的创新和发展。随着技术的不断进步，车企在智能化方面的转型将会取得更多的成果和商业价值。

13.2　长安汽车天枢基地智慧工厂案例

13.2.1　案例概述

长安汽车是中国汽车四大集团阵营企业，拥有 161 年历史底蕴、39 年造车积累，全球有 12 个制造基地、22 个工厂。作为中国汽车品牌的典型代表之一，长安汽车旗下包括长安启源、深蓝、阿维塔、长安引力、长安凯程、长安福特、长安马自达、江铃等品牌。截至 2023 年 10 月，长安系中国品牌汽车销量已累计突破 2532.7 万辆。

近几年，长安新能源车销量快速增长，为顺应新能源乘用车市场快速发展趋势，加速向智能低碳出行科技公司转型，长安拟在重庆市渝北区投资建设新能源汽车生产工厂，总投资 62.91 亿元，旨在以"智能、效率、低碳"为目标，将新工厂打造成为具有规模优势、定制化能力的新能源汽车标杆工厂，为长安汽车各工厂改造升级提供典范和模板。整体工程主要包括以下内容，如图 13-2 所示。

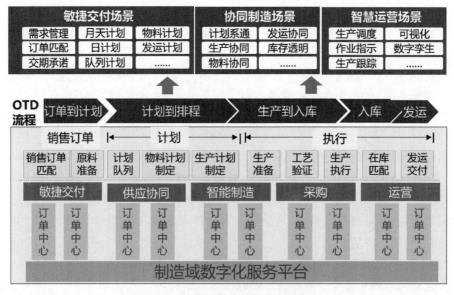

图 13-2　C2M 驱动下的智能制造场景

新建 5 个车间：冲压（包含压铸工艺）车间、焊装车间、涂装车间、总装车间、电池车间，对六大工艺的现场工业设备进行数据采集。

满足三大类场景应用：敏捷交付场景（订单及计划）、协同制造场景（供应、制造及物流协同）、智慧运营场景（质量、交付、成本、环境、安全、人员和维护七大模块应用）。

实现多系统对接：与集团系统如 ERP、SRM、BOM、PDM、VDS、AP 等进行对接。

长安汽车天枢基地智慧工厂预计 2024 年项目建成，生产节拍规划 60JPH，日产 1200 辆左右，建成后可形成年产 28 万辆的新能源汽车综合产能。该工厂的 IT 基础设施和上层应用建设与华为公司深度合作，华为发挥在制造领域沉淀的理论和实践经验，一方面，为长安建设开放、敏捷的生产数字平台底座；另一方面，联合生态合作伙伴基于开放平台构建上层应用，遵从统一的数据治理标准，满足未来新能源工厂柔性制造的需求。

13.2.2　解决方案和价值

长安汽车天枢基地智慧工厂建设的核心诉求是具备 C2M（Consumer to Manufacturer）的柔性制造能力。

传统工厂的生产模式通常采用按固定批次生产的模式，车型的配置最多为上百种，而在 C2M 的驱动下，汽车制造商需要提供多种定制选项来满足不同消费者的需求。这些配置可以包括不同的发动机选项、内饰材料、外观颜色、技术配备、安全特性等。一款车型可能会有上万种不同的配置。在 C2M 模式下，汽车制造商可以利用大数据和客户反馈来优化车型配置的供给，减少不受欢迎配置的生产，同时增加更受市场欢迎的配置选项。这种方式有助于提高生产效率，减少库存压力，同时确保消费者能够获得他们真正想要的产品。然而，配置的多样性虽然能够提供给消费者更多的选择，也会给制造商带来更大的挑战，包括生产管理的复杂性、库存控制的难度、IT 系统应对市场变化的灵活性以及建设成本的增加。因此，汽车制造商通常需要在提供定制化选择和保持生产效率之间找到平衡。

需要强调的是，要实现 C2M 的柔性制造方式，智慧工厂的建设必须应对传统工厂中应用系统孤立建设所带来的数据标准不统一、数据断点多等挑战，这往往导致各系统协同不畅，各自为战，无法灵活和按需配置设备、资源以适应市场快速变化。

为了解决以上难题，长安汽车天枢基地智慧工厂的建设方案采用统一的云底座，参考 TOGAF（The Open Group Architecture Framework，开放组织架构框架）企业架构框架方法，建设了统一的工业物联和工业主数据等数字平台，并采用统一工具链进行智能化应用的开发、数据治理和集成等工作，梳理并沉淀数据资产打通数据断点，建设工厂生产微服务 APP，实现全流程数据和业务贯通，整体方案架构图如图 13-3 所示。解决方案在制造大数据的深入挖掘和应用、微服务化的应用开发、智能化的探索方面都具有可圈可点的亮点，为车企打造智慧工厂也提供了实践经验。

1. 解决数据孤岛问题，实现数据在不同系统、部门或组织间的流通和共享

以往的工厂应用系统基本是独立和分阶段建设，导致数据被隔离存储在不同的系统中，无法互相访问或整合。以最常见的 VIN（Vehicle Identification Number，车辆识别码）为例，如果不同的制造执行系统（MES）、仓库管理系统（WMS）和质量管理系统（QMS）供应商

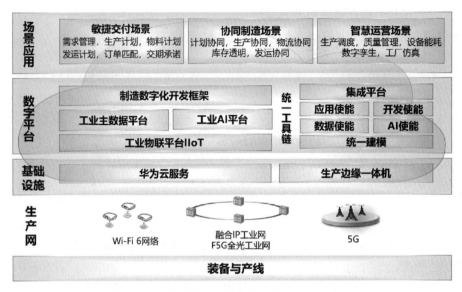

图 13-3 长安汽车天枢基地智慧工厂方案架构图

对车辆识别号(VIN)的定义存在差异,可能会导致数据不一致性、追溯性和可追踪性降低、生产效率下降、库存管理困难等诸多问题。

为了避免这些问题,工厂需要完善数据的标准和治理流程,建立涵盖数据的采、治、管、存、用各环节的数据标准,通过业务定义数据自动流动的准则,将正确的数据在正确的时间以正确的方式传递给正确的人和机器。同时,通过建设统一的数据湖、数据仓以及数据治理平台,有效支撑业务资产和数据资产的集中管理和沉淀。本项目梳理了工厂制造域的数据资产目录(L1~L5),仅 L4 逻辑实体超 3000 项,通过数据门户将这些数据进行统一呈现,实现全员按需可视,能够形成企业内部的数据市场,帮助企业并以数据为纽带打通业务,建立具备快速编排、组合服务的能力。在此基础上,通过数据湖对接集团的 ERP、PDM 等系统,帮助不同系统之间有效地共享和同步数据,集团的制造大数据价值将得到最大限度的发挥。

以质量预警和质量问题追溯为例,利用质量管理系统对从供应商到供应链、从制造到售后的全域质量大数据进行分析,通过数据平台的数据集成,帮助企业形成产品全生命周期的质量追踪能力,有效改变了原来的产线数据小批量质量门系统,降低了超过 30% 的质量缺陷,质量问题追溯的时间从 5 人天缩短到 1h。以透明可视的生产管控为例,这需要实时获取每个工位设备和人员的生产进度以及在产的批次计划,通过一套数据平台对所有数据进行唯一的 ID 关联打通,在保证生产高效运营的同时,缩短了计划外的停机时间,降低能耗 12%。对设备运行数据的分析为预测性维护提供了有效的支撑,促使综合设备利用率提升 30%。总的来看,基于大数据开展的全面质量管理、智能排程及调度、设备故障预测等应用,促进了业务流程改善,进而提高了实际运营效率。

2. 制造微服务的应用重构和敏捷开发,提高其 IT 系统的灵活性和响应性

在 C2M 模式下,需求可能会有很大的波动和多样化。微服务架构可以灵活地扩展特定服务以应对需求峰值,而无须扩展整个应用程序,帮助新功能的快速迭代和部署。这对于快速响应顾客个性化需求至关重要。

在微服务的架构开发过程中,项目组通过工具链中应用使能和数据使能模块,梳理和沉淀了近百个业务对象,基于业务对象整理形成制造域的数据资产目录,指导应用厂商基于标准业务对象做应用的灵活定制和开发,大大加速新工厂业务上线的进程。每个微服务可以独立地进行性能优化和资源分配,使得 C2M 平台能够更有效地使用资源,降低成本。允许多个开发团队独立工作,减少了协调成本,加快了开发速度。

通过对部分跨领域业务应用进行微服务解耦,得到原子的可共享的微服务,共性的能力可以复用,只需要根据单工厂业务不同构建不同 APP 应用即可。进一步支撑客户个性化选车的生产过程透明,打造真正的服务型制造。

为了满足持续集成和持续部署(CI/CD)的要求,加快从需求到生产的转换速度,长安汽车天枢基地智慧工厂项目组进一步规范应用系统的开发流程,为开发商提供了从需求到编码、测试直至发布的一站式研发工具,引入敏捷研发、持续集成、持续交付、DevOps 等先进理念,助力十几个应用快速创新迭代和研发效能的升级。

长安汽车天枢基地智慧工厂按照微服务和敏捷开发的理念,构建适用于智能制造工厂的交付、制造、运营场景化应用,在这些场景中产生的订单、生产和物流的实时数据为实现精准的高效排产提供了可能,帮助企业根据工厂"人机料法环"数据进行实时排产排程,计划准确度提升 23%,推动了产销协同,缩短了 10% 的交付周期。

3. 物流仿真和计划仿真等数字孪生的智能化应用进一步深化

得益于平台提供的丰富数据的支撑,结合机器学习和人工智能技术,工厂在探索物流仿真和计划仿真等智能化应用方面也进行了一系列的实践,在优化供应链、提高效率以及减少成本方面发挥了关键作用,为生产提供更准确的预测和更智能的决策支持。通过工业 AI 使能平台,工厂能够在虚拟环境中模拟和分析复杂的物流和计划过程,从而在实际执行之前预测可能出现的问题并制定相应的策略。例如,帮助长安汽车预测市场需求、运输延迟和供应链中断等情况,以便提前做好准备和调整计划;另外,物流仿真可以用于优化运输路线,通过模拟不同的运输方案来找到成本最低和效率最高的路线。随着技术的发展,物流仿真和计划仿真的智能化应用将变得更加高级和集成,为企业提供更全面的决策支持和运营优化工具。

下一步,在仓库的模拟操作、资源分配、风险管理以及成本控制等方面,智能平台将进一步运用集成仿真技术和实时数据分析的能力,帮助长安汽车在实际运营中快速响应变化,实时调整计划和操作,精确地预测成本,进一步提升计划和运营的智能化水平。

长安汽车天枢基地工厂以"C2M、柔性、JIT、平准化"为发展策略,通过建设智慧工厂实现了制造运营过程中的透明、稳定,有效支撑了敏捷交付、协同制造和智慧运营的场景,落实了长安汽车提出的"新汽车、新生态"战略。作为中国汽车工业的重要代表之一,长安汽车天枢基地智慧工厂的建设理念和发展实践也有助于推动中国汽车产业的发展,提升国内汽车制造业的整体竞争力。

13.3 一汽解放大模型案例

13.3.1 方案概述

一汽解放是以原第一汽车制造厂主体专业厂为基础组建的中重型载重车制造企业。1956年，第一辆解放卡车在这里驶下装配线；2022年，一汽解放实现整车销售17万辆。其中，中重卡14万辆，终端份额25.7%，持续保持行业第一，牵引车销量连续17年行业绝对领先。"解放"品牌价值提升至1077.82亿元，连续11年领跑中国商用车卡车品牌。一汽解放的辉煌从共和国诞生之初延伸至今，堪称真正的老牌巨头。

在当前汽车快步走向"新四化（电动化、网联化、智能化、共享化）"的趋势下，一汽解放踊跃投身于智能化变革的浪潮之中，与华为公司的AI团队密切合作，利用AI大模型解决客服、自动驾驶数据标注、研发设计等痛点和问题。

例如，在客服层面，一汽解放智能客服的重点服务对象为C端用户。智能客服外呼业务完成率超过70%，应用效果良好。但在呼入业务方面，日均来电量约2500通，智能客服仅能有效处理其中100通左右简单的问答场景，剩余的92%来电仍需人工服务。在自动驾驶标注层面，当前标注依赖第三方单位人工标注，成本高、效率低且不具备评价标注结果的统一准则。在汽车研发设计层面，设计人员的设计灵感往往受限于生活经验、知识储备、情感状态、文化背景及对周围环境的感知和理解等多种因素，同时缺乏灵感输入，导致设计灵感受限。而现有设计方式耗时较长，制约产品迭代周期。

13.3.2 解决方案和价值

在AI大模型技术创新领域，一汽解放与华为联手，基于华为云盘古大模型，开展了多个场景的验证测试，充分展示华为云盘古大模型技术在汽车行业的巨大潜力和价值，为一汽解放提升工作质量和效率提供了强大的支持，如图13-4所示。一汽解放专属大模型在客服助手、数据标注、造型辅助设计三个方面为一汽解放带来了新价值。

1. 提高智能客服服务效率

此前客户电话呼入通过传统人工点对点方式进行，因客户问题描述和表达千奇百怪加上客服能力参差不齐，客户问题难以得到解决和闭环。通过调用华为云NLP大模型能力，经过三轮的全流程调优&评测、Prompt构建再到盘古大模型for一汽解放L1，能够自动生成正确答案并反馈给客户，完成呼入时人工客服智能化替代，缩短单次通话时长，提升服务效率80%，降低维护成本，客户服务体验得到提升，优化品牌感观。

2. 降低数据标注成本

商用车尤其是物流车辆，在高速公路和干线物流中行驶时间长，自动驾驶技术能够提高行驶效率，减少因疲劳驾驶而造成的风险，提升整体运输效率。因此，商用车在自动驾驶技术应用方面的价值和意义毋庸置疑。一汽解放的自动驾驶布局在主流场景中都有产品落地

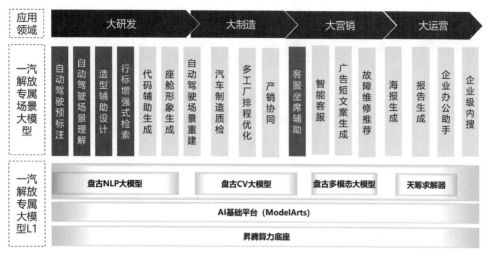

图 13-4　一汽解放专属大模型整体架构

运营,未来在自动驾驶方面也会持续投入。在低速限定区域场景中,如环卫、港口、口岸等场景均有 L4 级产品投放运营;在高速场景中,如干线物流场景也已实现 L2+产品投放。

　　而自动驾驶核心能力的构建需要以数据为核心,这意味着数据预标注是数据处理重要的一环,有统计表明,数据标注的工作量在机器学习中占比 80%。但是目前来看,数据标注专业程度参差不齐、返工现象严重。

　　一汽解放通过引入华为预标注大模型,首先,对 15 种(消防栓、柱子、车辆、行人、交通警示物、车道线、限位块、车位线、地锁、可行驶区域、减速带、地面标识、其他车辆、骑行者、路沿)场景目标进行自动检测+语义分割,将车端的感知数据,如视频、图片以及点云等非结构化数据推送到对象存储;其次,通过场景理解大模型进行场景识别,并打上对应的场景标签,生成待标注数据集,在预标注大模型中进行自动化预标注;最后,将标注好的数据存放在对象存储并推送至第三方标注公司进行审核,审核结果可以作为预标注大模型调优依据,有效提升了预标注大模型自动化标注的准确性和覆盖面,并且可以持续迭代升级预标注能力,让大模型标注能力更加贴合用户业务需求,大幅降低人工标注成本,并弱化对第三方标注能力的依赖。

3. 缩短设计周期

　　车企在造型设计草图的构思、多套风格方向效果图的设计、聚焦效果图的设计、定型效果图的设计等环节,往往会花费长达数月乃至上年的时间。基于华为大模型能力,通过纯文字生成汽车内外饰草图、效果图,加上特定关键词,支持更多类型和场景化的效果图生成,例如,线稿图+未来、零部件(扬声器)+现代、零部件(方向盘)+现代等。一方面,给商用车造型设计带来无限创意与可能,有利于设计师持续发现新造型元素、探索更多未来概念等,有效提升车辆造型的设计和创意效率;另一方面,可以帮助设计师快速筛选、比对、优化设计方案,减少无效设计。实践证明,通过一汽解放专属造型辅助设计大模型可以把设计周期从 11 个月缩减到数周,大幅加快产品迭代进度,有利于抢占市场先机。

大模型的出现在很大程度上加速了汽车智能化的进程，正在重构汽车行业的全业务流。NLP 大模型、CV 大模型、多模态大模型在汽车行业的广泛应用，对促进研发生产、营销销售、自动驾驶、车辆运营、售后等业务环节降本增效发挥着越来越重要的作用，也进一步加速了车企智能化的商业落地。

如果将大模型视为智慧大脑，它能够理解并识别内部和外部用户的意图，通过访问企业现有的数据、工具和 IT 系统，满足内外部用户的需求，帮助扩展企业的能力边界，提升用户体验。未来一汽解放将基于华为云盘古大模型构建"解放智慧大脑"，全面落地多场景的智能化应用，打造员工贴身智能工作助手，为用户提供从选车到换车的一站式服务，赋能研发、生产、供应、销售、服务全业务场景，如图 13-5 所示。

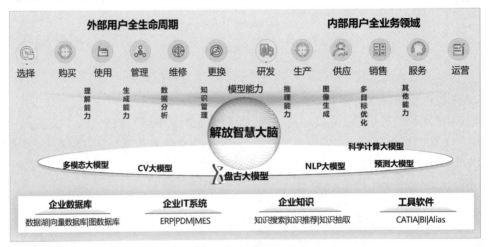

图 13-5　大模型助力一汽解放实现数字化转型升级

在大模型的生态体系建设方面，一汽解决将与华为公司联合打造行业人工智能解决方案，加快知识沉淀。一方面，通过建立商用车行业大模型，赋能场景业务流设计、数据构建、prompt 工程等能力，联合科研机构、高校、三产公司等产业链上下游企业共同提升 L2 场景化能力，构建大模型生态体系。另一方面，依托华为云盘古大模型，积极创新业务模式和营利模式，落地智能应用，赋能整个行业的智能化升级。

13.4　某车企自动驾驶研发平台案例

近年来，中国汽车自动驾驶市场持续增长。据 IDC 统计，2022 年中国市场搭载 L2 级自动驾驶技术的乘用车辆达到 26%，超过了 1/4。中国汽车工业协会预计 2026 年 L2/L3 渗透率将达到 60%，如图 13-6 所示。

自动驾驶市场的快速增长给车企研发提出更高的要求。自动驾驶研发平台是一个集成了各种软硬件工具和资源的平台，用于帮助开发和研究人员设计、测试和部署自动驾驶技术。这类平台通常包括传感器模拟器、仿真环境、数据集管理工具、深度学习框架、算法库和

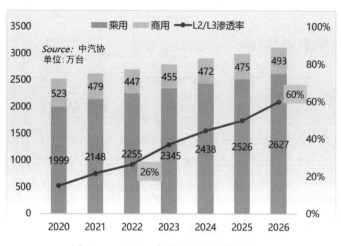

图 13-6　L2/L3 自动驾驶汽车快速增长

硬件开发套件等工具和资源,旨在帮助开发人员快速迭代和优化自动驾驶系统。通过自动驾驶研发平台,开发人员可以快速搭建和测试自动驾驶系统的各个模块,加速自动驾驶技术的研发和部署进程。同时,这些平台也为研究人员提供了丰富的工具和资源,帮助他们进行自动驾驶技术的前沿研究。

13.4.1　案例概述

某车企积极推进自动驾驶的研发进程。然而,随着自动驾驶研发的推进,从开发到商用衍生出诸多挑战和需求。在数据闭环迭代层面,海量数据的存储、处理、计算、分析等对基础设施要求极高;隐私和数据要求合规严格;安全与可靠性要求高,运维和管理日益复杂;在仿真场景方面,传感器还原真实场景难、场景库少,缺乏特殊场景。

当前该企业已有多辆 L3、L4 改装车进行路采数据及测试,数据量日益积累,但是对于如何从海量数据中挖掘价值数据,仍然缺乏有效的解决方案。同时,对自动驾驶的测试还是以实车测试为主,测试效率有待提升,测试成本较高,且针对 L3、L4 的驾驶场景覆盖率严重不足。部分仿真软件、HiL 仿真设备仅能服务于部分开发阶段的调试,不能满足 L3、L4 大规模并行云仿真测试的需求。尤其是面向自主高等级自动驾驶的仿真,需构建真实城市交通仿真测试方案,满足自动驾驶算法在大规模真实交通流中仿真测试的需求。因此,急需引入自动驾驶仿真的技术,构建大规模仿真测试的解决方案。

13.4.2　解决方案和价值

为了满足自动驾驶研发平台的建设以及智驾虚拟仿真测试系统建设的诉求,该企业基于统一云底座,引入华为自动驾驶解决方案中八爪鱼自动驾驶开发平台能力,适配部署云仿真系统。华为自动驾驶解决方案架构图如图 13-7 所示。

华为自动驾驶全场景解决方案涵盖了自动驾驶技术从基础设施、研发平台到业务应用

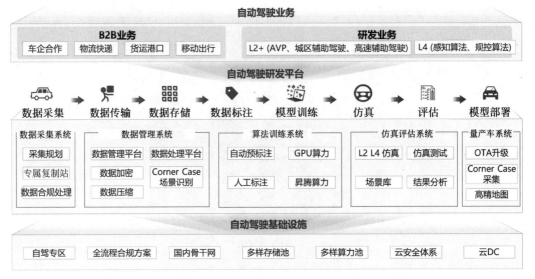

图 13-7　华为自动驾驶解决方案架构图

的全栈,形成了一个完整的生态系统。解决方案通过云数据中心、多样算力池和多样存储池等基础设施,可以灵活地调度和配置资源,满足不同场景和需求。在数据采集、传输、存储和模型训练等环节,解决方案遵循统一的数据标准和格式,提高了数据的可操作性和算法的可移植性。模型训练后,通过仿真测试和评估,可以持续地优化算法和模型,提高自动驾驶系统的性能和安全性。

通过自动驾驶研发平台的部署和应用,帮助该车企实现了以下功能。

(1) 支持利用路采数据、交通流仿真挖掘场景,遵从 OpenX 系列标准,快速构建大规模、高质量仿真场景库。八爪鱼平台内置场景挖掘算法,可自动提取符合内置场景行为的片段,展示在场景挖掘模块中。用户可将其生成单个仿真场景片段,为后续仿真开发做准备。

(2) 八爪鱼平台开发适配传感器参数,能够部署和运行多种车辆动力学模型,支持大规模并发仿真场景并行,加速测试,实现"日行千万千米"。自动化测试与优化分析,使用亲和、反亲和、FIFO、capacity 等多种调度策略,最大化资源利用和运行效率,提供具体的量化指标和宏观的仿真报告。CICD 整合的云仿真环境,加速了自动驾驶算法迭代闭环。

(3) 开放的仿真评测体系,支持算法自定义评测镜像。对接国际主流测试计划 Pegasus 和 Adaptive,并进行完善;提供从感知、决策到控制全流程的详细评测结果;结合场景测试方法,实现特定功能场景差异化评价;此外,还构建了 130 多项原子指标来评价驾驶安全、智能性、驾驶体验等单车智能。

(4) 打造本地高逼真渲染环境。构建基于大规模交通流的城市数字孪生仿真平台和区域 HDMap,进行真实交通数据抽取和交通流重建,利用 SUMO 和八爪鱼进行联合仿真,从单车智能到 Multi-Agent 系统,助力现实交通场景在虚拟数字世界中重现。

华为八爪鱼自动驾驶开发平台服务于该企业的智驾互联生态系统,是目前该车企智驾云战略项目中最重要的组成部分,将是集团自动驾驶算法开发和迭代的载体。而未来通过OTA 的迭代升级,将实现车与车的互联、车与智能基础设施的互联,更好地促进车与人的融合,让车更智能,更懂人,满足消费者对汽车产品和出行方式日新月异的需求。

13.5 小结与行业展望

汽车产业在制造业中扮演着举足轻重的角色,是衡量一个国家软件实力和硬件实力的双重标杆。汽车行业在数字化转型中的积累和前瞻性的探索研究,特别是 AI 等智能技术的应用对行业智能化将起到举足轻重的作用。从长安的智慧工厂建设、一汽解放的大模型应用以及车企的自动驾驶开发案例中,我们也深切地感受到随着 AI 给汽车的研发、生产、营销等环节所带来的深刻变革。这些变革将进一步提高汽车行业效率、降低成本、加速创新,并最终提升产品的性能和安全性,带动未来的汽车更加智能化、个性化和安全。越来越多的车企也将更加全面主动地拥抱数智化变革,深化组织、人才、流程、IT 等变革,构筑自身的竞争优势。作为智能化变革的领先行业,车企将率先迈入"ALL IN AI"的新时代,并取得更大进步。汽车产业数字化转型的成功经验也必将赋能给其他制造业,推动智能制造的整体发展。

自动驾驶技术的普及:AI 是实现自动驾驶汽车的关键技术。随着算法、计算能力和传感器技术的进步,自动驾驶汽车将逐渐从目前的辅助驾驶(如自适应巡航控制、自动泊车等)发展到完全自动驾驶。这将彻底改变人们的出行方式,提高道路安全性,减少交通拥堵,提升交通效率。

智能制造和定制化生产:AI 技术可以使汽车制造过程更加智能化,包括机器人自动化装配、智能物流,以及基于客户需求的个性化定制生产。这将提高生产效率,降低制造成本,同时满足消费者对个性化的需求。

车联网和数据服务:车联网技术将使汽车能够与其他车辆、基础设施、互联网等进行通信。AI 可以分析车联网产生的海量数据,为驾驶者提供更智能的导航服务、预测维护需求,甚至提供个性化的娱乐和信息服务。

智能交通系统:AI 技术将促进智能交通系统的发展,包括智能交通信号、智能停车解决方案等。这些系统可以优化交通流量,减少能源消耗,提高整体的交通效率。

安全性提升:通过自动紧急制动、行人检测、车道保持系统等 AI 技术,汽车能更准确地检测和预测潜在的安全风险,从而显著提升车辆的安全性能。

售后服务和保险业务的变革:AI 可以通过分析车辆数据,提供更加精准的预测性维护服务,减少故障和事故发生的概率。同时,保险公司可以利用 AI 对驾驶行为进行分析,提供更加个性化的保险产品。

环境影响降低:AI 技术有助于优化汽车的燃油效率和电池管理系统,推动电动车和新能源车的发展,减少排放,有利于减少汽车对环境的影响。

然而,这一切的实现需要持续的技术创新、合理的政策制定和跨领域的合作。汽车企业和技术供应商必须共同努力,确保人工智能技术的潜力得到最大化的发挥,同时处理好隐私、安全和伦理等挑战。

第 14 章

半导体与电子行业

一般而言,半导体与电子行业包括上游的半导体、面板(显示面板)和下游的家电、3C 电子,如图 14-1 所示。其中,制造技术门槛最高的当属半导体行业。接下来,本章将重点对半导体产业及其智能制造发展情况进行介绍。

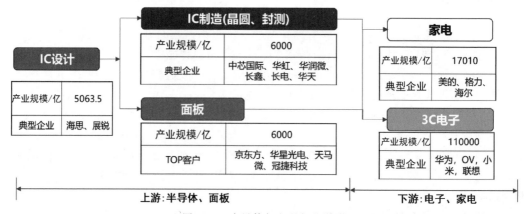

图 14-1　半导体与电子行业说明

目前,半导体是世界第四大贸易产品,仅次于原油、成品油和汽车。未来市场对半导体的需求量将显著增长。如今,一部智能手机的计算能力已远远超过美国宇航局 1969 年将人类送上月球所使用的计算机,这正得益于高性能芯片的快速推广。首先,几乎所有的新兴技术,如人工智能、云计算、物联网、区块链、5G、自动驾驶、可穿戴设备等,都由其中的关键半导体组件驱动。同时,在消费电子、医疗、通信、信息安全、汽车、工业、航天等领域,半导体的应用也由来已久,不断为传统行业的升级赋能。毫不夸张地说,几乎没有一个现代行业离得开半导体,半导体产业是现代各行业的支柱,支撑着新兴产业的发展和传统行业的升级。

本章着眼于整个半导体行业智能制造的行业洞察、智能化技术发展趋势、半导体智能制造的行业应用案例,以及半导体行业展望。

14.1　半导体行业洞察

14.1.1　半导体行业概况

自从 60 多年前,美国的仙童公司率先在硅基上做出了 4 个晶体管,推开了半导体集成电路的大门,到 2020 年 10 月 22 日 20:00 华为发布了基于 5nm 工艺制程的手机 Soc 麒麟

9000 处理器,集成了多达 153 亿个晶体管,半导体成为在近代人类社会发展最为快速的技术之一。迄今为止,硅基半导体产业发展始终符合 1965 年仙童联合创始人戈登·摩尔提出的"摩尔定律":集成电路芯片上所集成的电路的数目每隔 18 个月就翻一番。随着时间的推移,硅片的尺寸从最初的 50mm 逐步发展到今天主流的 300mm(12 英寸),制程的特征尺度从最初的微米提升到今天的 2nm。并引发业界对于"摩尔定律"是否还会持续有效的讨论,如图 14-2 所示。

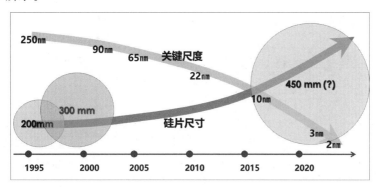

图 14-2　时间维度看硅片尺寸和关键尺度

在这六十多年的发展过程中,半导体集成电路逐步取代了钢铁,成为当今时代的科技基础和经济基础。半导体集成电路已经装进了任何需要逻辑运算或者存储的电子设备中,不论是手持通信设备还是车辆抑或是航天飞行器,都需要大量的半导体集成电路。对于仅存在六十多年的产品/产业而言,展现出令人震惊的发展速度。

半导体行业的高速发展依赖于半导体制造技术的演进和迭代,在这个过程中,其材料科技、生产设备、制程能力、精益化生产都协同发展、相辅相成。同时,半导体制造又是一个高投入、高风险的产业,一旦成功就能获得高回报。例如,建设一条全自动化 200mm 硅片的微米级制程生产线需要大约 100 亿元人民币的投入,而当今建设一条 300mm 硅片的(28nm 或更小)先进制程的生产线需要超过 300 亿元人民币的投入,大量投资的结果也推动了整个产业更加高速地发展。从投资回报需求来看,高昂的投资要求企业能够在极短的时间内建成并上线生产,利用特定的管理软件极致提高产能,最短的时间里跑稳工艺,持续推高良率,以满足投资回报的要求。这是业界常常提到的产品 TTM(Time to Market,上市时间)的概念。这让我们很容易了解到半导体制造的底层需求就是产能和良率。同时,生产是为客户服务的,所以满足客户需求,按照订单约定纳期交货也是半导体厂的第三项重要需求:准时交付,如图 14-3 所示。

图 14-3　计算机集成制造系统的三大需求

可以说，半导体的制造在所有制造业中始终站在技术研发和应用的最前沿，也不断推动着生产管理能力的进步。

14.1.2　半导体智能制造系统

半导体智能制造系统是指在半导体产业链中，运用 CIM(Computer Integrated Manufacturing，计算机集成制造)系统，通过数字化、网络化、智能化手段，实现生产过程的自动化、信息化和

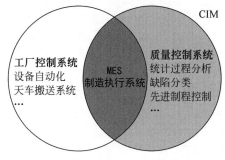

图 14-4　计算机集成制造系统的构成

智能化，提高生产效率、降低成本、保证产品质量和安全性。半导体智能制造系统主要由 CIM 系统构成，而 CIM 则由制造执行系统、工厂控制系统和质量控制系统三个部分组成，如图 14-4 所示。工厂控制系统包括设备自动化、派工系统等模块，质量控制系统包含统计过程控制、缺陷分类、先进制程控制等，制造执行系统是整个 CIM 系统的核心，其他主要子系统在 14.2.2 节详细描述。

自 1972 年起，随着制程技术和信息技术的不断进步，计算机集成制造系统逐步演化发展的历程如表 14-1 所示。快速发展往往会引起无序竞争和行业的混乱，所幸半导体行业是一个高度标准化的行业。

表 14-1　计算机集成制造系统的发展历史

阶段	关键尺度	信息技术	主要功能	计算机集成制造系统供应商	
				主要供应商	次要供应商
1972—1987 年	6μm	集中式大型主机 大型主机/VAX 网络数据库 索引顺序存取法文件 虚拟终端 COBOL/FORTRAN	独立系统 批次跟踪	Consilium Promis	Fujiric FASTech
1988—2003 年	65nm	终端/服务器架构 UNIX、Windows 关系型数据库 结构化的 MOM C 语言	独立系统＋简单整合 设备自动化＋自动化搬送	AMAT Brooks PRI	AIM IBM Miracom NEC
2004—2010 年	20nm	多层系统结构 UNIX/Linux/Windows： 关系型数据库 面向对象的 MOM Java 语言	系统整合了功能和数据 工程数据分析/良率管理	AIM AMAT IBM	Bistel CSPI NEC PDF Synergy

续表

阶　段	关键尺度	信息技术	主要功能	计算机集成制造系统供应商	
				主要供应商	次要供应商
2011—2020 年	7nm	SOA/Web 架构 虚拟化 关系型数据库 中间件 框架	对整合进一步扩展倾向分析/缺陷发现与分类/先进制程控制	In-house＋AIM AMAT IBM	大量服务商

　　1970 年,美国成立了 SEMI(Semiconductor Equipment and Materials International,半导体设备和材料国际协会),以规范行业标准化,促进半导体行业的设备、材料和服务的发展。1977 年,在罗伯特•诺伊思的领导下成立了 SIA(Semiconductor Industries Association,半导体行业协会),其目标是针对由迅速增长产生的共性问题进行更多的业界合作。正因为有这样国际化组织的设立,半导体制造层面在发展的过程中始终有行业协会的规范支撑,计算机集成制造系统的发展过程一直遵循着行业标准和规范,如 SEMI-E4、SEMI-E5、SEMI-E30、SEMI-E37 等。

　　由于有半导体行业协会制定的通信标准 SECS/GEM/HSMS,半导体设备自动化起步时就有规范可以执行,迅速降低了设备自动化集成的成本。所有设备和软件供应商遵循相同的通信标准也使得系统间的模块解耦成为可能。2000 年 2 月,SEMI 发布了 CIM 框架的临时规范。2007 年 2 月,CIM 的框架正式发布,即 SEMI-E97 标准。SEMI-E97 定义了 CIM 框架的所有其他组件使用的全局声明,还指定了用于在功能上集成 CIM 框架组件的通用架构模式。材料架构定义了产品管理、耐用品管理和耗材管理组件的通用功能。工厂资源体系结构定义了各种工厂资源的关系和通用功能。作业架构定义了工厂范围的模型,用于控制驱动各种制造任务的工厂作业。这些规范被划分为不同的组,以便只需指定一次,然后在以后需要时就可以逻辑地包含或继承它们。此后,业界主流的解决方案都按照该框架进行了修改和更新,以满足 SEMI-E97 框架规范。这让该解决方案的厂商在技术上可以通过标准的中间件进行解构或者集成整合。所以在普通制造行业谈自动化集成,谈数字化转型,半导体制造已经早就走完这一阶段,处于领先地位。这一先发优势也设立起很高的业务门槛,新的供应商难以进入与既存厂商竞争。

14.1.3　半导体智能化发展趋势

　　随着制造技术的进一步发展,半导体计算机集成制造系统也向智能制造迈进。以期获得更高的良率、更极致的生产效率和更好的客户服务(准时交付)。由此在技术上催生出以下三大发展方向。

1. 生产控制由制造执行系统 MES 下沉至设备自动化层

　　在计算机集成制造系统发展过程中,其核心始终是制造执行系统 MES。MES 功能已在简单的记账功能基础上逐渐加入了各种控制功能,以提升精细化控制而变得繁复。设备自动化也是在 8 英寸生产线时代逐渐发展起来的。随着硅片尺寸也发展到 12 英寸，技术节点的演进从微米级发展至几纳米，生产控制的实时要求越来越高，MES 就变得越来越沉重。基于 SEMI 框架开发的新型 CIM 计算机集成制造系统允许系统分布式部署各种功能，并通过统一的消息件进行整合，这就使得功能在系统层面的调整成为可能。MES 将专注于工厂资源、设备、材料、产品、制程等的建模，在控制过程中只负责产品的流程、工艺步骤，而把具体的控制功能分散到下层的自动化整合层。设备数据直接在特定功能进行判断并反馈至设备，对生产的参数做出调整。负载不再集中于 MES，让整体系统更轻、更优，效率更好。

2．纠偏反馈模式趋向预防模式

传统的半导体生产过程有大量的量测工艺步骤，几乎每一个关键加工工艺后都会有相应的量测以确定其质量，是否有缺陷存在。所谓的系统控制就是通过设备自动化 EAP 收取量测数据，对其进行规格管理，判断其是否落在预设的范围内，是否符合质量标准；或者进行统计过程控制 SPC 的管理，对量测数据的倾向进行管理。一旦量测数据超限或者有不良的倾向发现，系统可以按照既定规则对产品批次、产品序列、加工设备群组或者特定号机进行管控。但问题是量测是在加工工序之后，由于数据采集和数据整理需要时间，即便是在线 SPC 功能虽然比规格管理有一定的时效提升，客观上也是远远滞后于批次的实际生产的。待到发现问题时次品已经产生，损失已经造成，后续的操作是及时防止损失扩大，并对不良品进行返工等补救措施。

当前更加先进的生产控制是预防型的管控。例如，最新的 FDC 缺陷发现及分类功能就是构架在设备自动化层上，在 EAP 获得设备生产时的状态数据，业界称为工程数据，并对其建模。实际控制过程中直接用采集到的实时工程数据与模型进行比较，一旦发生偏差就可以呼叫工程师介入，也就是在加工完成之前就能预知该批次是否有质量风险，从而防止更大的损失，这就是预防模式的优势。

3．智能化的演进

随着大数据、机器学习、人工智能等技术的发展，这些新技术也逐渐被导入计算机集成制造的系统中。前面章节提到的 FDC 就是采集到大量工程数据后，基于不同的工艺、特定的参数指标，以特定的算法进行机器学习，以生成相应的模型。在半导体生产线上有一道光学检测工序，就是电子显微镜对加工后的硅片进行拍摄，然后对这些图片进行识别和判断，是否存在质量瑕疵。传统上这一工序需要大量有经验的人员对照片进行目测识别，这个做法人力投入成本高，并且在量产线上只能做部分抽检，并有很高的错检漏检风险。机器学习就能在这里展现其优秀的生产力。通过对大量制品照片的机器学习，系统就可以对照片自动识别，不仅可以大量降低人力投入，还可以从抽检进步到全检，并有效降低错检漏检事故，从而降低成本，提高产品的良率。

从企业的角度来看，生产技术的发展不仅在控制层面，更在于管理层面。

（1）基于工厂模型进行预测分析，排产计划，有效降低库存，确保资材的安全在库。生产控制与生产的排产息息相关，高效而科学的排产可以进一步提高生产效率。以大数据为基础，引进人工智能系统对工厂建模，建设数字孪生工厂，并在数字工厂进行准确的产能预测和排产计划,可以提高整厂在供应链中的效率,降低备品备货周期,准确预测客户订单的交付时间,准确排产并能在真实工厂实现生产。

（2）虚拟量测。基于人工智能技术,可以对设备和生产线建立准确模型,并对某些高成本的制程进行虚拟运行和调试,对于某一些 risk run 的产品在生产之前就可以以特定参数的调整进行虚拟的生产和量测判定,不再耗费真实生产资源,从而大幅降低生产成本,提高真实工厂的产能。

14.2 智能制造 CIM 系统案例

14.2.1 案例概述

某晶圆厂拥有一套针对 12 英寸晶圆前道工艺的全自动化生产线,该生产线由 auto1、auto2 和 auto3 三个核心自动化模块构成。这一全自动化解决方案涵盖了从晶圆制备到加工完成的全过程,实现了高效、精准的生产控制。

14.2.2 解决方案和价值

半导体智能制造业务架构从上到下包括 CIM 系统层、软件基础资源层和虚拟化套件层,以及最基础的硬件基础设施层,如图 14-5 所示。

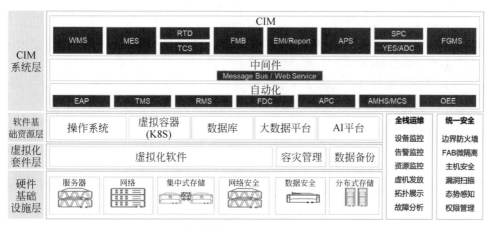

图 14-5 半导体智能化 CIM 解决方案架构图

CIM 系统层。在应用系统中采用主流的 CIM 软件产品,符合 SEMI Framework 并遵循 SEMI Standard,能与现行符合同样标准的晶圆生产厂的软件模块高效地集成。

CIM 系统被设计为多层架构,中间层包含 CIMS 的核心系统 MES,MES 通过消息中间件与底层的设备自动化控制软件 EAP 进行整合,EAP 通过 SECS/GEM/HSMS 与生产设备连接控制。

MES 同样通过消息中间件与 RMS、SPC、YMS 等其他第三方模块实现整合,并与上层

ERP 或者其他企业管理类的软件模块进行集成/数据交换，也可以通过数据库的库表进行整合。

软件基础资源层。包括操作系统、数据库、容器（K8S）、大数据平台以及 AI 平台。

虚拟化软件层。由数据中心虚拟化解决方案 FusionCompute 组成，提供基础的虚拟化功能，包含服务器、存储、网络的虚拟化以及管理功能。虚拟化套件主要由虚拟化基础引擎、虚拟资源管理以及各类灾备工具组成。

（1）虚拟化基础引擎。提供基础的虚拟化功能，具有服务器、存储、网络的虚拟化功能。每套引擎对应一个物理集群（或者叫站点）。在一个物理集群中可以把多台服务器划分成一个资源集群（又叫 HA 资源池），一个计算资源池有相同的调度策略，为了使用热迁移相关的调度策略，要求资源池主机 CPU 同制。计算资源池不包括网络资源与存储资源。一个物理集群中可以包含多个资源集群。

（2）虚拟资源管理软件。虚拟化管理组件包，部署在 VRM 节点，提供不同地域下的多个资源站点统一管理，通过虚拟数据中心（VDC）实现资源分域管理能力。

硬件基础设施层。包括服务器、存储、网络、安全等物理基础设施，构成数据中心资源池的基础设施。

另外，在基础设施运维模块中，系统提供运维管理门户，支持对多数据中心的统一运维管理，包括资源管理、告警管理、拓扑管理、性能管理以及统计报表等。

在这些系统中，CIM 作为半导体智能制造的大脑，控制着半导体工厂的稳定高效的运作。CIM 系统主要涉及如下子系统。

（1）MES 子系统。MES（Manufacturing Execution System，制造执行系统）是半导体智能制造系统的核心，支持设备管理、建模、状态管理、工厂模型定义、工艺流程定义等功能。MES 能够为半导体制造企业提供一个更为精细化、弹性化的制造生产环境，并作为制造生产计划层与现场自动化系统之间的桥梁，负责车间生产管理与调度执行。依靠互联网络与数据库，MES 能够同时为企业多个部门提供车间管理信息服务，从而实现半导体制造过程的整体优化，帮助半导体制造企业完成闭环生产，有效提升半导体制造生产自动化信息水平。

半导体工厂中 MES 方案根据用户角色的不同分为两部分，一部分是供生产线操作员操作的图形化界面（Operator Graphics User Interface，OGUI），OGUI 包括用户基本的应用功能如在制品管理、机台设备管理、物料管理、看板等；另一部分是专门针对工艺工程师管理操作的图形化界面（Engineering Graphics User Interface，EGUI），EGUI 主要包括对用户角色设置、PRP（Process Plan）设定模块、工艺验证、类表维护以及 OGUI 功能模块管理的功能选项等。

（2）EAP 子系统。EAP（Equipment Automation Programming，设备自动化）实现了对生产线上机台的实时监控，是工厂自动化不可缺少的控制系统。EAP 系统与工厂中的机台紧密相关，系统的设计与开发必须与生产线的机台实际生产流程相一致，才能达到控制机台生产的目的。

EAP 是 MES 与设备的桥梁，EAP 通过 SECS 国际标准协议与机台进行数据传输。

SECS 是半导体设备必须遵循的一种国际通信协议。EAP 就是通过 SECS 与设备通信、传输数据、发送指令控制设备按照预先定义的流程进行生产加工,达到对设备远程控制和状态监控,实现设备运行的自动化。

　　EAP 是半导体智能制造系统最底层的子系统,也是工厂中最为关键的系统之一。所有的生产过程,生产数据和机台状态数据都是通过 EAP 系统收集,然后传送给 MES、AS 等服务器对应的数据库,MES 通过这些数据对产品和设备事件进行跟踪和监控。

　　(3) RMS 子系统。RMS(Recipe Management System,配方管理系统)是生产设备的一个程序配方。主要用来检查生产配方的一致性,保证制造生产良率和生产质量。RMS 需与 EAP 连接,旨在实时管控自动化系统所用配方与用户当初的设定是否匹配,从而使得自动化系统所用的配方更加趋于安全。同时对设备配方及其 Recipe Body 内容进行有效的存储、管理和控制。通过与 EAP 和 MES 结合,可以实现配方自动选择、自动加载、自动校验,能够确保配方的完整性和可追溯性,极大降低生产加工过程的用错配方概率,极大降低操作员的工作强度。

　　(4) SPC 子系统。SPC(Statistics Process Control,统计过程控制)是一种质量控制方法,应用统计学技术对半导体生产过程中的各个阶段进行评估和监控,这有助于确保流程高效运行,以更少的浪费(返工或报废)生产更多符合规格的产品。它包含两方面的内容:一是利用控制图分析过程的稳定性,对过程存在的异常因素进行预警;二是计算过程能力指数,分析稳定的过程能力满足技术要求的程度,对过程质量进行评价。

　　(5) RTD 子系统。RTD(Real Time Dispatching,实时派工)系统,是整个工厂生产调动的“运算大脑”。RTD 基于实时生产数据全面掌握产线情况,并通过智能算法精确快速地得到不同生产条件下最合理的生产调度方案,从而提高生产效率、改善设备利用率、减少资源浪费、排除人为调度失误。

　　半导体生产协作关系复杂,生产连续性强,产线情况瞬息万变,资产状态、订单情况等变化对生产有巨大影响。因此,半导体生产对生产调度决策系统要求极高,如何更高效更智能地进行实时生产调度,一直是现代 CIM 系统的难题。

　　利用最新的 CIM 供应商技术,RTD 能够智能地分析工站、人、机、物、料等多元化因素,以确定在现有设备和资源配置下的最佳实时生产调度方案。采用 Rule-based＋AI 的混合调度策略,深度挖掘产线潜能,高效应对产线动态变化,快速实时地提供最优生产调度方案。在高混合生产状态及严格交货时间要求下,RTD 可以帮助工厂解决优化生产调度的重大难题,克服传统调度规则调度策略不能充分利用产线潜能、不能及时响应、无法高效应对产线或设备变化的弊端。RTD 可通过强大的 AI 调度模型优化,适应半导体这类变化复杂的生产环境,大幅降低了动态调度模型优化的时间和人工成本,实现实时动态最优调度。

　　半导体的 CIM 系统要求稳定、可靠、高可用。接下来,我们将介绍如何通过虚拟化技术来达成半导体工厂的严苛标准。

　　智能化 CIM 解决方案针对高可靠和高可用的主要设计点如下。

　　(1) 集群或主备均实现跨 DC 部署,实现跨 DC 高可用或容灾。

（2）使用虚拟机集群模式部署 Kafka、RavenCast 等中间件，且在虚拟机分配策略上设置主机组反亲和，保证中间件高可用。

（3）对于高性能需求的关键中间件，使用物理机部署，保证高压力场景性能稳定。

（4）EAP、MES、RMS、SPC、Report 等应用基于虚拟机集群部署，在应用集群前部署由 KeepAlived＋Haproxy 构成的 ELB，确保业务负载分担到 VM 集群的每个成员节点上。

（5）针对 PMS 等应用，使用 K8S 管理容器集群能力，配合容器亲和/反亲和，以及虚拟机亲和反亲和等能力，确保应用高可用。

以上设计组合使用，保证半导体智能制造的各个应用组件高可用且充分利用资源，高可用逻辑架构如图 14-6 所示。

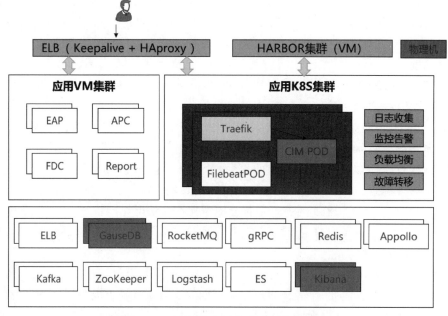

图 14-6　智能化 CIM 高可用逻辑架构图

解决方案带来的价值包含以下几方面。

（1）容器、大数据和 AI 等高阶服务支撑智能应用在工厂落地，助力良率提升和生产计划全自动化实现；通过云原生技术落地实践，使中心的"物理"验证平台功能向"数字"验证平台演进。

（2）业务永远在线：停机一天折合损失数百万甚至上千万，任何系统中断或数据服务中断都会造成生产率下降、收入损失。本解决方案保证 $7\times24\mathrm{h}$ 业务无中断，通过部署双活、备份，可靠性达"6 个 9"。

（3）资源高效利用：虚拟机、容器、SAN 和 NAS 融合资源池，传统既有业务和创新业务统一部署，计算、网络、存储资源按需分配，按需扩展，降低客户总体投资；软硬件统一管理，实现虚拟化、存储、网络的极简部署、自动发放，降低用户运用成本。

14.3　冠捷科技自适应 AI 质检案例

14.3.1　案例概述

冠捷科技是全球的大型高科技跨国企业,旗下拥有多个显示行业自有品牌 AOC、AGON 和 Envision 等,并长期获得飞利浦独家授权运营其显示器、电视及影音等业务。为了应对工业 4.0 的浪潮来袭,冠捷科技加快"制造"向"智造"转型,在各种场景中引入工业 AI 解决方案,为未来业绩长期增长注入动力。

冠捷科技多个工厂的 SMT(Surface Mount Technology,表面贴装技术)产线均采用 AOI(Automatic Optic Inspection,自动光学检测)设备,针对线路板的贴片和焊接质量进行炉前和炉后的检查,原 AOI 设备直通率为 50% 左右,极大消耗人力。公司希望通过 AI 技术,大幅度降低 AOI 设备误判率,大幅度降低人工复判的比例,实现降本增效。

冠捷科技联合华为、博瀚智能,将基于华为昇腾底座和盘古大模型的 PCBA 自适应 AI 质检解决方案应用到冠捷多家工厂,用于检测移位、漏件、侧立、立碑、假焊、连锡等十余种 SMT 缺陷,实现对所有 SMT 缺陷检测的全覆盖。该解决方案在不更换 AOI 设备、极少改造产线的前提下,降低了 80% 的人力,同时由工厂内部员工运维 AI 系统,节省人工、提升准确率,同时实现 AI 系统自主运维,解决方案如图 14-7 所示。

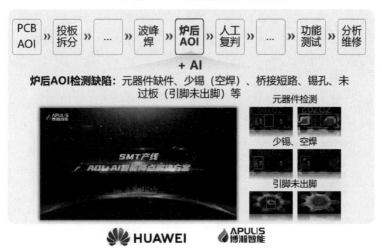

图 14-7　PCBA 炉后 AOI＋AI 智能检测方案

14.3.2　解决方案和价值

冠捷科技在 SMT 产线建立之初,已部署 AOI 质检设备,但传统 AOI 质检受环境变化影响较大,如光线、拍摄角度的差异都可能影响准确率,在很大程度上依赖于人工复检。由于不同的产品和环境需要特定的设置和调整，AOI 质检的适应性相对较弱，开发适配难度大，在大规模推广和应用时面临诸多实际困难。

华为联合博瀚智能于业内首创基于"AutoDL＋MLOps"的自适应 AI 质检机制，通过难例提取、自动迭代等流程，解决质检两大核心痛点问题："模型落地时间＋成本"和"模型终身训练成本"。该方案深度适配盘古大模型，利用云端（集团侧）的 AI 模型开发能力，成功在边侧（工厂）和端侧（车间）实现了模型的应用与部署。PCBA 自适应 AI 质检解决方案整体架构与检测优化流程，如图 14-8 所示。

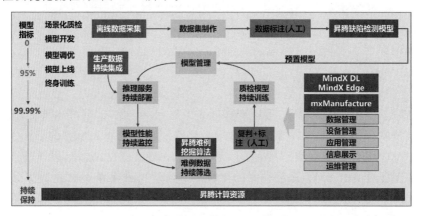

图 14-8　PCBA AI 质检解决方案流程

在检测能力方面，基于昇腾算力底座，"AutoDL＋MLOps"的自适应 AI 质检解决方案基于昇腾算力底座，充分发挥昇腾 AI 硬件的澎湃算力和盘古大模型的优势，结合博瀚智能的自适应 AI 质检系统，能够在 AOI 检测后，对 AOI 判断为 NG 的点进行二次检测，通过深度学习技术训练出具有极低误检率和超高检出率的 PCB 缺陷检测模型，从而有效降低后续人工复判工作量，节省质量控制成本。同时，该方案实现了 AI 系统终身持续学习，克服业内现有方案上线周期长、模型持续优化成本高的普遍痛点，使缺陷检测模型实现自学习和自迭代。

在检测精度方面，传统 AI 质检项目受到手工模型升级、部署的限制，AI 系统精度常常波动，难以持续保持。传统 AI 检测模型精度如图 14-9 所示。

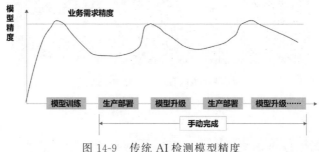

图 14-9　传统 AI 检测模型精度

基于"AutoDL＋MLOps"的自适应 AI 质检解决方案，实现自动化的"数据持续集成""模型持续训练""模型持续部署"和"模型持续监测"。AI 检测无须手动完成模型升级和生产部署,可持续保持系统精度。自适应 AI 质检解决方案自学习模型精度,如图 14-10 所示。

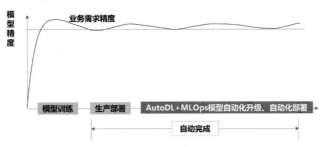

图 14-10　自适应 AI 质检解决方案自学习模型精度

经过以上对比不难发现,基于"AutoDL＋MLOps"的自适应 AI 质检解决方案,不仅避免了大量的手工模型升级和生产部署工作,大大降低运维成本,更使 AI 质检系统具备持续自学习能力,使 AI 质检系统能在多场景下快速上线并持续保持性能高位。

在缺陷类型方面,该解决方案覆盖了冠捷科技所有 SMT 缺陷检测,在不更换 AOI 设备、极少改造产线的前提下,将模型开发和上线效率提升 5～10 倍,降低工厂和车间侧模型适配和运维成本超 80％,降低人力成本 80％,如图 14-11 所示。

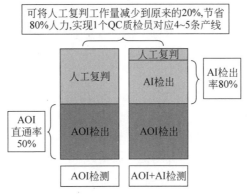

图 14-11　AOI＋AI 检测效果对比

经过 50 天的试运行和模型调优,模型的缺陷检出率可稳定保持在 99.9％以上,过滤率在 85％左右,远远高于项目最初定下的预期目标。不仅实现了人力成本的节省,产线的缺陷检出率也大幅优于完全依赖人工的水平,从源头上避免了缺陷流至下一个环节。

解决方案带来的价值包含以下几方面。

(1) 产线改造成本低:解决方案使用现有的 AOI 设备获取图像,无须增加或调整成像设备。AI 检测的时间小于 300ms,不影响产线原有节拍。AI 检出不需要人工复判的部分,通过接口直接将结果上报到 MES 系统,无其他软硬件对接成本。对于约 10％需要人工复判的部分,工人复判方式与原来一致,无须进行复杂的产品培训。

(2) 大幅缩减质量控制投入:AOI＋AI 双重检验过滤后,只有 10％的产品需要人工复判,仅为原来的五分之一,节省 80％人力,实现一个质检员对应 4～5 条产线。AI 检测的漏检率低于 0.01%，相比质检员更稳定可靠。同时，AI 的检测结果输出包含缺陷分类标签，对检出缺陷进行更精细化的分类、统计和分析，为工艺改进提供数据支撑。

本项目入选工业和信息化部《2023 年度工业和信息化质量提升典型案例》，并在质量技术创新应用-质量检测领域获得专家评审第一名。在 3C 电子行业，尤其是在 EMS 代工企业中，提升 AOI 质检准确率的需求非常普遍，可以采用基于"AutoDL＋MLOps"的自适应 AI 质检解决方案，有效降低 AOI 误检率，减少人工复判工作量，从而提高整体质检效率。

14.4　华为南方工厂生产资源智能优化案例

华为制造部是华为公司制造及制造管理的统一平台，涉及通信基础设施、终端产品制造以及关键器件、模组、部件等精密零部件制造。制造部主要负责制定制造战略、业务规划和全球制造策略，以能力和质量布局全球制造，建立并管理全球制造网络，组织全球产能规划、建设、调配及资源高效利用，提供有竞争力的制造交付，构建核心制造能力，对产品出厂质量负责，支撑华为生产高质量的产品，打造专业品牌。随着全球化进程的加快，企业竞争日趋激烈，优化生产资源成为提高企业竞争力的关键。生产资源优化旨在通过智能化的手段，对生产过程中的各种资源进行合理配置，提高资源利用效率，降低生产成本，实现企业的可持续发展。南方工厂是制造部重要的生产基地之一，在生产资源智能优化方面拥有丰富的实践案例。

14.4.1　案例概述

华为南方工厂每年处理的生产订单数以亿计，包括来自多产业、多工厂、多产品的亿级生产订单，其加工过程涉及海量的物料、线体、设备、人力、场地等关键生产资源的协同处理。经过几十年精益生产、数字化转型和智能化升级实践，华为南方工厂运用运筹优化、盘古大模型、天筹求解器等综合技术，已成功打造了生产资源智能优化引擎，支撑了 MES 制造执行系统的智能化，在生产资源优化领域实现了全面应用。

1．AGV 智能调度案例

AGV 是指车间里用于搬运货物的移动机器人。自 2017 年以来，华为制造部开始导入 AGV，以构建智能物流自动化配送系统。初期 AGV 数量较少，运行情况良好，随着 AGV 数量的增加，问题逐渐凸显。例如，1000 个任务需 300 台不同位置、不同电量、不同负载情况、不同搬运动作、不同车型的 AGV 实时作业。在任务不间断下发的场景，其调度复杂度远超人力可决策范畴。AGV 的运行速度最高可达 1.5m/s，调度实时性要求达到秒级。一旦调度不好，就会出现拥堵、空载、配送效率低下等问题。

华为南方工厂针对入库、转运、拣选、出库等实际物流配送场景自主研发了 AGV 动态并行机调度算法，实现了大规模 AGV 集群协同工作的智能调度，调度实时性从分钟级缩短至 1s。算法应用后，调度合理性和任务配送效率得到显著改善，AGV 平均配送效率提升超 40%。自研算法对华为实际物流业务复杂场景具有较好的适配性，整体应用成效优于业界标杆,推广至华为制造及供应链 50 多个物流功能区,累计调度 1500 多台 AGV,实现了 AGV 资源的高效利用,节省 AGV 成本几千万元。

2. SMT 智能排产案例

表面贴装技术(SMT)是一种电子制造技术,广泛应用于电子产品的装配过程中。SMT 技术通过将电子元件直接粘贴到印制电路板(PCB)上,实现高密度、高可靠性的电路组装。SMT 线体是电子装联行业最昂贵的资源,针对 SMT 线体的智能排产可大幅度提升电子装联行业的关键资源利用率,对电子装联行业的单板产出效率影响极大。

华为南方工厂一方面针对多块单板连续打包生产的场景,基于物料唯一性、贴片头站位、吸嘴、相机约束、多站位物料、贴片干涉等约束条件,开发了基于贴片分区调度代理模型的智能优化算法,自动识别各个单板的机时瓶颈,对贴片元器件进行站位的调整或复制,实现贴片位置编排优化,减少贴片头动作总路径,降低单板贴片的绝对机时;另一方面,针对单板和线体加工能力匹配场景,基于生产计划、产品 BOM、工装、钢网、铅属性、线体加工能力、线体配置、贴片点数、单板正反面同步加工等约束条件,综合考虑订单交期、线体利用率等目标,设计了 SMT 线体排产模型,应用求解器对排产模型进行了高效求解。华为南方工厂在应用上述 SMT 贴片分区调度模型和智能排产模型后,复杂单板由高配 SMT 线体加工,简易单板由低配 SMT 线体加工,平均产出效率提升了 20%+。

为了进一步实现多产业、多工厂生产资源的综合优化,华为南方工厂也在积极探索"盘古大模型＋天筹求解器"的大模型生产资源智能优化解决方案,实现资源优化从有限约束条件到亿级约束条件、单工厂优化到多工厂协同、单目标牵引到多目标综合评价这三方面的优化升级。

14.4.2　解决方案和价值

华为南方工厂的生产资源智能优化解决方案包含三层架构,如图 14-12 所示。

1. 平台层

在数据预处理的基础上,参考业界标准优化问题数据集,针对不同制造业务场景提取业务特征并完成标准优化模型的适配选取,同时引入业界先进的离散动态事件仿真组件、运筹优化求解器、机器学习/深度学习框架、智能决策大模型等完成生产资源智能优化基础框架搭建和工具的集成。

2. 算法层

通常,标准的模型和算法迁移至工业场景下,无法直接发挥应用效果。为此,华为南方工厂首先对生产资源优化的各类问题进行科学问题的转换,转换过程中需嵌入丰富的工业 Know-How 使得科学问题的描述符合业务实际。若问题规模较大,则采用系统工程思想将原问题分解为有关联关系的不同的子问题,逐一解决科学建模问题。其次,在模型构建的基础上,需针对标准模型进行场景化适配改造并完成特定工况下的优化求解,求解过程中需进行严格的技术指标和应用指标评估。最后,在生产资源智能优化应用大规模推广的基础上,沉淀出泛化性更强的场景模型、场景算法和各类公共组件。

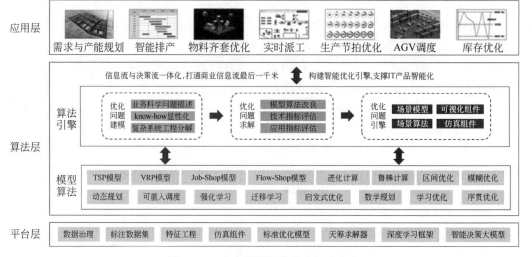

图 14-12   生产资源智能优化解决方案

3. 应用层

华为南方工厂基于生产资源优化算法引擎，进行了大量资源优化配置实践，获得了可观的应用价值。

（1）需求与产能规划：根据未来 13 周内 60 多个工厂超过 1500 个编码产品的生产需求，提前规划和分配产能比例，涉及 20 多项约束。在应用优化算法后，分工厂需求调配目标达成率从 70% 提升至 99%，计算时间从 1 周优化至 10min。

（2）温箱排产：构建批次组合调度和并行机调度混合模型，采用 ERT 启发式规则和迭代贪婪混合算法，实现温箱利用率从 65% 提升至 81%。

（3）物料齐套优化：实现制造任务对物料精准匹配及千亿级物料组合优化问题求解，物料齐套计算时间从 4h 优化至 2min，物料齐套率从 78% 提升至 99%。

（4）AGV 集群调度：自研大规模 AGV 集群任务实时调度算法，应用覆盖了制造 50 多个物流功能区以及 1500 多个移动机器人，实现原材料仓储、半成品生产和成品发货全流程自动化配送，提升配送效率 40%。

求解器是一种计算机程序，用于解决数学问题、逻辑问题或其他类型的问题。求解器可针对定义的数学模型快速分析和计算，找到问题在数学上的最优解或者近似解。在智能排产部分场景的算法实现方面，华为南方工厂也使用了天筹求解器为数学模型求最优解。

求解器的数学建模和算法开发有比较高的技术门槛，普通业务人员无法直接使用。为了进一步推广智能排产的应用，降低使用门槛，华为南方工厂积极探索大模型与求解器结合的智能协同决策方案。大模型善于捕捉和理解模糊的、复杂的和非结构化的信息；求解器善于处理确定性问题，执行逻辑运算和分析任务，对数学模型进行计算求解。华为南方工厂使用盘古自然语言大模型，辅助数学建模，将天筹的求解结果转换成业务人员能够理解的方案。

大模型与求解器协同决策流程如图 14-13 所示。

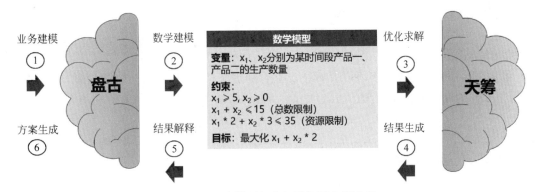

图 14-13　大模型与求解器协同决策流程

在该决策流程中,用户使用自然语言向盘古描述业务问题,盘古根据描述,将问题转换为数学模型,包括需解决问题的变量、约束和目标;用户确认数学模型后,盘古自动生成基于天筹求解器运行的算法代码;天筹求解器对问题优化求解后生成计算结果,如图 14-13 中的简单示例,优化结果为"$x_1 = 10, x_2 = 5$";盘古使用自然语言对于优化结果进行解释,便于用户理解;最后用户使用优化结果和描述信息生成方案。整个流程大大提高了自动化程度并降低了使用难度。

在大模型技术架构方面,华为南方工厂基于"昇腾+鲲鹏"打造统一算力中心,并在此基础上建立统一的华为 HIS 云平台。其中,ModelArts 是基于云平台的统一 AI 平台,为大模型提供模型训练、模型推理和性能分析的完整端到端工具链,支持 L0 基础大模型、L1 行业大模型和 L2 场景模型的三层架构。南方工厂大模型技术架构如图 14-14 所示。

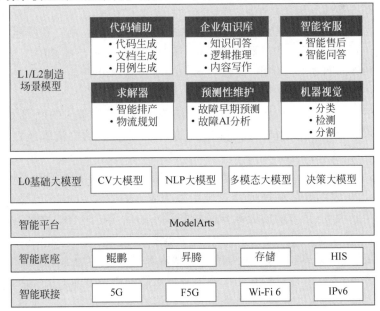

图 14-14　南方工厂大模型技术架构

这种 L0、L1 和 L2 的分层结构可以使得模型更易于理解和优化，同时也可以提高模型的泛化能力和效率。其中，L1 行业大模型是基于 L0 基础大模型加入行业数据进行微调得到的。华为南方工厂主要使用的是制造行业 L1 大模型，该 L1 模型可以直接应用于代码辅助、预测性维护和智能客服等场景。而 L2 场景模型是对 L1 行业大模型进行的压缩，保留数据关联性的同时降低了模型的复杂度和计算量，L2 场景模型常用于计算机视觉和预测性维护。

14.5 小结与行业展望

从上面的应用案例可以看到，通过智能制造可以：

（1）降低成本，提高效益。华为南方工厂案例中，应用智能排产实现各种资源的优化配置，进一步降低浪费，成功地缩短了产品上市周期，提高了经济效益。在冠捷的 AI 质检案例中，相关解决方案不仅能够提高质检的准确性和效率，还可以为企业节省大量的时间和资源。

（2）提升市场竞争力。经过智能化改造，华为南方工厂的生产过程更加适应了产品的多样性和生产流程的复杂化，以及生产环境不可预测的动态变化，增强了市场竞争力。在半导体 CIM 智能制造案例中，通过 CIM 的各子系统的紧密配合和高效运作，以及在高可用和高可靠方面的方案设计，达到了晶圆制造 FAB 厂的严苛要求，保证了半导体的稳定生产，提升昂贵机台的利用率，提升了产能和市场竞争力。

不同制造子行业对智能制造的要求是不同的，也是多方面的，通过上面的案例，可以了解到案例中的核心技术。

（1）在华为南方工厂的智能排产应用过程中，求解器无疑是核心的使能技术，而 AI 智能化和大模型的应用，降低了求解器使用门槛，缩短了复杂技术与普通用户之间的鸿沟。

（2）在半导体晶圆制造过程中，高效的制造应用系统和敏捷高可用的 ICT 底座无疑是智能制造的基石。

（3）应用更为广泛的是 AI 质检的案例，能够充分支撑全场景 PCBA 质检应用，实现小样本训练和模型快速上线等功能，为大模型在工业 AI 质检领域广泛落地提供了新的范式和动能。

展望未来，随着数据驱动和技术进步，以华为南方工厂为代表的智慧工厂，将进一步完善和扩展智能化的应用范围，并完成智能排产系统与 MES＋、MetaERP 的全面整合，实现更加精细化的生产调度、更智能的资源分配和更深入的供应链整合。这将进一步提升生产的敏捷性和弹性，使企业制造能更好地应对市场变化和不确定性，从而在行业竞争中保持持续领先，并推动其走向更高效、绿色和可持续的制造未来。

在半导体领域，人工智能已经在超大规模集成电路的诸多方向产生了应用，无论是学术界还是工业界都做了相应的探索，并且在诸多方面取得了成功。以芯片质量检测为例，传统方式下，成品率工程师在进行数据处理、发现问题并指导改善工艺时多依靠其经验，通常需要与多个生产环节的负责部门进行多轮的沟通反馈,耗时较长,影响晶圆厂的生产成本及产品的上市周期。

随着半导体行业的发展和 AI 技术的进步,在未来的 3～5 年内,AI 不仅能够帮助半导体公司提高缺陷检测的效率和精度,还可以提供缺陷溯源和成品质量预测功能。AI 质检系统可以将半导体生产线上的各种参数进行管理,通过 AI 算法的赋能,将 AI 技术与晶圆成品率相关数据(WAT、CP、FT、WIP 等)特点相结合,使用神经网络算法进行数据分类和建模分析,实现晶圆缺陷数据检测和成品率预测,并使用机器学习算法构建各类数据之间的关联模型,以达到预测分析的效果。据预测,由于生产制造是芯片成本最主要的构成环节,应用 AI 技术有望帮助企业减少运营支出、材料成本以及良率提升等方面投入,最终实现制造环节 13%～17% 的销售成本缩减。

第 15 章

医药行业

生物医药行业一般包含化学制剂企业、化药原料药行业、中成药行业/中药饮片行业、生物和生化制品行业、医疗器械行业、制药专用设备制造业、卫生材料行业等子行业,如图 15-1 所示。

图 15-1　生物医药产业链示意图

生物医药行业具有高技术、高投入、长周期、高风险、高收益等特点。对于生物医药企业来讲,保持长期可持续发展的关键是合规运营和降本增效。

15.1　医药行业洞察

进入 21 世纪,我国医药制造业发展迅速,目前已成为全球第二大医药市场,原料药生产出口稳居世界第一,但创新能力弱、竞争能力不强等问题突出,产品仍"以仿为主",创新药欠缺,药品质量和疗效等都有待进一步提高。随着近几年药品"带量采购""两票制"等政策的实施,对药企运营与成本控制提出更高要求和挑战。近年来,由于行业内的各种经济压力和市场竞争的加剧,我国医药制造企业的收入和利润受到较大影响,规模以上企业的主营业务收入近几年一度出现下滑。

同时,我国高度重视生物医药行业数字化转型发展,从生物医药产业智能制造、产品全生命周期数字化管理、监管和产业数字化升级等方面颁布相关数字化转型政策,推动生物医药产业健康、规范发展。科技创新战略在原来"三个面向"基础上,增加了"面向人民生命健康"的新方向,生物医药产业成为这一战略方向的主要支撑。在此背景下,医药企业通过数字化、智能化手段提升企业竞争力的诉求十分强烈。不过,我国生物医药制造企业数字化与智能化水平还有较大提升空间。据统计,我国有超过一半的医药制造企业处于单点信息化、数字化覆盖状态,系统间集成度较低;另外,仍有 26% 的医药制造企业处于数字化起步阶段。

当前,国内外制药企业正在大规模推进智能化技术的应用和业务变革。通过部署和应用包括人工智能、大数据分析、增材制造、增强现实等智能化技术,在新药研发、医药生产、企业运营等领域进行广泛智能化应用探索。AI 赋能技术在生物制药领域的应用场景如表 15-1 所示。

表 15-1 AI 赋能技术在生物制药领域的应用场景

业务领域	应用场景		价 值
研发领域		AI+药物筛选	降本+增效:为创新药、上游原料研发企业减少研发成本、缩短研发时间
		AI+药物辅助设计	
		……	
生产领域	AI 赋能	AI+设备	扩容+降本:为医药制造企业降低生产管理成本、提升产品质量、加速产品迭代、提升产品竞争力
		AI+生产管理	
		AI+医疗器械	
		……	
服务领域		AI+检验诊断	增效+降本:为医疗机构提升管理效率、解决医疗资源分配不均问题、提升患者医疗可及性
		AI+医疗助理	
		AI+医疗服务	
		……	

1. 研发领域:通过人工智能降低研发成本,提升研发成功率

生物制药行业新产品研发周期长,成本高,一款创新药从研发到上市,平均成本超过 10 亿美元,研发周期大于 10 年——这是医药界公认的"双 10 定律"。一些大型生物制造公司的研发费用占销售额的比例超过 30%。并且,新药研发存在极大的不确定风险,不仅研发过程中涉及临床前实验、制剂处方及稳定性实验以及临床实验等一系列实验,研发成功后还涉及注册上市和售后监督等诸多步骤,每个环节都需要有严格的合规性审批程序,任何一个环节失败都将前功尽弃。并且市场竞争的风险也日趋激烈,即使研发成功,若被别人优先拿到药证或抢占市场,也会前功尽弃。因此,当前生物医药企业越来越重视强大的平台及人工智能、大数据分析等应用,以支撑药物发现和开发,进而大幅提高生产力。例如,通过数字化和智能化手段,能够快速发现靶点,提高实验数据的质量,从而有效缩短药品从研发到生产的周期。数据显示,通过大数据靶点发现系统、AI 化合物合成系统、AI 化合物筛选系统、智能验证系统等智能化产品可以将实验室开发环节的时间节约 40%~50%,成本降低一半,而且成功率提高 30%~40%。资料显示,目前国际上有 140 多家初创公司正在开发基于人工

智能的药品发现工具，开展近 300 种用于各种疾病和症状的新型细胞和基因疗法的研发。

2. 生产领域：智能制造成为医药制造企业建设新目标

当前医药企业生产阶段信息化及自动化大部分处于单点覆盖阶段，未形成端到端集成。一方面，部分生产环节还未实现自动化，这在中成药制造企业中较为常见，如药材预处理、药物提取、环境控制等环节，仍需要大量人工参与。另一方面，医药企业信息化与自动化大部分互相分离，生产过程中的数据没有得到实时收集以用于研发、生产过程的控制及管理。

因此，生物医药企业智能制造建设的目标是面向药品生产从原料到包装全流程环节，以高端智能装备为基础，利用物联网、大数据、人工智能等先进技术，与药品生产工艺要求高度集成，建设数字化、网络化、智能化生产的新型工厂。实现以智能为中心的数字化实验室、生产线设计，以精益为中心的数字化采购与生产管理，以质量为中心的产品管理。通过建设统一的数据平台，纵向贯通提高各业务节点在流程中的数字化效率，横向打通各条线与板块间的信息壁垒，实现研发、生产、营销、用户服务、企业运营管理相关流程及数据的融合贯通。以此为基础，盘活企业全量数据，通过数据融合消除信息不对称性，通过流程融合规范管理，通过信息融合发掘机会，形成基于大数据分析与反馈的工艺优化、流程优化、设备维护与事故风险预警、精准营销及用户服务能力，实现企业生产与运营管理的智能决策和深度优化。

3. 服务领域：通过人工智能增强医疗服务厂商竞争力

医疗行业长期存在医疗专家资源稀缺与医疗诊断能力不足的公众医疗问题。伴随人工智能、5G、大数据等新兴技术的快速发展，医疗行业受到深刻影响，此问题也得到了初步改善。智能医疗服务可以进一步有效缓解医疗资源分布不均、数据价值利用程度低、数据标准不统一等问题，推动医疗行业从最初的电子化、单系统应用，逐步向数字化、智能化不断演进。例如，面向医疗工作者，AI 可以实现影像辅助诊疗、辅助病理诊断、精准医疗等，减少医生工作量，提升诊断效率和诊断质量；面向广大患者以及更广泛人群，AI 通过健康管理、知识问答等功能，辅助健康管理，从被动治疗转向主动预防。

如今 AI 已经介入医疗及健康领域的诸多场景，为医学领域的技术发展与医疗服务提供了重要支撑，但是仍存在场景单一、碎片化严重、模型维护成本高、模型参数量小、应用范围狭窄等问题。随着 AI 的不断发展，理解能力不断增强，可以通过具有更多通用化能力的 AI 大模型来解决上述难题。

华为基于自身全栈智能化技术底座和 AI 基础大模型，面向生物医药行业不同类型客户，以不同的技术交付方式提供多种智能化解决方案。例如，面向中小型新药研发公司，通过公有云提供开箱即用的药物分子大模型和新药研发平台，帮助企业快速构建 AI 药物研发流水线，大幅缩短了药物的研发周期。面向大型生物制药研发生产机构，提供基于私有云的全栈 AI 开发平台和基础大模型，基于企业内部数据在研发、生产等场景开展 AI 模型和场景应用的开发；面向中小型生产制造企业，提供本地轻量化部署方案，在保障本地生产可靠性、实时性要求的同时，实现智能生产、管理等场景应用的快速交付，如图 15-2 所示。

生物医药企业的数字化转型和智能化升级已经是大势所趋，未来解决方案服务商应加强物联网与数字孪生、大数据、人工智能的综合研究，聚焦智能创新研发、智能生产运营、智

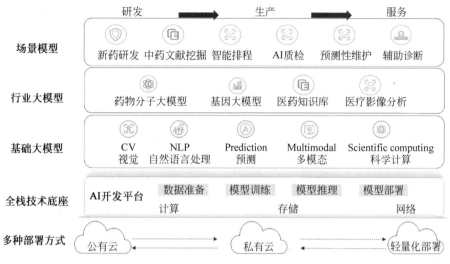

图 15-2　华为医药行业智能化解决方案

能销售服务等领域,打造一批多技术融合的综合解决方案,并通过赋能医药行业伙伴,大力发展软硬件适配并安全合规的智能化系统,努力对标国际最高水准,构建智能化应用场景,助力增强生物医药产业竞争力。

15.2　天士力中医药 AI 大模型案例

15.2.1　案例概述

天士力医药集团股份有限公司(简称天士力)创建于 1994 年,总部位于天津,全球拥有20 余家科研能力中心和 11 个生产基地。天士力始终秉承"创造健康,人人共享"的企业使命,推动中医药与现代医学融合发展,持续聚焦中国市场容量最大、发展最快的心脑血管、消化代谢、肿瘤三大疾病领域,致力于提供临床急需甚至填补中国临床市场空白的药物研发,利用现代中药、生物药、化学药协同发展优势进行创新药物的战略布局,继续保持行业领先优势与研发创新的发展动力。

天士力产品覆盖现代中药、生物药和化学药,形成了由心脑血管系统用药、抗肿瘤与免疫系统用药、胃肠肝胆系统用药、抗病毒与感冒用药构成的产品体系。现代中药——复方丹参滴丸、养血清脑颗粒,化学药——蒂清、水林佳、生物药普佑克等已成为一批知名产品。

在中药研发领域,天士力智能化创新的目标是用现代科技阐述中药多组分、多靶点内涵,用智能制造技术解决中药复杂成分的批次间质量一致性问题,用基于真实世界研究的循证医学证明中药疗效,打造了从源头发现、新药创制、产业转化到国际开发的全链条研发体系,建立了以质量为前提,国际领先的中药创新与智能制造体系。

15.2.2　解决方案和价值

中药，作为中国悠久历史文化和医药科学的重要组成部分，承载着中华民族几千年的健康养生理念和临床实践经验。近年来，随着健康观念的转变和医学模式的转变，中药的价值在全球范围内得到了越来越多的认可和重视，而中国作为中药的发源地，无论是在产值上，还是在海外市场的表现上，在专利和知识产权方面所占的比重不尽如人意。其主要原因在于传统中药研发存在中药特征难以挖掘、基础物质不明确、作用靶点不清楚、药物质量难以控制、药物分析门槛高、临床定位不清晰等问题。

天士力一直致力于以数智化方法加强中药研发。近年来，天士力提出数智中药理念，即在中医药与患者海量信息数字化的基础上，将中医药理论知识和临床经验与大数据、云计算及人工智能等数字技术相结合，推动实现生产制造全线全面数字化和智能化，打造"用药精准、配伍合理、生产精智、质量可控、临床精准、疗效确切"的现代中药研发与生产体系。

天士力持续打造的大数据算法研发平台——星斗云已经积累了海量中医药数据库、知识图谱以及海量医疗文献古籍等信息。天士力与华为合作建立中医药向量数据库，利用华为盘古 NLP 大模型，在中医药文献知识领域探索高效的数据摘要总结和语义搜索问答功能，并且基于 CSS 向量检索方法，进一步提升了搜索的精度和准确性，帮助医药研发人员从海量文献中精准挖掘中医药知识。同时，还提供自然语言交互方式，提升查询效率，减轻查阅工作量，如图 15-3 所示。

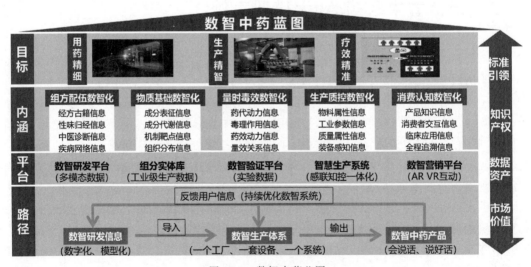

图 15-3　数智中药蓝图

天士力和华为以此为基础，结合中医药典籍、文献、临床数据、中药以及天然产物现代化研究数据等，基于盘古 NLP 大模型和盘古分子大模型，共建 L1 盘古中药语言大模型和中药计算大模型，从宏观和微观两个维度探索中药理论、成分功效数智化，从自然语言和分子层面对中药用药规律进行深入分析和解读，全面挖掘中药特性和作用机制。

　　天士力借助中药研发大模型加速中药创新与转化,解决传统中药信息稀疏、离散等研发痛点,赋能大模型理解、信息对齐、交付耦合等能力,推动中医药知识宝库的传承。一是深度萃取中药组方、药材成分、分子结构的中医理论内涵,实现复方中药的精准表征计算,助力中医药知识的精准挖掘,形成中医药数字智能化研究,加速创新中药产业研发的全流程。二是以患者需求为导向,基于疾病靶点网络创新技术的精准研发,打造智能数字中药创新研发链,为临床提供药物理论价值支撑,为药物标准化生产提供理论分析支持,并进一步提升扩大药物生产质量,如图 15-4 所示。

图 15-4　基于华为盘古大模型构建中药研发大模型

15.3　旺山旺水药物研发平台案例

15.3.1　案例概述

　　苏州旺山旺水生物医药股份有限公司(简称"旺山旺水")创建于 2013 年 1 月,是一家创新驱动型生物医药企业,致力于神经精神系统疾病、感染性疾病及男科疾病治疗领域临床药物研究。旺山旺水在苏州和上海拥有完整的创新药物研发体系,承担药物发现、成药性评价与候选确定、临床前研究、临床研究直至新药上市各个阶段的研发与注册工作。

　　下属药品生产企业旺山旺水(连云港)制药有限公司位于连云港国家级开发区中华药港内,占地面积 200 亩(1 亩≈667 平方米),拥有符合国内外 GMP 标准和 EHS(环保、健康、安全)要求的原料药与制剂生产体系,包括多功能、模块化应急生产平台,具备在紧急情形下快速转化生产技术、调整产线布局并启动生产的应急响应能力。

　　旺山旺水目前已申请发明专利 110 余项、PCT 专利 23 项,拥有授权发明专利 54 项,成功注册各类商标 45 项。承担多项国家及省部级基金项目,获得"国家高新技术企业""苏州市姑苏创新领军人才""苏州工业园区创新领军人才"企业、"江苏省科技型中小企业"等荣誉。

旺山旺水依托华为云 EIHealth 平台、盘古药物分子大模型和药物研发专业服务，促进药物研发端到端、国产自主化的高效创新。

15.3.2　解决方案和价值

如前所述，制约新药上市的主要因素是传统药物研发周期长、失败率高、研发成本高等问题，开发新疗法可能需要数年或更长时间。同时，药物结构设计强烈依赖专家经验、新药筛选失败率高，差不多平均 1 万个先导化合物的研究，能有 250 个进入临床阶段，最后大约只有 1 个能上市。以新型冠状病毒感染为代表的突发性传染性疾病的爆发，使得构建抗病毒药物的快速发现平台并开展药物应急研发尤为重要。大数据、人工智能、云计算等新一代信息技术在新药研发领域发挥着日益重要的作用，有助于企业快速准确地筛选出较好成药性的化合物，从而缩短新药研发周期，降低研发成本，提高研发成功率。

为了降低研发成本和新药筛选失败率，旺山旺水与华为强强联合，打造出"医疗智能体-药物研发平台"和"盘古药物分子大模型"解决方案，如图 15-5 所示。

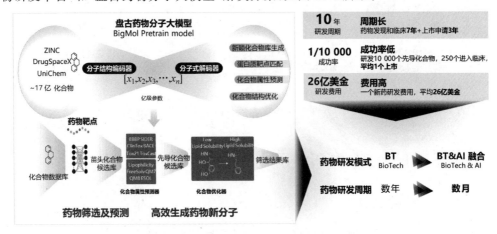

图 15-5　"盘古药物分子大模型"解决方案

依托华为云一站式医疗研发平台 EIHealth，盘古药物分子大模型学习了 17 亿个药物分子的化学结构。基于该大模型，在药物生成方面，实现了对小分子化合物独特信息的深度表征、对靶点蛋白质的计算与匹配，以及对新分子生化属性的预测，有助于高效生成药物新分子；在成药性优化方面，实现了对筛选后先导化合物的定向优化。该方案具备以下四大技术和创新能力。

1. 提出了针对化合物表征学习的全新深度学习网络架构

参考化学领域的化合物分子表达形式及转换方式，华为云盘古药物分子大模型首次采用"图-序列不对称条件变分自编码器"架构，可以自动找出化合物关键的分子特征指纹，极大地提升了下游任务的准确性。

2. 进行了超大规模化合物表征模型训练

华为云盘古药物分子大模型对市面上真实存在的 17 亿个药物分子的化学结构进行预训练，在化学无监督学习模式下，实现结构重构率、合法性、唯一性等指标全面优于现有方法。

3. 生成了拥有 1 亿个新化合物的数据库

华为云盘古药物分子大模型的分子生成器生成了 1 亿个创新的类药物小分子筛选库，其结构新颖性为 99.68%，并且可以有效地生成理化性质相似的新化合物，为发现新药创造可能性。此外，基于盘古分子优化器，科研人员实现了对起始分子化学结构的优化，能够改善药物分子的特性。

4. 在 20 余项药物发现任务上实现性能最优（SOTA）

华为云盘古药物分子大模型在多项任务中取得了领先的预测准确度，包括化合物-靶标相互作用预测、化合物 ADME/T 属性评分、化合物分子生成与优化等，实现了一个大模型赋能药物发现全链条任务，如图 15-6 所示。

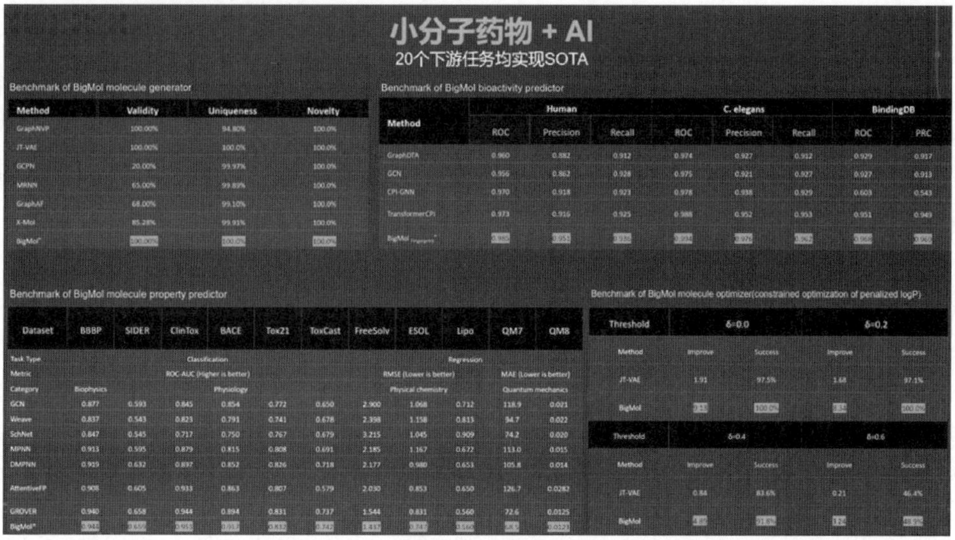

图 15-6   华为云盘古药物分子大模型在 20 余项药物发现任务上实现性能最优

旺山旺水与华为合作，在化合物人工智能辅助设计方面，运用盘古药物分子大模型，准确预测化合物特性并进一步定向优化改造，成功获得了符合预期目标的高透脑性高靶向性的优选化合物；在药理药效研究方面，旺山旺水在华为云 EIHealth 技术平台基础上，构建了先进高效的定量药效评价和大通量药筛的应用平台。该平台的核心是搭建了基于细胞模型和动物模型的生物信息学大数据分析流程，将多种高通量生物组学技术整合为一个完整的药物靶点发现、定量药效评价以及药理机制研究的综合应用平台。该平台极大地提高了临床前药理药效研究工作效率，并可以进一步拓展成为临床实验药理药效研究工作方案。目前，旺山旺水已应用该平台筛选多个靶点的优选化合物 150 多个，进一步验证实验表明该应用平台具有使用方便、结果准确、成本降低等一系列优点，值得广泛推广。

以上成功案例，说明华为云在医疗领域的拓展应用可以极大地提高医药研发工作效率，降低研发风险，减少成本投入。另外，华为云医疗医药平台具有广泛的可拓展性，可以灵活适应医疗医药领域不同的应用场景，因此其推广应用具有显著的社会经济效益。

15.4　某医药企业智慧工厂案例

15.4.1　案例概述

某医药企业是我国最早从事传染病细菌学研究和生物制品生产的机构。如今，该企业已搭建起先进的数字化智慧管理系统，确保药品全生命周期的高效安全生产。为了顺应智能时代的发展需求，该企业联合华为构建了混合云平台，为业务应用提供了稳定的运行环境，实现全场景智能化办公，助力智能研发及生产。

15.4.2　解决方案和价值

作为国有制药企业，该企业主动响应政策号召，贯彻落实数字化转型战略，积极推动公众健康与医疗数据的互联融合，打通日常办公与电子商务、ERP 系统等核心业务应用壁垒，建设了从生产、流通到使用各环节的产品全流程可追溯体系，完善了药品制造的产业协同链条和流程管理，用信息化手段将产品质量安全责任落到实处。

随着医药行业的不断发展和竞争力的加剧，建设智慧工厂已成为一种必然趋势。通过智慧工厂的建设，医药生产企业可以提高生产效率、降低成本、保证产品质量，并提升企业的竞争力。该企业以 GMP(Good Manufacturing Practice，良好生产规范)要求为标准，引入华为云计算、大数据平台、人工智能技术，打造了生产智能化的 MES(Manufacturing Execution System，制造执行系统)、SCADA(Supervisory Control and Data Acquisition，数据采集与监控系统)、LIMS(Laboratory Information Management System，实验室信息管理系统)、QMS(Quality Management System，质量管理系统)等智慧工厂的解决方案，赋能医药智能化，推动该企业迈入数字化转型快车道，如图 15-7 所示。

通过智慧工厂建设，一方面，实时获取生产、检验、质量管理等方面的真实、有效信息，实现管理的闭环，并充分结合工艺设备、仪器仪表等自动采集监控等技术，实现底层设备与企业信息系统的集成，建立具有良好的开放性、可扩展性和可配置性的智能制造解决方案。另一方面，对各车间采集上来的数据进行实时分析，实现更为精确、实时的生产过程管理及控制，同时借助 AI 及大数据技术，对生产过程管理及生产数据进行预测性分析及 3D 可视化呈现，提升数据的价值，全面提高企业生产质量和运营管理水平，为生物医药行业智能化提供了有益的探索经验。

1. 智能仓储物流

在数字化生产车间，物料通过仓库管理系统(WMS)进行管理。当制造执行系统

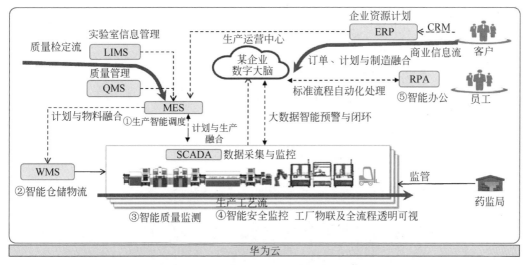

图 15-7 某企业智慧工厂综合多个典型智能场景

（MES）接收到企业资源计划系统（ERP）下达的生产指令后，物料被装有 5G 模组的 AGV 小车自动运送到各指定车间及立体库，实现从原料采购、原料出库、产品生产、成品入库、销售出库的全流程自动搬运和数字化闭环管控。同时，依托 MES 系统和 WMS 系统采集记录原料、中间品和成品的物料流转信息，形成相关数据档案，实现从原辅料、中间品、成品物料流转的实时跟踪，保障物料流转相关数据的完整性、真实性和可追溯性，使生产过程更符合 GMP 药品规范生产的要求。

2. 智能质量检测

在全自动分装生产线，将洗烘、灌装、轧盖等生产工序与信息化系统进行融合，不仅提升了生产效率，还增强了产品质量控制的精准度。在这个过程中，高清工业相机发挥着至关重要的作用。这些相机被安置在生产线的关键位置，如灌装环节之后，用于对产品进行高速抓拍，以便灯检设备能够及时发现瓶内异物、杂质或瓶壁的划痕等质量问题。一旦发现异常，即可利用 AI 图像处理系统进行智能识别以及分类统计，将不满足要求的产品筛选出来，把控好生产质量关。

此外，通过先进的数字技术和 AI 算法对生产车间特定区域进行智能监测，能够自动高效地分析生产现场视频数据，精准识别人员行为规范，对异常行为实时报警，实现了生产区域的质量安全智慧化管控，极大提升了生产质量管理能级。

3. 智能办公

在办公领域，通过人工智能和 RPA（Robotic Process Automation，机器人流程自动化）技术相结合，办公流程变得更加智能化和自动化，显著提高了工作效率和质量。例如，在票据、合同验证场景中，面向企业资源计划系统（ERP）、电子商务、智慧财务平台等系统，智能识别各类票据、合同文档、证照等非结构化数据，提取关键信息，进行票据审核、智慧报销、合同比对等，协助验证业务操作的真实性，提高风险发现效率；在数据统计录入场景中，针对大量、重复且规则明确的合同录入、报表合成统计等业务作业场景，实现标准流程的 RPA 自动化处理，减少员工手工作业，提升了数字化管理水平及业务办理效率。与此同时，该企业通过 WeLink 平台开放能力进行内部应用整合，将消息、待办、免密登录等功能集成，变成数字化连接器，实现全场景智能高效办公。

为了支撑以上场景高效运转，该企业与华为建成了云计算、大数据、人工智能等云底座，以此为基础，搭建了智慧运营中心，打通企业各系统的数据壁垒，集成整合企业内部信息，强化全流程数据贯通，加快部门业务协同，提升企业整体运行效率和产业链上下游协同能力，实现企业运营智能化决策，如图 15-8 所示。

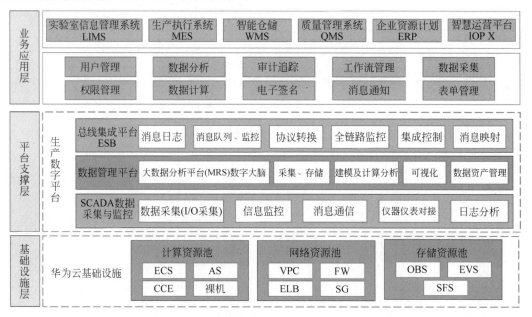

图 15-8　某企业智慧运营及管理平台

华为制造行业解决方案应用于该企业的药物和疫苗研发、无人产线、机器翻译等多个业务场景，助力了该企业的数字化转型，也为数字化技术在生物医药行业的应用提供了有效的探索和样板案例。华为将协同该企业用数字化、智能化手段落实产品质量安全的每一份责任，为生物医药产业的数字化转型与智能化升级，以及数实融合提供有力支撑。

15.5　某智能辅助诊断系统案例

15.5.1　案例概述

某医疗科技股份有限公司是国内领先的医学实验室综合服务商，通过自有综合服务体系向各类医学实验室提供体外诊断产品及专业技术支持的综合服务。所提供服务的产品涵盖了体外诊断(In-Vitro Diagnostics，IVD)行业主要细分领域，该企业目前已经发展成为国内 IVD 行业产品流通与综合服务的领先企业之一。自 20 世纪 90 年代起已经服务超过了 3000 家医院,间接为数亿患者提供检验服务。

近年来,公司持续加大数字化医疗信息平台建设,目前拥有 300 余人的 IT 技术团队,聚焦智能检验,打造数字化检验平台,以大数据、区块链、云计算、物联网、人工智能等信息技术为基础,实现数字化检验诊疗,在检验临床信息化、实验室智能化管理、质量控制管理、检验大数据分析解读等各环节赋能传统检验医疗服务向精益化、智能化升级,助力医院实现"智能医疗""智能服务""智能管理"三位一体的智能医院建设。

15.5.2　解决方案和价值

医疗资源不足已成为我国医疗领域面临的主要问题之一。相关数据显示,截至 2022 年年底,我国每千人口执业(助理)医师 3.15 人,每万人口专业公共卫生机构人员 6.94 人[①],医生的密度与医疗需求有一定差距,无法达成真正的匹配。

随着国内人口老龄化日渐加剧,慢性疾病率也随之增长,病情也愈加复杂,加之人们对健康更加重视,因此对医生与优质医疗服务产生了持续而大量的需求。而一名合格医生的培养周期较长,培训成本高,很难满足急速增长的医疗需求。

同时,尽管国内的医疗条件不断完善,但是由于循证医学没有真正成为医疗行为的基础,实践中充满着大量较强主观性的证据,加上健康信息与医疗信息无法有效的实现同步,医疗行为缺乏数据证据,因此存在一定误诊的风险。不仅如此,分诊不严谨、草率进入专科诊治阶段,也易导致误诊。类似情况在偏远地区表现得更突出。

分级诊疗政策的出台,进一步改善了这种状况。然而医学知识的快速更新和疾病诊疗的复杂性对医生提出了极高的要求,医生们常常面临着决策的准确性和决策效率的问题,甚至可能影响患者的治疗结果。因此,行业积极探索利用人工智能技术来解决这一医疗痛点。

为了更好地辅助临床医生,该医疗企业将华为盘古大模型的技术能力,与智能服务医疗机器人的专业能力相结合,开发出了第一款智能检验大模型产品——检验报告辅助诊断智能助手,能够基于世界上最大的医学知识图,帮助医生准确地选择检验项目,综合解读检验结果。该模型拥有超过 10 亿个训练 epoch,可以解释 2800 多种疾病,准确率可达到 87.74%。

智能检验大模型产品可以像临床实验室专家一样解读检测报告,并提供全面的诊疗建议,包括疾病相关知识、异常结果的解读、结果的临床意义以及对进一步检测的建议,以帮助医生避免漏诊和误诊。同时,它可以让患者对自己的疾病和健康状况有一个全面的了解,这有助于他们的健康管理。

基于华为盘古大模型某医疗构建实现了"智能医疗""智能服务""智能管理"三位一体的智能辅助诊断系统,如图 15-9 所示。

---

① 中国政府网,2022 年我国卫生健康事业发展统计公报,https://www. gov. cn/lianbo/bumen/202310/P020231012649046990925. pdf。

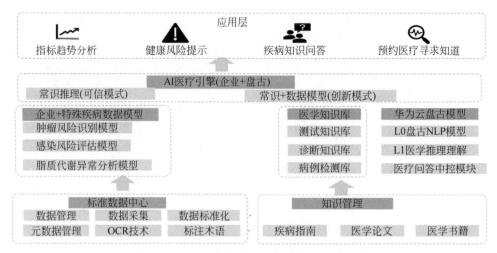

图 15-9　基于盘古大模型的智能辅助诊断系统

　　智能医疗辅助决策系统可对临床检验报告进行全方位解读,形成疾病、检验知识图谱,对检验结果数值指标趋势分析形成重要临床提示,辅助临床医生对疾病的诊断判别工作。智能医疗诊断系统可对在线预约项目的患者提供门前样本检测,提供 AI 临床报告解读,不仅解决了患者疾病复查流程烦琐问题,还有利于形成健康评估闭环,实现数据化健康管理。智能医疗对接 LIS 系统打通基层医院到检验中心的样本运输流程,对检验样本的采样、收样、物流运输、样本温度、报告推送,实现一体化平台管理。

　　智能服务系统通过推送 AI 自动决策引擎,帮助医院对患者提供全周期的健康服务,构建疾病与健康的全流程、主动式服务体系与提醒。而互联网医院智能导诊服务则帮助患者解决不知道该挂哪个科的问题,为患者推荐检验项目,有效改善了患者就医效率和就医体验。

　　智能管理系统通过 AI 与数据双驱动全程自动化运营流程整合,解决医院运营效果差、科室服务杂乱等问题。

　　华为与该企业共同构建的智能医疗服务体系,通过大模型技术深入挖掘医疗大数据价值,推动 AI 在检验报告智能解读、互联网检验以及居民全周期健康管理等领域的应用,为用户提供更加多元化、智能化、精益化的服务,进一步加速大模型在医疗场景中的应用和落地,并且给传统医疗行业带来了深刻的影响。

15.6　小结与行业展望

　　医药行业是我国推动行业智能化水平提升的重点领域之一。与汽车制造、电子制造等行业相比,医药行业的自动化、智能化水平不高,运用信息化管理的理念和管理水平相对较低,具体原因主要包括信息化建设基础弱、安全质量监管强和投资收益见效慢等方面。

　　行业智能化将不断深化。在国家政策推动、质量监管加强和质量要求提升,以及提高生产效率的需求日益迫切的形势下,生物医药行业将进入数字化、智能化建设的快车道,以应对集采常态化背景下,药品利润下降、成本上升、市场竞争激烈等挑战。大数据和人工智能在药品研发、药品生产、销售流通和企业运营等领域的应用将日益深入,有效提高药品的质量和生产效率,降低成本,还能为患者提供更个性化的医疗服务,促进医药行业与 ICT 服务商、医疗机器人制造商等其他领域跨界合作,推动医药行业高质量发展。

AI 制药市场规模将大幅增长。AI 辅助药物研发已经展现良好的适配性,根据 Research And Markets 的数据,2022 年全球 AI 制药市场规模为 10.4 亿美元,预计到 2026 年,市场规模将达到 29.94 亿美元,2022—2026 年的复合年增长率(CAGR)为 91.47%[①],其中,最受青睐的是早期药物开发领域。推动 AI 市场规模高速增长的因素包括人工智能技术的进步、对个性化医疗和精准治疗的需求增加、对新药研发效率和成本节约的追求,以及医药行业对智能化升级的重视。随着 AI 技术的成熟和应用案例的增加,预计这一市场规模将继续扩大,有望助力国内新药研发弯道超车。

---

① 王卡拉. AI 赋能新药研发:市场规模或超 4 亿元,多个合作项目有进展. 新京报[2023-12-19],https://new.qq.com/rain/a/20231219A070WI00.html。

第 16 章

软件与 ICT 行业

软件与 ICT 行业涵盖软件开发、信息技术咨询、信息系统集成、数据处理和存储等多个领域。在数字经济蓬勃发展的今天,软件与 ICT 行业一直保持着较快的增长态势,并在推动数字化转型、提升创新能力上扮演着重要角色。

16.1 软件与 ICT 行业洞察

软件与 ICT 行业是"数字经济"发展的基础。一方面,软件与 ICT 行业的持续创新,可以为各行各业的数字化提供系统化方案,推动产业数字化和智能化发展;另一方面,软件与 ICT 行业也需要将大数据、人工智能等新技术融入行业自身的发展中,推动行业的智能化,实现行业自身的转型升级。当前,智能化作为科技创新发展的核心趋势,正在深刻改变软件与 ICT 行业的格局。

16.1.1 软件与 ICT 行业概况

软件与 ICT 行业是以软件为核心,利用信息技术和网络通信技术,为用户提供计算机软件、信息系统集成、软件开发、信息处理和存储、信息技术咨询服务、数字内容服务的行业。《"十四五"软件和信息技术服务业发展规划》指出,软件是新一代信息技术的灵魂,是数字经济发展的基础,是数字中国建设的关键支撑。

近年来,作为驱动数字经济高速增长的关键引擎,软件与 ICT 行业也展现出了卓越的发展韧性和蓬勃的发展活力。据《2023 年中国政府 ICT 投资行业规模及竞争调研报告》统计,2022 年全球软件与 ICT 市场规模已经超过了 3 万亿美元。工业和信息化部运行监测协调局最新发布的《2023 年全国软件和信息技术服务业主要指标》数据显示,2023 年,我国软件业务收入同比增长 13.4%,达到 123258 亿元。其中,软件产品收入较快增长,占全行业收入的比重为 23.6%。软件业利润总额 1.46 万亿元,同比增长 13.8%。新兴平台软件、行业应用软件、嵌入式软件快速发展,基础软件和工业软件产品收入持续增长,推动了产业结构进一步优化,为智能化提供了强有力的支持。

1. 软件与 ICT 技术创新和更新换代加快

软件与 ICT 行业作为高度知识密集型产业,需要不断投入研发资源,紧跟技术趋势,持续推出满足市场需求的创新产品和服务。随着人工智能、量子信息、物联网、大数据、区块链等新一代信息技术的飞速发展与广泛渗透,软件行业正经历着前所未有的变革。从基础技术、算法、平台到应用,各个层面都进入了全面革新调整的关键期。在此过程中,软件的产品形态、技术架构、开发模式、计价模式和商业模式都在不断重构和演变。其中,人工智能技术的进步推动了智能软件的发展,许多基础框架和应用模型逐渐成熟,相关的标准和模块化工具也在不断发展,使得开发人员能够更快速、更有效地进行开发工作,构建和部署人工智能应用。大数据技术的应用为软件提供了更丰富的数据资源和分析手段,支持更精准的决策和预测。这些技术的融合和创新,不仅改变了软件的功能和性能,也影响了软件的开发和运营模式。

2. 软件与 ICT 集聚效应凸显

"十四五"以来,软件与 ICT 行业集聚效应明显,众多企业和相关机构在特定地区聚集,形成了强大的产业集群。这种集聚效应也带来了许多优势,如资源共享、协同创新、人才流动等,进一步促进了行业的创新发展。在此过程中,一些骨干企业的实力逐步提升并崭露头角。《"十四五"软件和信息技术服务业发展规划》显示,百强企业收入占全行业比重超过25%,收入超千亿的企业达 10 家,2 家企业跻身全球企业市值前十强。这些企业作为行业的领军者,在引领技术发展方向、推动软件应用广泛应用、促进经济增长和创新能力提升的同时,对弹性、可扩展的算力资源的需求也在不断增长,迫切需要强大的计算能力和高效的处理速度,以加速软件开发过程中的编译、测试和部署等环节,从而满足更多智能场景的业务需求。

3. 软件与 ICT 跨界融合加快行业智能化

随着数字经济和实体经济融合发展进一步加快,软件与 ICT 行业和其他行业的融合越来越紧密,软件信息服务消费在信息消费中的占比已经超过 50%。软件与 ICT 行业正在成为各个行业智能化升级的关键驱动力,优化行业业务流程、提高生产效率、改善客户体验,并实现创新的商业模式。以制造业为例,通过软件技术的应用,制造业可以实现自动化、数字化和智能化,例如,制造企业利用智能分拣系统可以提高生产效率,降低成本;利用设备健康管理技术实时监测设备状态,可以预防故障发生。不仅如此,随着软件与 ICT 行业向全领域全行业"赋能、赋值、赋智"的作用持续放大,软件自身也将越来越智能化,并具备更强的学习、推理和决策能力。例如,人工智能技术广泛应用于业务软件开发,使软件能够更好地理解和适应复杂的业务需求和用户行为;边缘计算的兴起使软件能够在更接近数据产生的地方进行处理和分析,提高效率和实时性。

16.1.2　软件与 ICT 行业加速拥抱智能化

软件与 ICT 行业的智能化离不开算力资源和人工智能技术的支持。其中,算力资源是实现智能化应用的基础设施,可以为软件与 ICT 行业数据处理和应用提供强大的计算和存储能力;人工智能技术的创新发展则可以推动软件与 ICT 行业在各个领域实现更加广泛、深入的智能化应用,促进行业的创新和发展。

1. 突破传统限制,加速构建多层次的算力设施体系

算力设施服务能力的增强将推动软件与 ICT 行业的高质量发展,提升全行业的创新能力和服务水平。随着云计算技术的成熟和普及,越来越多的软件与 ICT 企业开始将其业务

和数据迁移到云端。同时，为了满足实时处理和低延迟的需求，软件与 ICT 行业也在将计算和数据处理的负担从中心向边缘转移，实现更加高效、智能的数据处理和应用。

加强边缘计算与云计算协同部署，将进一步加速数据处理和应用的速度，提高软件与信息技术服务的效率和质量。同时，计算资源集约部署，可构建互通共享的数据基础设施，提高计算资源利用率，还将促进软件与 ICT 行业和其他行业的融合创新，拓展新的应用领域和市场空间。

构建多层次的算力设施体系，通过虚拟化和资源池化技术，实现系统架构的优化和资源的有效利用，有助于软件与 ICT 企业降低 IT 成本，提高资源利用率，实现更加高效、智能的算力管理。通过引入 AI 算法和模型，可以实现自我学习和自我优化，提高数据处理效率，有助于软件与 ICT 企业快速处理大量数据，及时发现和解决问题，提高业务效率和竞争力。因此，构建多层次的算力设施体系对软件与 ICT 行业的影响深远，将为行业的未来发展注入新的动力和活力。

2. 迈向多模态数智融合，加快 AIGC 全场景渗透

多模态数智融合是指将多种不同的数据源、技术和算法融合在一起，以实现更全面、更准确的分析和决策。相比传统的单模态模型，多模态数智融合包括但不限于图像、音频、视频、文本、传感器数据等多种模态的融合，以及人工智能、大数据、云计算、物联网等多种技术的融合。对于软件与 ICT 行业来说，多模态数智融合可以为行业带来多方面的赋能和发展机会。

借助多模态数智融合，软件与 ICT 行业可以开发出更智能、更个性化的行业智能化应用程序，如语音识别、图像识别、自然语言处理等；可以更好地分析和利用多种数据源，从而提供更准确的决策支持；可以实现商业模式的创新，例如，基于人工智能的个性化推荐、基于物联网的智能物流等。

此外，AIGC 的全场景渗透通过自动化、智能化的内容生成，极大地提高了内容生产的效率和规模，为软件与 ICT 行业提供了丰富的素材和创意。同时，AIGC 技术能够根据不同场景和需求，生成定制化和个性化的内容，满足用户对于多样化、高品质内容的需求。这有助于提升软件与 ICT 行业的创新能力和服务水平，开发出更加智能化、自动化的应用和服务。

总的来说，多模态数智融合和 AIGC 全场景渗透为软件与 ICT 行业带来了更广阔的发展前景和机遇，将推动行业向更加智能化的方向快速发展。

16.2 讯飞星火认知大模型案例

科大讯飞股份有限公司成立于 1999 年，是亚太地区知名的智能语音和人工智能上市企业。自成立以来，一直从事智能语音、自然语言理解、计算机视觉等核心技术研究并保持了国际前沿技术水平；积极推动人工智能产品和行业应用落地，致力让机器"能听会说，能理解会思考，用人工智能建设美好世界"。

16.2.1 案例概述

从小模型到大模型时代,AI 技术的实用性发生了质的飞跃。过去,不同的应用场景需要开发不同的模型。而现在,大模型通过吸收海量知识,一个模型可以适配多种业务场景,大幅降低了 AI 开发和应用的门槛,缩短了从技术到应用的周期,使 AI 从作坊式开发、场景化定制,走向了工业化开发、场景化调优,依托大模型规模化解决行业问题成为可能。

2022 年 11 月 30 日,ChatGPT 正式发布,上线两个月活跃用户过亿。随着认知智能大模型的技术阶跃和快速进化,人工智能在全球掀起全新热潮。面对业界"百模大战",谁可以快速部署计算集群,完成大模型训练并快速上线,谁就能先一步抢占市场有利位置。为此,科大讯飞提出快速部署业界首个超大规模集群,进一步提升训练效率,快速完成大模型的训练。

华为则致力于提供 AI 全栈解决方案,打造中国坚实的算力底座,持续提升"软硬芯边端云"的融合能力,做厚"黑土地",满足各行各业多样性的 AI 算力需求。同时,华为发挥在计算、存储、网络、能源等领域的综合优势,改变传统的服务器堆叠模式,以系统架构的创新思路,着力打造 AI 集群,实现算力、运力、存力的一体化设计,突破算力瓶颈,提供可持续的澎湃算力。

基于优势互补的诉求和互促共进的愿景,科大讯飞与华为在深圳签署全面战略合作协议,为大模型算力底座夯实基础。

16.2.2 解决方案和价值

1. 大模型算力底座建设方案

人工智能的发展,算力是核心动力。大模型需要大算力,算力的大小,决定着 AI 迭代和创新的速度,也影响着数字经济发展的速度。算力的稀缺和昂贵,已经成为制约 AI 发展的核心因素。大模型算力可持续、算力安全尤为重要,科大讯飞与华为强强联合,基于自研产品搭建算力底座打造通用认知大模型,将人工智能建立在畅通稳健自研算力底座之上,如图 16-1 所示。

AI 大模型训练是一个复杂的系统工程,算力、存储、网络基础设施是长期稳定训练的关键。

算力方面,华为依靠完全自主架构的昇腾 AI 处理器打造昇腾 AI 基础软硬件平台,携手伙伴共建昇腾 AI 计算产业。在致力于提升单点算力的同时,面向大算力时代,持续提升规模算力,推出昇腾 AI 算力集群,采用液冷、网络、供电三总线先进系统架构,实现了快速交付、效率提升和绿色节能。

存储方面,华为 OceanStor Pacific 分布式存储加速 AI 全流程,降低总体拥有成本。该方案为大模型提供全流程存储湖平台,通过近计算加速,多协议互通使能全流程;具有安全、可靠、节能的全生命周期管理功能;为线下大算力平台提供大模型服务,搭建高效完善的大模型运行环境,提供全栈资源管理服务,简化管理和运维。

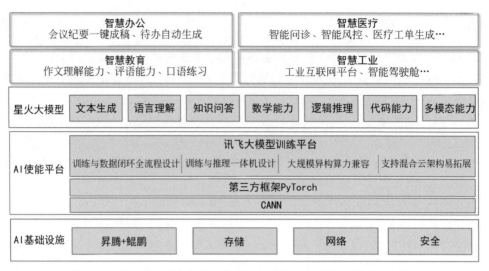

图 16-1　科大讯飞联合华为打造基于自研算力底座的通用认知大模型

网络方面,华为星河 AI 网络组建一个大规模、高吞吐、高可靠、高安全的 AI 高性能数据中心网络,在有效提升 AI 大模型的组网规模的同时,为 AI 大模型的高效、稳定、可靠的训练提供强大保障。

算力软件基础能力方面,昇腾建立了完整的大模型开发使能平台,让大模型易开发、易适配、易部署。面向"科学＋智能"的创新,昇腾提供了全流程的使能平台,扎根布局了面向大模型开发者的计算框架 CANN、AI 的开发框架 MindSpore,以及 AI 应用开发平台 ModelArts,助力基于大模型的人工智能在千行百业的规模化应用。CANN 内置了 1400 多个高性能算子,支持微秒级任务调度;MindSpore 自 2020 年开源至今,已经拥有 178 万开发者、服务 5500 多家企业和 300 多所高校教学;ModelArts 发展了 150 万多个开发者、1100 多个行业合作伙伴。

针对大模型算力底座落地场景,科大讯飞联合华为基于自研算力底座集群,打造从数据处理、领域模型定制到大模型应用的一站式 MaaS 服务,助力自身数智化转型,拓展服务行业政企客户,如图 16-2 所示。

2023 年,在昇腾人工智能产业高峰论坛上,科大讯飞公布讯飞星火与昇腾 AI 强强联合,全力打造我国通用智能新底座。

2．昇腾算力底座建设成效

大模型全生命周期包括数据获取、模型训练、模型推理和迭代微调 4 个阶段,对算力的消耗主要集中在模型的训练和推理两个阶段。在模型训练阶段,大算力用于支持训练数据处理和海量参数优化等数据密集型操作,对算力基础设施的运行效率、性能稳定性和弹性扩缩容能力有较高要求;在模型推理阶段,大算力主要用于执行前向传播计算,对算力位置、交互实时性和准确性有较高要求。根据测算,模型训练所需的算力规模是模型推理的 10 倍左右,且其对资源的占用周期也远超后者。

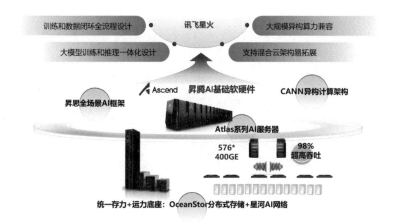

图 16-2　讯飞携手华为,打造最佳大模型算力＋存力＋运力解决方案

大模型训练强烈依赖高性能计算、高通信带宽、大显存,算力集群化发展的趋势凸显。算力资源需求与日俱增,产业数字化算力基础设施可靠供给的重要性愈发凸显,以 CPU、GPU 为代表的芯片产品价值凸显。

在 AI 加速芯片市场,海外龙头厂商占据着垄断地位,市场呈现"一超多强"态势。国内厂商起步较晚正逐步发力,部分加速芯片领域已经涌现出一批破局企业,但目前多为初创企业,规模较小,技术能力和生态建设仍不完备,在高端 AI 芯片领域与海外厂商仍存在较大差距。GPU 市场方面,海外龙头占据垄断地位,国产厂商加速追赶。目前行业内的 AI GPU 有超过 80％ 来自某国际巨头。随着需求的激增,GPU 已陷入供应短缺,这种短缺也限制了海外云厂商向客户提供算力服务,这加剧了国内大模型及计算领域供应链的不稳定。

科大讯飞与华为联合,优势互补,为大模型算力底座夯实基础。

1）昇腾持续打造极致性能、极简易用的全场景人工智能平台

计算方面,华为昇腾系列为大模型厂商提供可持续、业界领先的全栈全场景 AI 解决方案,已形成产业布局 AI 全栈技术,软硬件原生协同设计,系统级优化 AI 集群,加速大模型训练开发。主要包括昇腾系列芯片、Atlas 系列训练和推理卡、CANN 芯片使能、昇思 AI 框架、ModelArts 人工智能开发平台、MindX 智能应用使能工具等。在此基础上,科大讯飞与华为联合发布的讯飞星火一体机提供了国产软硬件一体化的私有专属大模型解决方案。一体机整合了底层算力、AI 框架、训练算法、推理能力和应用成效等全栈 AI 能力,强化了数据安全机制,为企业的智能化升级提供强有力的支持。

2）OceanStor Pacific 系列新一代智能分布式存储,助力科大讯飞超大规模 AI 训练

存储方面,实现全场景加速,E2E TCO 降 15％,兼顾高带宽或高 I/O;构筑多级可靠性机制,保障业务稳定运行,达到 99.999％;软硬一体设计,提供高可用、易维护的存储服务,RAID 卡/网卡的故障率低于业界水平 30％,硬盘故障率低于业界 50％,系统性能影响小于 5％。

3）华为星河 AI 网络高运力助力讯飞星火大模型释放算力

讯飞星火认知大模型采用华为数据中心交换机构建超大规模组网，并采用华为独创 AI 加速器，提高网络吞吐量的同时，训练效率提升 20%（内部测试数据效果）；同时华为与讯飞联合研发计算网络一体化运维技术，通信异常一键诊断，实现了训练中排障效率提升 90%。

3. 大模型建设情况

科大讯飞于 2022 年 12 月 15 日启动"1＋N"认知智能大模型专项攻关（1 个通用认知模型＋教育、医疗、消费者、城市、金融、汽车等多种应用场景），加快通用认知大模型开发进展，同时启动基于通用认知大模型的多种行业大模型及应用的开发。科大讯飞于 2023 年发布星火认知大模型，并发布阶段性能力提升计划和行业大模型发展计划，如图 16-3 所示。

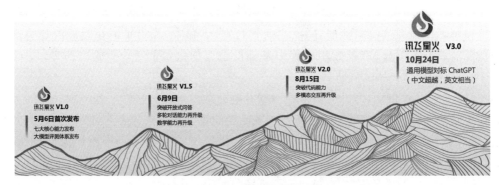

图 16-3   2023 年讯飞星火认知大模型持续升级的关键里程碑

科大讯飞星火认知大模型，拥有跨领域的知识和语言理解能力，能够基于自然对话方式理解与执行任务，从海量数据和大规模知识中持续进化，实现提出问题、规划到解决问题的全流程闭环。整体布局为"1＋N"体系。其中，"1"是指通用认知智能大模型；"N"就是大模型在教育、办公、汽车、人机交互等各个领域的落地，如图 16-4 所示。

讯飞星火大模型将作为企业"智改数转"平台中重要的核心引擎，给各行各业带来真正智慧的数字员工。讯飞星火认知大模型赋能工业，帮助企业在"研产供销服管"各场景下提高效率、降低成本、增加收益，如图 16-5 所示。

通用人工智能具有文本生成、语言理解、知识问答、逻辑推理、数学能力、代码能力、多模态能力的 7 大核心能力，可以带来人机交互的根本性变革，知识获取方式和呈现方式的根本性变革，以及科研、代码等众多工作的彻底颠覆，几乎可以深入工业企业的"研产供销服管"各个环节。

实践证明，讯飞星火认知大模型对传统行业提质降本增效起到了重要的赋能作用。例如，石化安全检测时间从 5h 缩短到 20min，代码辅助开发能力将跨平台移植 20 万行代码的时间从 3 个月缩短到 1 个月，复杂的银行客服任务机器人替代人工的比例从 20% 提升到 95%……2023 年，科大讯飞发布了 12 个行业大模型，旨在将大模型的能力和各行业各领域

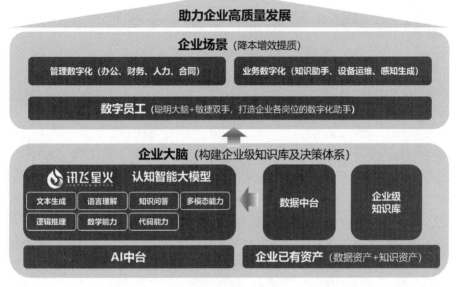

图 16-4　科大讯飞构建数据＋AI 驱动的企业大脑

图 16-5　大模型＋研产供销服管

深度对接,以场景驱动、以应用成效说话。

4. 星火大模型发布以来成效显著

国研经济研究院测评报告显示,星火大模型 V3.0 综合能力达到国际一流水平,在医疗、法律、教育行业的表现格外突出。星火 V3.0 进一步升级了数学自动提炼规律、小样本学习、代码项目级理解能力、多模态指令跟随与细节表达等能力,加快星火的落地应用能力。自 2023 年 5 月 6 日讯飞星火发布以来,讯飞开放平台开发者团队数新增 167.6 万,同比增长超 229.1%。其中,35.4 万大模型开发者在此汇聚,推动 22 万多家企业用星火创新应用新体验,满足刚性场景需求。唯有生态繁荣,才有人工智能大未来,讯飞开放平台已向全球开发者开放 647 项 AI 核心能力和解决方案,汇聚 578.5 万开发者,让 AI 像水和电一样赋能千行百业。

16.3   润和软件危化品存储室智能安全管控案例

16.3.1   案例概述

江苏润和软件股份有限公司(简称"润和软件")成立于 2006 年,是行业领先的大型软件企业。公司聚焦"金融科技""智能物联"和"智慧能源"三大业务领域,打造从芯片、硬件、操作系统到应用软件的软硬件一体化产品与解决方案能力,以及涵盖需求、开发、测试、运维于一体的综合服务体系,帮助企业开展数字化转型,实现价值提升。

化工产品的生产、经营、存储、运输、使用、废弃处置是一个涉及多个环节的复杂过程,每个环节都可能涉及危险化学品,这些化学品具有易燃、易爆、有毒、有腐蚀性等危险特性。因此在整个过程中确保安全性非常重要。其中,危险化学品的存储环节尤为关键。在化工厂或危化品存储室中,大量的危险化学品需要存储和管理,如果工作人员未能严格按照规范进行作业,将可能导致严重的安全事故隐患。因此,如何及时发现并解决潜在的安全隐患,对于化工领域的安全生产至关重要。

为此,化工企业开始寻求借助人工智能技术的应用,实现危化品存储室的智能安全管控。在危化品存储室的智能安全管控中,利用 AI 技术和实时监测数据,可以实现对危化品存储室的安全管控,包括监测异常行为、预防事故发生等。但作为一个典型的小场景微数据 AI 应用模式,危化品存储室的智能安全管控落地还面临诸多挑战。

第一,数据获取和标注难。危化品存储室通常是高风险环境,不易进行实地采集数据;同时,标注和分类工作需要专业领域的知识和技术。

第二,快速迭代和调整难。危化品存储室智能安全管控需要不断优化和迭代,以提高安全性和准确性。但由于需求和场景会不断变化,系统必须能够快速迭代和调整模型,以满足不同应用场景的要求。

第三,部署和维护成本低。对于像危化品存储室智能安全管控这样的行业碎片化 AI 应用,客户通常对成本很敏感,往往会寻求低成本的部署和维护方案。

第四,定制化开发多。危化品存储室智能安全管控是一个特定的行业应用,这就意味着需要根据客户需求进行个性化定制,以满足不同客户的场景化需求。

16.3.2   解决方案和价值

为了解决行业用户面临的诸多挑战,润和软件开发了危化品存储室智能安全管控解决方案,并借助昇思 AI 框架快速训练视觉算法模型,结合华为昇腾的强大 AI 算力与润和智能视觉分析引擎,实现危化品存储室安全管控的智能化。

在该解决方案中,模型的训练和推理过程相互分离,模型训练主要在云端进行,训练完的模型再部署到端侧应用,这种端云协同的大模型架构充分利用了云侧和边侧的资源。云侧基于历史应用场景的数据积累进行训练,构建大模型;而边缘和端侧则基于个性化的小规模数据训练本地小模型,并与云侧大模型联动训练,共同构建全网大模型,如图 16-6 所示。

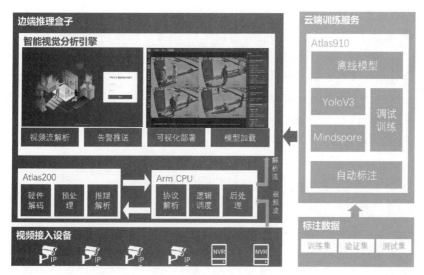

图 16-6　危化品存储室智能安全管控解决方案

　　云端训练是将大规模的数据集和强大的计算资源部署在云计算平台上,使用 MindSpore 等深度学习框架来训练和优化深度学习模型。在云端训练过程中,借助昇腾 910 等高性能芯片来加速训练,可大大提高训练效率和性能。一旦模型训练完成,可以将经过优化的模型部署到边缘设备上进行推理。

　　首先,云端训练利用云计算平台的大规模计算资源,加速深度学习模型的训练过程,这样一来,用户可以更快地训练和优化模型,减少训练时间和成本;其次,将经过训练的模型部署到边缘设备上进行推理,可以实现实时的、低延迟的模型推理,提供更好的用户体验;最后,边缘推理减少了将所有数据传输到云端进行推理的需求,减少了网络带宽的消耗,用户可以更好地利用有限的网络资源,降低数据传输的成本和延迟;而且,边缘推理将数据处理在本地,减少了敏感数据传输到云端的风险,提高了数据隐私和安全性。

　　由此可见,云端训练与边缘推理架构可以为智能安全管控方案提供更高价值。这种架构通过积木式算法组合、插拔式逻辑编排、流程化模型优化和可视化部署配置,能够快速构建适应不同场景的模型,实现业务功能快速落地,提升模型精度,推动项目高效实施和落地。这种架构不仅能够满足不同需求,还简化了部署和配置过程,为智能安全管控提供了更高的效率和便利性。

　　通过云边协同的大模型架构,危化品存储室智能安全管控解决方案能够快速落地碎片化的行业 AI 应用,实现快速迭代、定制化以及场景化的需求;同时,该解决方案适用范围广,具有较大的市场潜力。

　　在此基础上,润和危化品存储室智能安全管控平台可以为用户带来以下三大价值:①提供算法融合、逻辑编排、快速迭代和可视部署等能力,让用户可以根据自身需求选择不同的算法进行融合，并通过可视化模型训练和逻辑编排来操作和优化算法；②提供版本控制、模型评估和调优等功能，以提升算法迭代效率，并通过一键部署模型为在线推理或 AI-Web 应用提供服务，让用户可以以较低的资源成本获取高并发且稳定的在线算法模型服务；③提供资源组管理、版本控制和资源监控等功能，方便将模型服务应用于业务。

借助危化品存储室智能安全管控解决方案，化工企业可以在规定的监管区域内进行人员检测，并检查作业人员装备规范性，包括作业服、呼吸器、氧气面罩等，同时分析穿戴序列，对作业时间进行监管，降低安全风险，杜绝生产事故，为工作人员的人身安全提供保障。目前，危化品存储室智能安全管控已经实现规模化应用，在某大型石化企业上线后，迅速将其月均违规作业次数降为零，获得业内一致好评。

16.4　中科弘云 MindSpore 应用案例

中科弘云科技（北京）有限公司是一家由中科计算技术西部研究院孵化的"专精特新"企业，也是业界领先的自主创新人工智能基础软件平台产品与解决方案提供商。公司总部位于北京，并在南京和重庆设有全资子公司。核心团队来自中国科学院计算所以及中科曙光、中科星图等知名企业，已申请 50 多项软件著作权和发明专利，并通过北京市"专精特新"企业认定。

中科弘云始终坚持"自主创新、服务中国"的发展理念，致力于突破异构计算、自动学习等 AI 根技术。公司研发出训推一体的人工智能统一计算平台，打通 AI 底层技术栈，突破 AI 条块分割格局，打造面向战略行业客户的全栈自主可控人工智能基础架构解决方案。截至目前，中科弘云已服务中国船舶、航天科工、中移在线、中国石化以及国家电网、南方电网等数十家头部客户，并参与科技部、国家电网等多个重大科技项目研发工作。

16.4.1　案例概述

随着人工智能产业的发展，各种深度学习框架和算法层出不穷，但是一些企业的 AI 项目常常出现烟囱式架构的重复建设，供应商众多且标准不一，条块分割，形成信息孤岛。据统计，数据标注和模型训练占据了整个深度学习开发的大部分时间，而企业缺乏高水平 AI 算法工程师，应用需求落地门槛高，委托开发成本高，同时模型研发效率低，自动化程度差，研发人员需要重复搬箱子、造轮子，综合成本很高。

在云计算和 AI"民主化"的趋势之下，行业数据价值日益凸显，企业自主创新活力激增，催生更多行业应用场景，企业级 AI 平台成为不可或缺的基础设施之一。这类平台能够提供一套标准化、自动化的工具和服务，帮助企业高效地完成异构算力调度、样本数据管理以及模型算法开发等工作。

中科弘云作为全球第一家获得华为 MindSpore 认证的第三方 AI 平台，将自主研发的 HyperDL 平台全面适配华为昇腾算力底座，打造数据、算力和算法"三位一体""端到端"的企业级人工智能平台解决方案，通过"可视化"操作和"自动化"的流程管理让用户"零代码"

即可快速上线智能应用。AI 平台覆盖从深度学习环境搭建、数据处理、模型构建、模型训练、模型调优到应用部署的全流程,能够为企业提供全周期、全场景的 AI 资产管理服务。

16.4.2　解决方案和价值

中科弘云携手华为推出了基于 MindSpore 的人工智能平台 HyperDL 解决方案,并且全面适配华为 A800-9000 服务器。其中,MindSpore 集成了主流框架的优势,通过昇腾 NPU 提供高性能模型训练与推理服务。

HyperDL 作为一站式 AI 开发平台,针对 AI 项目的数据、算法、模型、服务等全流程,基于华为全场景 AI 计算框架 MindSpore,集成多种视觉计算场景下的高精度算法,如图像分类领域适配 ResNet、VGG 系列算法,目标检测领域适配 YoLo、SSD、FasterRCNN 系列算法,图像分割领域适配 Deeplab 算法等,构建了数据标注、模型训练与调优、模型管理、云边协同、服务监控等多个业务功能,提供数据预处理及协同标注、自动化模型训练与推理服务,以及端边云模型按需部署能力,帮助用户快速创建和部署模型,管理全周期 AI 工作流。

在模型训练与调优中,HyperDL 平台基于华为昇腾芯片加速 AI 计算,提供交互式模型开发与用户自定义算法训练功能,预置优化的任务调度器,支持单机多卡和多机多卡并行训练,并提供联合调度、作业优先级、资源配额等调度策略,实现计算资源按需、高效、自动调度;同时,具有自动调优功能,提供友好的 Web UI 来管理训练的实验,支持用户提供多个参数组合,进行多次实验,找到最优参数组合方式,提高模型训练精度。

HyperDL 提供的云边协同能力,是基于华为数据标注、模型训练及模型部署的一站式深度学习解决方案,实现云上训练、边缘部署的协同能力。云上服务发布模块可以将导入平台的文件模型和镜像模型部署为推理 API 服务,提供人工智能应用接口。在边缘应用的部署与管理时,利用华为容器虚拟化技术,实现深度学习软硬件环境按需、快速部署,并实现对边缘设备的纳管、资源监控、资源调度,可向边缘设备进行调度任务并实时监控任务状态信息。

HyperDL 全面适配 MindSpore 国产 AI 计算框架。MindSpore 是面向"端-边-云"全场景设计的 AI 框架,旨在弥合 AI 算法研究与生产部署之间的鸿沟。在算法研究阶段,为开发者提供动静统一的编程体验以提升算法的开发效率;在生产阶段,自动并行可以大大加快分布式训练的开发和调试效率,同时充分挖掘异构硬件的算力;在部署阶段,基于"端-边-云"统一架构,足以应对企业级部署和安全可信方面的挑战,如图 16-7 所示。

中科弘云 HyperDL 平台适配华为 A800-9000 国产硬件设施,具备开发态友好、与昇腾芯片对接运行高效、部署方式灵活等特点,开发效率提高了 30% 左右。平台具备服务交付敏捷化、资源调度自动化、训练任务并行化、系统管理简单化、算法集成多样化和样本管理集中化等优势,能够帮助用户通过可视化操作和自动化的流程管理快速实现样本数据准备与算法模型开发,使 AI 工程师不用再像传统开发方式一样陷于模型更新和维护等烦琐事务的处理,可潜心钻研更有价值的项目,是 AI 项目走向规模化应用的有效途径。通过持续训练、持续集成、持续部署、持续监控等多个自动化循环流程,大大缩短开发周期,提升交付质

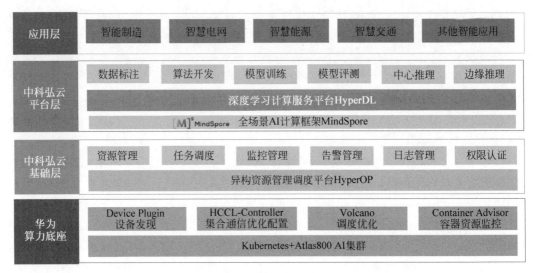

图 16-7　中科弘云联合华为打造 HyperDL 一站式 AI 开发平台

量，降低人员依赖，整体提高研发效能。目前该方案已经在制造、电力、能源、交通等多个行业落地并获得用户的认可。

16.5　小结与行业展望

如今，人工智能技术的创新和应用，正在推动大模型产业规模快速增长，大模型的训练和部署对算力提出了更高的要求，算力在其中所扮演的角色日益凸显。

在此过程中，先进算力基础设施的迭代升级，正在推动通用基础大模型和垂直行业大模型不断完善，并助力软件与 ICT 行业加速技术研发和创新。因此，提高计算资源的利用效率，不仅可以实现高效可靠的大模型训练，也能帮助软件与 ICT 企业更好地利用深度学习技术，推动技术、产品、服务等的持续创新，探索更多新的业务模式和创新机会。

1. 算力底座协同创新

算力底座的全栈协同创新，就是以一体化解决方案将软件、硬件集成到一起，实现操作系统、数据库、中间件、应用软件等各个组件之间的无缝对接，支持大规模分布式密码计算，并随业务规模变化而弹性扩容、缩容。

算力底座的全栈协同创新一方面可以为各种应用场景提供更高效的算力，实现超快部署、超大性能扩展，以及安全启动、安全运行、安全存储等多层次的安全防护；另一方面，能为企业提供更加安全可靠的计算环境，帮助软件与 ICT 行业快速构建智能化应用，为企业的全业务智能化升级提供强有力的支撑，提高企业的生产效率和创新能力。

2. 模型驱动"智慧涌现"

生成式人工智能特别是大型预训练模型的突破发展，正在引领人工智能跨越通用智能的拐点，成为新一轮科技革命和产业变革的重要驱动力量。其中，针对更安全、更易用、更灵活的私有专属大模型,大模型训推一体机正在助力软件与 ICT 行业加速进入自主创新的大模型时代。

在此背景下出现的"模型即服务"模式改变了软件开发的方式,可以让开发人员更专注于模型的构建和优化,从而大大提高了开发效率和可重用性,降低开发成本和复杂性。这不仅推动了软件与 ICT 行业新技术、新产品、新模式、新业态的快速发展,也推动了软件与 ICT 行业数智化进程。

在"模型即服务"的理念下,大模型应用正在千行万业加速落地。借助更便捷、更安全的大模型软硬件协同解决方案,推动建设更完善、更健全的大模型应用生态,已经成为软件与 ICT 行业的先进生产力工具,正带来新一轮"效率革命",并在各个领域引发所谓的"智慧涌现①"。

---

① 通常是指在人工智能、大数据、云计算等技术推动下,系统中出现的一种高度复杂的、看似自主的、自组织的现象,这种现象表现为系统能够进行高级的认知任务、学习、适应和决策。

第 17 章

酒水饮料行业

酒水饮料制造是消费品工业的重要门类,也是典型的流程加造业。该行业主要包括酒精、白酒、啤酒及其专用麦芽、黄酒、葡萄酒、果酒、配制酒等各类酒的生产,以及碳酸饮料、瓶(罐)装饮用水、果菜汁饮料、含乳饮料、植物蛋白饮料、固体饮料、茶饮料等各类饮料的生产制造。

17.1 酒水饮料行业洞察

酒水饮料是消费品工业的重要门类,是重要的民生产业,在保障和满足人民群众日益多元化消费需求方面发挥着重要作用。随着人们生活水平的提高和消费观念的改变,酒水饮料行业也在不断发展和变化。消费者对酒水饮料的需求不再仅仅停留在满足基本需求上,而是更加注重健康、品质、口感和个性化。这就要求酒水饮料行业不断创新,提高产品的品质和多样性,以满足消费者的升级需求。

当前,数字技术在酒水饮料行业中的应用日趋广泛,可以帮助企业更好地理解消费者需求,优化产品开发,提升生产和供应链管理,还能更有效地与消费者进行沟通。工业和信息化部等五部门联合印发《数字化助力消费品工业"三品"行动方案(2022—2025 年)》(工信部联消费〔2022〕79 号),明确提出要以消费升级为导向,以数字化为抓手,以场景应用为切入点,聚焦关键环节,强化数字理念引领和数字化技术应用,统筹推进数据驱动、资源汇聚、平台搭建和产业融合,推动消费品工业"增品种、提品质、创品牌"迈上新台阶。

在技术驱动、需求拉动下,酒水饮料行业从生产、加工、包装、物流、仓储、营销、市场、服务等各个环节都已经开始和数字技术深度融合,以数字化、网络化、智能化为突破口,深入推进产业链上下游环节的数字化转型和智能化升级,以数据流驱动各个环节业务流,形成产业链上下游和跨行业融合的数字化生态体系。从供应端来看,企业需保证原料从进厂到生产到整个交付过程的质量与追溯,满足消费者知情权;工厂生产线通过工业自动化提升效率、降低对人的依赖度;同时在"双碳"背景下,借助绿色智能制造践行绿色低碳,降低能耗,提高绿色化水平。从需求端来看,消费者需求的多元化和个性化,食品的多样化和复杂度越来越高,新品上市周期缩短、品类多样性大幅提高;消费者购买决策主要为即时性需求,受渠道影响大,消费、渠道管理要求高;对于客单价低、消费者价格敏感度高的酒水饮料行业来说,运输(包括冷链)、周转、存储安全等环节对最终成本的影响较大,企业面临的成本竞争压力也相对较大。

酒水饮料行业的物流园区是专门为酒水饮料供应链管理提供集散、仓储、分拨、配送等综合服务的物流园区,通常具备一定的规模,拥有完善的物流基础设施,如仓库、配送中心、运输车辆停车场、装卸区等。物流园区的设计和运营需要提高物流效率,降低运输成本,确保产品质量和新鲜度,同时提供安全、快捷的物流服务。

随着酒水饮料行业物流园区规模的扩大、管理对象的增长以及业务的复杂化,园区从安全、体验、成本和效率等方面面临着多重挑战。智能化时代的到来,带动了酒水饮料行业物流园区转型升级。通过智能单元化物流技术、智能物流装备、物联网、AI 大模型等技术的融合应用,打造智能物流园区管理体系,有利于显著提高行业内企业生产效率,降低生产成本,实现工厂物流智能化升级。

17.2 贵州茅台双龙智慧物流园案例

17.2.1 案例概述

中国贵州茅台酒厂(集团)有限责任公司是特大型国有企业,作为世界三大名蒸馏酒之一,贵州茅台以其"酱香突出、优雅细腻、酒体醇厚、空杯留香"的独特风味和深厚的历史文化,不仅成为贵州的一张名片,更是香飘五洲四海的中国名片。贵州茅台酒厂(集团)物流有限责任公司是集团旗下的二级子公司,以"助力产业转型,促使产业升级"为使命,将"成为国内一流的一体化供应链物流管理服务公司"作为愿景,以"立足茅台,携手股东,打造国内知名的一体化供应链物流上市公司"作为"十四五"期间的战略目标。公司业务覆盖物流管理、道路运输、货物仓储、粮食购销以及相关增值服务,已在成品酒配送领域和白酒生产原材料仓配领域初步形成了标准统一、质量统一、信息统一、服务统一的物流服务体系。

在新一轮科技革命和产业变革的推动下,数字化、智能化技术已经深入各行各业,酿酒行业也不例外。顺应这一趋势,贵州茅台酒厂(集团)物流有限责任公司也在积极拥抱数字经济,推动自身的数字化转型、智能化升级。

贵州茅台双龙智慧物流园项目旨在打造一个"国内一流、行业领先、区域亮点"的智慧化、可持续发展生态供应链物流产业园。项目建成投产后,将有力推动贵州省物流产业发展,成为全国范围内的高端酒品储备与物流配送中心。贵州茅台双龙智慧物流园将成为集团近工厂端的全国成品仓储分拨中心,确保成品下线后的快速存储。通过连接全国各区域仓库,实现货品快速调拨和补给,以满足贵州省内及周边地区的物流配送需求。同时,该物流园不仅致力于成为高端产品储备中心与现代化酒品物流园区的标杆,还肩负着稳定市场供需关系、实现供应链创新、提升核心竞争力、构建一流现代化物流体系的重要使命。

17.2.2 解决方案和价值

智慧物流园区总体解决方案专注于优化园区运营管理、提升物流及仓储效率,通过全面连接管理对象、深度融合数据资源,实现园区和仓库的可视、可管、可控,为园区运营和物流运作创造安全、舒适、高效且低成本的环境。贵州茅台双龙智慧物流园共建设 6 座自动化立体仓库,采用北进南出、东西对称的布局设计,其中 2 座智慧化无人仓、1 座战略储备仓,并配套办公、园区运营、设备维护及消防安全服务设施。园区建设的核心在于提升茅台成品酒中心仓的存储能力,满足茅台成品酒入库、出库、存储的管理要求。基于 5G、物联网、AI、机器视觉等新技术、新方法,解决传统物流园区的管理难点,构建仓储作业智能化应用场景和园区管理智能化运营方案,实现对人、车、货、场的高效管理。贵州茅台双龙智慧物流园的总体架构如图 17-1 所示。

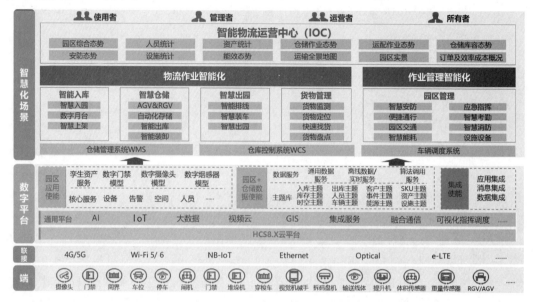

图 17-1　茅台双龙智慧物流园总体架构图

茅台双龙智慧物流园依托统一的园区数智平台,提供海量数据存储与大数据算力支撑,其突出表现如下:

在数据管理上,通过构建茅台成品酒仓储物流数据管理体系,并深度融合物流业务数据、园区管理数据、机电一体化数据,实现可视、预测、决策类分析服务,构筑智慧茅台物流,并逐渐成为智慧茅台供应链板块的数据基座。

在数据资产积累上,园区致力于建设茅台物流的数据资产体系、数据模型和数据主题库,沉淀数据资产;同时,通过构建茅台物流数据服务体系,为业务应用系统提供数据服务,支撑业务应用系统的快速开发和部署。

在可视化体系方面,园区建设可视化体系,为各业务部门提供了直观的数据分析报表,为茅台物流的管理、生产、经营提供辅助决策;此外,通过建设设备运行可视化仿真系统,可实时监控设备运行状态。

在数据分析与挖掘方面,园区建设数据分析挖掘体系,结合实时数据,通过建模做预警和预设建议,帮助管理者提前感知市场及运营变化趋势,为仓储运营的各类实时事件处理提供辅助支撑;同时,对设备运行等历史数据进行深入分析,建立精确的模型,结合当前的出入库单,能够生成更合理的设备运行指令。这不仅显著提高了设备运行效率和设备间的协同作业能力,还有效地降低了能耗,实现了物流园区的绿色、高效运营。

为满足茅台双龙智慧物流园的业务需求和规划诉求,本项目依托园区数智平台构建五大智慧应用场景,全面覆盖园区运营及物流运作的数字化管理领域。五大智慧应用场景包括智能入库、智慧仓储、智慧出园、智能货物管理和智能园区管理。

智能入库包含智慧入园、数字月台、智慧上架三项应用场景,通过物联网、机器视觉、AI等技术的智慧融合和联动,打通车辆入园、月台调度、月台管理、车辆卸货、货物安检、货物打托、收货、货物上架等工作环节,形成统一的智能化入库场景。

智慧仓储通过集成自动化设备、统一协调调度、智能算法指令,将原本传统作业中的仓储、搬运、出库、装卸等物流作业流程升级为自动化、智能化的仓储模式。本项目智慧仓储方案涵盖:自动化存储、AGV/RGV、智能出库、智能装卸四个应用场景,依托智能算法、自动化集成、无线识别以及建模仿真技术,打造高密度、高效率、可盘、可视的自动化智慧仓库。利用自动化设备硬件与仓储系统高效联动,支撑订单快速出库、数据驱动作业、路由指令智能分解调度、动态规划物料流转路径、作业自动化。

智慧出园为货物出库、出园提供全链路智能系统支撑,实现订单和货物出园运作的系统化、信息化、数字化。本项目智慧出园方案以 TMS(Transportation Management System,运输管理系统)、车辆调度系统为基础,结合 AI 算法为园区打造了一个智能、高效的出园流程。

智能货物管理专注于提升茅台成品酒中心仓存储能力,满足茅台成品酒的入库、出库、存储的管理要求,通过 WMS 系统、WCS 系统、立体仓库、堆垛机等智能系统,实现货物定位、货物盘点、快速找货等货物管理智能化。通过智能货物盘点替代传统人工盘点,实现账实一致,提升库存管理质量。

智能园区管理采用平台化架构设计,通过构建统一的园区数智平台打通各类系统之间的孤岛,实现园区数据的全面融合与集成。这一方案不仅满足上层智慧化应用的需求,并且构建了统一的安全体系、标准规范体系以及与外部平台和系统的对接标准。智慧园区解决方案将周界、门禁、消防、车辆、楼宇、群控、配电等业务子系统统一接入、汇聚、建模,形成综合分析展示、集成联动和统一服务的能力,涵盖智慧安防、便捷通行、园区交通、智慧能耗、应急指挥、智慧考勤、智慧消防、设施设备等。

茅台双龙智慧物流园项目以解决园区安全管理、人员车辆管理、物流运营效率、物流作业管控、资产管理、节能减排及人员体验等物流园区典型问题入手,从提升效率、降低园区综合运营成本、改善体验及提高园区安保水平出发,以建设全国领先的智慧物流园区为目标,运用云计算、人工智能、物联网、GIS/BIM 及大数据等先进的 ICT 技术,实现园区人、车、货、场、交易、事件等的可视、可管、可控。通过数字化手段对园区进行精准运营,提升运营管理水平,为集团内部的供应链物流体系实现降本增效,提高物流公司市场化业务收益,带动区域产业经济的发展,成为区域产业亮点。最终,该项目将建立起一套完善的服务于茅台、服务于社会的"酒类专业化、标准化供应链物流服务体系"。

17.3　蒙牛 AI 大模型案例

17.3.1　案例概述

在数字化转型的浪潮中，蒙牛集团以其前瞻性的"AI 驱动双飞轮"战略，成功地将 AIGC（Artificial Intelligence Generated Content，人工智能生成内容）技术融入其业务流程，特别是在 AI Service Management（AISM）项目和 WOW 健康小程序中的应用，展现了其在 AIGC 领域的卓越成就。

AISM 项目发展历程如下。

2023 年年初，蒙牛建立了专业的技术研发团队，开启大模型及 AIGC 的探索。

2023 年 4 月，由 AISM 赋能的营养健康服务向蒙牛内部开放。

2023 年 5 月，蒙牛营养健康领域模型 MENGNIU.GPT 具备通过 11 门专业考试的能力。

2023 年 5 月，由 AISM 赋能的场景工厂交付使用，开始为营销服务团队提供高效的内容生产工具。

2023 年 6 月，由 AISM 场景工厂生产的内容和营养健康服务预计触及 50 多万中国消费者。

2023 年 8 月，MENGNIU.GPT 通过 21 门营养健康领域专业考试；开放 WOW 健康小程序，邀请消费者测试体验；开放 MENGNIU.GPT 能力，邀请生态伙伴自由地探索和创造场景。

17.3.2　解决方案和价值

1．AISM 项目：蒙牛的智能化升级引擎

AISM 项目，是蒙牛数字化转型战略的核心技术平台，旨在构建一个全面、深度整合的泛能力中台解决方案。这一平台不仅支持生成式大模型的应用，还通过云端架构的灵活性和可扩展性，实现了与多种模型接口的高效对接。AISM 平台的向量库管理功能，使得用户能够轻松管理和应用多类向量库，而模型训练管理和服务管理功能则允许用户自主训练和强化私有模型，以适应特定的业务需求，如图 17-2 所示。

AISM 项目的成功实施，得益于蒙牛集团 CDO 的直接以及集团层面人力、算力等全方位的投入。蒙牛集团与国内领先的大语言基底模型研发企业合作，注入了丰富的专业文献和语料，以探索最适合乳业和营养健康领域的 AI 模型建设和应用架构。这种跨部门的数据和知识共享，不仅提升了工作效率，也为蒙牛在内容创作、知识管理、客户服务等领域的智能化升级提供了强有力的支持。

AISM 项目的实施，不仅改变了蒙牛的工作方式，还为业务部门提供了新的视角和思路。通过 AI 技能的开发，如 AI 营养师、AI 营销助手、AI 客服等，蒙牛实现了基础任务的自动化，显著提高了工作效率。同时，蒙牛还通过 AISM 项目培养员工的"模型思维"，鼓励员工利用日常工作中积累的数据对 AI 模型进行训练和微调，以提升模型的精确度和效率。

面对全面智能化升级过程中的挑战，蒙牛通过自主研发的 AI 能力，提供了用户展现、

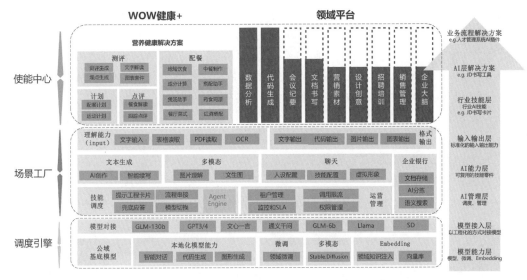

图 17-2　蒙牛 AISM 方案架构

交互、触达等服务,并构建了"企业大脑",将 AI 能力打包成为多个场景和 AI 技能,与企业运营各方面的数字化系统打通,全面赋能各个职能部门,如图 17-3 所示。

图 17-3　通过 AI 能力构建"企业大脑"

运营至今，AISM 项目的收益和改进成效显著，近期将在蒙牛 10 个以上的职能部门落地应用，并有望在一些场景中提升工作效率 50% 以上，预计将在首年为蒙牛集团节省 1500 万元左右。此外，蒙牛计划通过 AISM 为面向消费者的服务平台提供 AI 支持，大幅降低单次服务成本，全面铺开后预计将为品牌消费者每年带来价值超过 3000 万元的增值服务。

2. WOW 健康：AIGC 技术在消费者服务中的应用

WOW 健康小程序是蒙牛 AISM 平台 AI 能力在消费者服务领域的一次创新应用。通过 AIGC 技术的应用，蒙牛实现了规模化、个性化的消费者沟通方式，如图 17-4 所示，为用户提供长期陪伴及智能化的营养健康服务，不仅实现了运营效率的提升和成本的节约，更建立起了紧密的消费者关系。

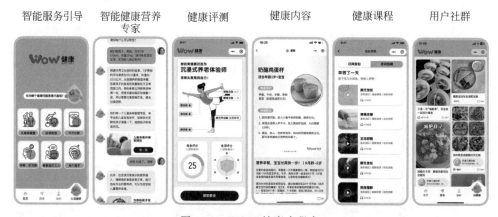

图 17-4　WOW 健康小程序

AIGC 的自动化内容生成能力将为消费者提供 7×24h 的个性化服务，使得蒙牛能够快速实时响应消费者需求。这种敏捷性是传统团队难以匹敌的，它不仅提高了响应速度，也减少了对人力资源的依赖，降低了运营成本，更是与消费者建立了更加密切的沟通渠道。例如，在传统模式下，一个消费者运营平台可能需要 10～20 人的团队，如果提供个性化健康服务，还需要根据用户人数匹配更多的营养师团队；而在蒙牛，采用 AIGC 技术后，运营团队成员更多负责 AI 系统的监控、数据更新分析和用户反馈处理等工作内容，大大减少了其他人员的需求，如图 17-5 所示。

AIGC 在数据分析和决策支持方面的能力，为蒙牛提供了深入的用户洞察。这些洞察有助于蒙牛更精准地定位目标市场，优化产品研发和营销策略。同时，通过引入 AIGC 技术，对健康测评、用户咨询的健康问题进行分析，对消费者需求形成了更加深刻全面的洞察，这不仅使得蒙牛对消费者的理解更加深入，更是助力蒙牛在激烈的市场竞争中保持领先地位。

AIGC 在内容创新和多样性上的潜力，为蒙牛带来了新的市场机会。AIGC 能够学习和模仿不同的风格和主题，创作出多样化的内容，这对于吸引和保持用户的兴趣至关重要，同时也为企业的品牌传播和市场拓展提供了新的可能。

蒙牛通过 AIGC 技术实现 WOW 健康小程序的服务，展现了其在新时代背景下的创新能力和市场领导力。虽然无法计算精确的数字，但 AIGC 技术对减少人力成本和长期运营

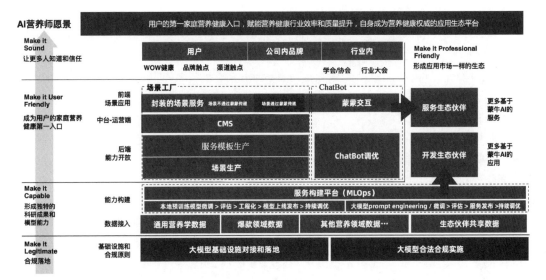

图 17-5　WOW 健康平台服务架构

成本的效果是显而易见的,为企业带来了更高的运营效率、更紧密的消费者关系、更坚定的品牌忠诚度,如图 17-6 所示。

图 17-6　营养健康品牌四域发力

蒙牛集团在 AIGC 领域的探索和实践,不仅体现了蒙牛对技术创新的执着追求,也展示了蒙牛在数字化时代引领行业发展的决心和能力。通过 AISM 项目和 WOW 健康小程序的成功案例,蒙牛证明了 AIGC 技术在强化消费者沟通、提升品牌忠诚度、优化企业运营效率、降低成本、增强市场竞争力方面的巨大潜力。未来,随着 AI 技术的不断进步和应用场景的拓展,蒙牛有望在智能化升级的道路上取得更多的突破,为整个乳业乃至营养健康行业树立新的标杆。

3. MENGNIU.GPT:云算力让企业级模型高效训练成为可能

在当今信息技术日新月异的时代,企业对于数据处理和智能化运维的需求愈发迫切。蒙牛作为长久以来专注于乳制品与营养健康领域的巨头,迎着技术的巨浪,加速了转型的步伐。而这一切的核心驱动力,正是由云算力赋能的 MENGNIU.GPT 企业级大模型,正在将智能化的种子撒遍企业的各个角落。

MENGNIU.GPT 的诞生并非一蹴而就，而是基于蒙牛 20 多年沉淀的奶制品领域知识、海量营养健康领域的语料以及不断优化的 AI 技术。MENGNIU.GPT 不仅通过了 21 项专业考试的检验，更因其深厚的领域知识，成为每个家庭的营养健康助手。

借助云算力，MENGNIU.GPT 的培养和进步变得更为高效和安全。云平台的强大计算能力为模型的训练提供了必要的资源，而在云端的分布式计算不仅大幅度缩短了训练时间，还因其高度的可扩展性，使得模型能够不断地自我进化。企业无须再进行昂贵的硬件投资，即可享受到 AI 最前沿的成果。

要构建这样的模型，数据是关键。蒙牛通过构建数据接入基础设施，在原有数字化建设的基础上制成了企业级的"数据资产库"，涵盖了包括营养健康、客服、营销等各领域的数据，并搭建起一个内部的"知识银行"，利用 AI 技能对大量专业文件进行梳理和分拣，将这些知识整合应用到日常工作中，成为企业内部的宝贵资源。

在未来，蒙牛将继续迈向更多重要的里程碑。例如，构建一个兼容不同基底模型的自动化框架，完成训练独立知识产权的领域模型，通过场景工厂提供更多基于 AI 的智能服务。这些举措将为公司带来全新的服务效率和用户体验。

蒙牛始终与时俱进，通过 AISM 项目，不仅为自身带来了转型升级，也为整个行业提供了智能化的范例。在与科技合作伙伴和行业专家的共同合作下，蒙牛正逐步构建大健康领域的人工智能生态，让 AI 技术的红利惠及更广泛的范围。蒙牛的实践充分证明：在云算力的加持下，企业级模型的高效训练不仅成为可能，而且将开启科技引领产业革新的新篇章。

17.4 小结与行业展望

近些年，酒水饮料市场竞争激烈，企业在这样的环境中要想脱颖而出，就必须寻求创新与突破。智能化技术正是这个时代的赋能者，它能够为生产企业注入新的活力，提升其创新、生产和运营效率。

通过智能化技术的深入应用，企业不仅能够更快速地研发并推出新产品，满足市场的多变需求，还能在体质上实现降本增效，优化资源配置，提高整体营利能力。例如，通过使用人工智能和机器学习技术，企业可以更快地研发新产品，并更准确地预测市场趋势和消费者需求。采用物联网技术和智能化仓储管理系统，可以实现库存的实时监控和自动化调度，优化物流配送路径，降低库存成本和运输损耗，提高企业的物流管理水平。智能化技术还可以帮助企业优化其生产和运营流程，减少浪费，提高效率和生产力。

在激烈的市场竞争中，酒水饮料企业要想脱颖而出，必须紧跟科技发展趋势，积极拥抱智能化技术。通过智能化技术的应用，企业可以实现生产、管理、销售等各个环节的数字化、网络化和智能化升级，提高自身的创新能力和市场竞争力。同时，企业需要不断探索适合自身发展的智能化升级道路，在激烈的市场竞争中，筑起一道坚固而独一无二的护城河，以应对市场的不断变化和挑战并稳立不败之地。

第 18 章

建筑地产行业

建筑地产行业规模大、链条长、影响深远,是我国国民经济的支柱产业,也是工业化、城市化的先导产业和基础产业,为促进经济社会高质量发展做出了突出贡献。如今,建筑地产行业正在经历由高速增长的"增量时代"向"增存并举"时代过渡。借助新一代信息技术的应用,推动行业高质量发展,已经成为建筑地产行业发展的必然选择。

18.1 建筑地产行业洞察

当前来看,市场增速放缓、融资压力增大和结构性调整加速,正在给行业格局带来新的冲击。建筑地产行业粗放式发展的红利时代已经结束,精细化管理的红利时代正在开启。建筑地产企业必须通过快速响应客户需求、推动降本增效、提高风险防范等,向管理要效益。面对新时代的机遇和挑战,建筑地产行业正在积极推进云计算、大数据、人工智能等新技术在投资、建造、销售、运营等不同业务场景中的落地应用,加速向智能化升级,为各个环节的优化升级、降本增效带来丰富的想象空间。

18.1.1 建筑地产行业概况

当前,建筑地产行业圆满完成了一系列关系国计民生的住房和基建大工程,极大地满足了人们生活、办公和休闲娱乐需求。伴随着我国经济的持续快速发展,以及人民群众生活水平的不断提高,人们对住房、办公、出行、购物和旅游等建筑的需求越来越多样化和个性化,同时,环境保护、可持续发展、智能化等技术的发展也对建筑地产行业提出了新的要求。数字化和智能化技术为建筑地产行业带来了新的发展机遇,建筑地产行业正在借助数字化转型和智能化升级加速迈向高质量发展的新阶段。

1. 建筑地产行业承压,亟须提升数字化、智能化能力

近年来,受宏观环境变化和人口出生率下降等多重因素影响,建筑地产行业的发展正在放慢脚步。来自国家统计局的数据显示,2022 年,我国建筑业总产值逾 31 万亿元,同比增长 6.5%,增速放缓;2022 年,我国房地产开发投资 132895 亿元,同比下降 10.0%。建筑行业总产值及增速如图 18-1 所示。

同时,我国土地资源、劳动力要素、用户需求等都已发生质的变化。国家统计局公布的数据显示,2022 年年末,全国常住人口城镇化率达到 65.22%;而《中国人口普查年鉴-2020》则显示,我国家庭户人均居住面积达到 $41.76m^2$。未来,人们对住房的需求将向高品质住房环境转变,更加追求健康舒适、便利宜居、技术先进和低碳环保。面对上述行业趋势

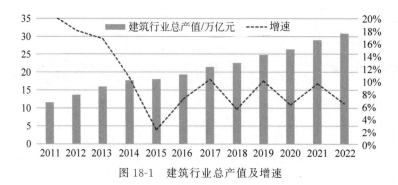

图18-1　建筑行业总产值及增速

和需求变化,建筑地产行业亟须提升数字化、智能化水平,走智能化建造、高品质建筑之路。

2. 建筑地产行业利润率走低,迫切需要借助智能化升级降本增效

建筑地产行业主要靠国家宏观政策和固定资产投资拉动,规模扩张依赖土地资源、人力资源和其他生产资源的不断投入,整体毛利率低、营利能力弱。例如,前端的勘察设计环节,收费标准长期维持在30元/平方米,但用工成本特别是专业技术人力成本的上升,使得勘察设计业务难增长、利润持续下滑,相关企业纷纷向中下游业务扩展。同时,由于建筑地产项目周期通常长达数年,项目计划的利润率受到多重因素影响,实际利润率远远低于计划。例如,因为项目施工的数字化率低,导致施工现场缺乏有效监管、物料使用和工程进度无法精准把控,项目管控难以实现精细化引起成本控制与预期差别大;项目外部因素引起工期延迟、各类成本变化导致预算假设不成立等。

2017年之前,我国建筑行业利润率长期维持在3.5%左右。近年来,由于人力、原材料、能源、运输等成本的快速上升,以及安全、环保、绿色等管理要求,建筑行业的利润进一步下滑,2022年,我国建筑行业利润率仅为2.7%,如图18-2所示。

图18-2　建筑行业利润率

房地产开发企业利润率在2018年达到16.4%的高峰后也逐步下降,2022年,房地产开发企业利润率已经降至8%,如图18-3所示。

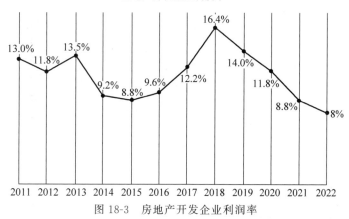

图 18-3　房地产开发企业利润率

通过智能化设计、智能化建造、智慧化运营运维转型，提升设计效率、提高建造效率、增强建筑产品品质和提升产品增加值，已成为行业上中下游破解营利难题的共识。

3．建筑业存在老龄化、招工难等问题，需借助智能化实现转型升级

受城镇化率提升、生育率下降、教育水平不断提高等影响，我国人口结构正朝着中老年龄化、高学历化发展。预测数据显示，到"十四五"期末我国将进入中度老龄化社会，统计数据则显示我国 2021 年年底的劳动力平均年龄已逼近 40 岁。

建筑行业是一个典型的劳动密集型、规模增长依赖人力资源的行业。同时，传统建筑工地劳动强度大、工作环境恶劣等因素，导致受教育度较好的 1990 年后及 2000 年后出生的群体更愿意从事快递行业、送外卖等行业而不愿加入建筑行业。我国建筑业从业人数在 2017年达到 5530 万顶峰后，最近 5 年逐年下滑，回落到 5140 万，同期建筑从业人员平均年龄从40 岁增长到 45 岁，50 岁以上的人数占 45％，意味着建筑业面临老龄化、年轻人不入行等用工难、招工难的挑战，特别是随着人口老龄化的加剧和年轻一代对传统建筑行业的不感兴趣，这些挑战变得更加严峻，如图 18-4 所示。

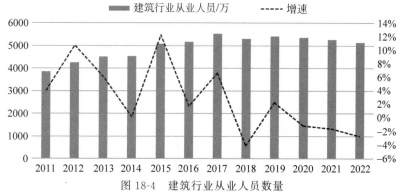

图 18-4　建筑行业从业人员数量

为了解决这些问题，建筑地产行业正在通过工程化和智能化升级，以提高效率、降低成本并吸引更多的年轻人加入这个行业。一方面可以优化建造流程，把一部分工地现场岗位搬进制造工厂，如构件预制生产、装配式建造等，减少现场施工对人力的依赖；另一方面则是引进智能化作业，如机器人和各种自动化应用，全流程提升作业效率并增加智能操作型岗位，从而吸引年轻群体就业，应对适龄劳动力持续减少的困境。

4. 地产行业数据治理能力有待加强，需要借助智能化升级提升效率

如今，在地产行业运营运维过程中，对数字化、智能化的需求日益迫切。以园区为例，初建期往往更重视物理实施建设，弱电、安防、门禁、网络、数据中心、照明、水电等系统种类众多，容易忽略顶层设计导致各子系统封闭孤立，各子系统的数据缺乏有效治理，无法实现有效协同，无法进行跨系统联动提升运营效率，很多流程执行仍然靠人工、工单、线下方式完成，效率低、用户体验差；缺乏对用户租户在健康、舒适、安全、高效、便捷等体验的数据采集和挖掘，难以提供智慧化的在线物业管理服务，如图 18-5 所示。

图 18-5　办公园区运营运维痛点

面对上述挑战，建筑地产行业迫切需要引进智能化技术为代表的先进生产力，与行业自身流程相结合，实施智能化自动化的规划设计、智能建造施工和智能运营运维，从而大幅提高建造效率、提升建筑品质、提升行业品牌与竞争力。例如，在土地选址和项目可行性研究中，利用大数据和机器学习算法分析市场需求、人口流动、交通状况等，可以帮助决策者做出科学合理的规划决策；利用虚拟现实和增强现实技术，可以在规划设计过程中进行模拟和可视化，帮助设计师更好地理解和展示设计意图，提高沟通和决策效率。又如，全流程智能自动化可大幅减少纸质文件、图纸的使用，大幅降低人工耗费；增加年轻群体适宜的工作岗位，如操控无人机进行勘察、远程控制塔吊和各种建筑机器人、操作各类无人装载设备等，吸引更多新人加入建筑地产行业；并可以进一步通过大数据分析和预测、行业 AI 及大模型使能，优化资源配置，提升物料使用率，提升运营效率。

18.1.2　建筑地产行业加速智能化升级

近年来，我国建筑地产行业已经走过了信息化阶段，正在向数字化深度应用和智能化方向快速迈进。早期,建筑地产行业的信息化主要集中在部门和项目中,如工程造价、建筑设计等领域,后来,建筑地产行业开始将不同的信息系统进行集成,以提高工作效率和数据共享,跨部门、跨项目的信息化应用逐渐普及。如今,建筑地产行业开始积极推动各类数字技术与业务场景的深度融合,以提高效率、降低成本、增强企业竞争力;尤其在一系列国家政策的指引下,建筑地产行业的智能化设计、智能化施工、智能化运维等创新应用不断涌现,行业已经进入智能化发展的"快车道"。

1. "十四五"规划提出加快智能建造与新型建筑工业化转型

近年来,在创新、协调、绿色、开放、共享的新发展理念引领下,我国建筑业生产规模不断扩大,行业结构和区域布局不断优化,吸纳就业作用显著,支柱产业地位不断巩固,对经济社会发展、城乡建设和民生改善发挥了重要作用,我国正由"建造大国"向"建造强国"持续迈进。

2022 年发布的《"十四五"建筑业发展规划》(以下简称《规划》)中,明确建筑业 2035 远景目标为:以建设世界建造强国为目标,着力构建市场机制有效、质量安全可控、标准支撑有力、市场主体有活力的现代化建筑业发展体系。到 2035 年,建筑业发展质量和效益大幅提升,建筑工业化全面实现,建筑品质显著提升,企业创新能力大幅提高,高素质人才队伍全面建立,产业整体优势明显增强,"中国建造"核心竞争力世界领先,迈入智能建造世界强国行列,全面服务社会主义现代化强国建设。

《规划》明确"十四五"时期建筑业目标为:对标建筑业 2035 年远景目标,初步形成建筑业高质量发展体系框架,建筑市场运行机制更加完善,营商环境和产业结构不断优化,建筑市场秩序明显改善,工程质量安全保障体系基本健全,建筑工业化、数字化、智能化水平大幅提升,建造方式绿色转型成效显著,加速建筑业由大向强转变,为形成强大国内市场、构建新发展格局提供有力支撑,如表 18-1 所示。

表 18-1 "十四五"建筑业发展规划

加快智能建造与新型建筑工业化协同发展	完善智能建造政策和产业体系
	夯实标准化和数字化基础
	推广数字化协同设计
	大力发展装配式建筑
	打造建筑产业互联网平台
	加快建筑机器人研发和应用
	推广绿色建造方式
健全建筑市场运行机制	加强建筑市场信用体系建设、深化招标投标制度改革、完善企业资质管理制度、强化个人执业资格管理、推行工程担保制度、完善工程监理制度、深化工程造价改革
推行建筑师负责制	推广工程总承包模式
	发展全过程工程咨询服务
	推行建筑师负责制
培育建筑产业工人队伍	改革建筑劳务用工制度、加强建筑工人实名制管理、保障建筑工人合法权益

续表

完善工程质量安全保障体系	提升工程建设标准水平、落实工程质量安全责任、优化工程竣工验收制度、构建工程质量安全治理新局面
	全面提高工程质量安全监管水平
	强化勘察设计质量管理
	推进工程质量安全管理标准化和信息化
稳步提升工程抗震防灾能力	健全工程抗震防灾制度和标准体系、严格建设工程抗震设防监管、推动工程抗震防灾产业和技术发展、提升抗震防灾管理水平和工程抗震能力
加快建筑业"走出去"步伐	推进工程建设标准国际化、提高企业对外承包能力、加强国际交流与合作

2. 智能建造试点加速推进：各地积极响应建筑行业智能化升级

为大力发展智能建造，以科技创新推动建筑业转型发展，住房和城乡建设部启动北京、天津、重庆、广州、深圳等24个城市智能建造试点。2022年10月25日发布的《住房和城乡建设部关于公布智能建造试点城市的通知》要求试点城市建立健全统筹协调机制、加大政策支持力度、有序推进各项试点任务，确保试点工作取得实效，及时总结工作经验，形成可感知、可量化、可评价的试点成果。智能建造试点工作主要包括三方面内容：一是加快推进科技创新，提升建筑业发展质量和效益，重点围绕数字设计、智能生产、智能施工、建筑产业互联网、建筑机器人、智慧监管挖掘一批典型应用场景，加强对工程项目质量、安全、进度、成本等全要素数字化管控，形成高效益、高质量、低消耗、低排放的新型建造方式；二是打造智能建造产业集群，培育新产业新业态新模式；三是培育具有关键核心技术和系统解决方案能力的骨干建筑企业，增强建筑企业国际竞争力。

这24个试点城市积极响应工作要求，均制定了2023—2025年的试点目标，部署智能建造试点项目以及探索智能建筑应用。以广州为例，2023年6月，广州市住房和城乡建设局发布了《广州市智能建造试点城市实施方案（征求意见稿）》，试点目标如表18-2所示。

表18-2   广州智能建造试点目标

试 点 内 容	2023 年年末目标	2025 年年末目标
装配式建筑面积占比	≥35%	≥50%
建设工程智慧监管平台覆盖率	100%	100%
培育龙头骨干企业数量	≥4	≥8
试点智能建造项目数量	≥10	≥20
培育建筑产业互联网范例平台数量	≥2	≥3
智能建造产业链相关产业园区	—	≥5

其他试点城市，如北京，计划在2025年前建立5家以上智能建造领军企业、3个以上智能建造创新中心、2个以上智能建造产业基地。同时，将建设30个以上智能建造试点示范工程，推出3个以上建筑产业互联网平台，并研究制定10项以上智能建造相关标准。随着这些措施的推进，智能建造发展的政策体系、产业体系和标准体系将初步形成，产业集群的

优势将得到凸显,逐步推动建筑业企业逐步实现建筑业企业数字化转型。

3. 头部企业积极探索智能化升级、实践智能化应用

国家一系列政策文件引导建筑行业朝着工业化、智能化、绿色化方向发展,建筑行业各龙头企业纷纷加强资源整合、加大研发资源投入、加快高新技术向建筑行业的引入,积极探索建筑行业 E2E 流程向工业化、智能化和绿色化转型路径。

例如,中国建筑集团 2022 年财报显示,围绕创新驱动发展战略,企业致力于加快建筑科技创新和数字化转型。2022 年研发投入增加 25%,其中,研发人员数量增加 18%、本科及以上学历人数增加 18%,体系化建设 2+6 建筑科技创新平台,包括 2 个重点实验室、6 个工程研究中心。依托创新平台,中国建筑不断提高研发经费投入产出比,集中力量攻克一批关键核心技术,聚焦绿色低碳发展和数字化转型两大主攻领域,探索绿色建造、智慧建造、工业化建造等新型建造方式,加快区块链、建筑机器人、人工智能等先进技术的研发应用,如表 18-3 所示。

表 18-3　中国建筑科技创新平台

重点实验室	工程研究中心
中国建筑高性能工程结构试验分析与安全控制重点实验室	中国建筑智能建造工程研究中心
	中国建筑绿色建造工程研究中心
	中国建筑生态环境工程研究中心
中国建筑土木工程材料重点实验室	中国建筑城市更新与智慧运维工程研究中心
	中国建筑极端条件人居环境工程研究中心
	中国建筑基础设施技术与装备工程研究中心

中国建筑集团积极探索建筑产业化数字化技术,坚持以数字化赋能转型发展,全力建设建筑产业互联网,深入探索大数据、人工智能、3D 打印等技术在建筑领域的集成与创新,实现建筑信息模型(BIM)、智慧工厂 MES 系统、智慧工地平台实际应用,建成全球首条建筑幕墙数字化生产线、首个重钢结构智能制造生产线等。大力推进产业数字化,布局建筑工业机器人、智慧停车、智慧场馆等领域,积极探索 5G 和区块链技术在建筑行业的应用。例如,2022 年,中国建筑国际承建国内首座 MIC 装配式百米超高层建筑——深圳龙华樟坑径地块保障房项目,首次实现从工厂预制、整体运输和吊装的工业化建造和全过程数字化管理。

又如,在勘察设计环节,中南建筑设计院已完成建筑全生命周期数字化管理平台的打造。通过平台使用三维数字模型完全代替二维图纸,以数字化的方式完成建筑工程设计、仿真、加工、建造、运维等工作,实现"一模到底,无图建造""像造汽车一样造房子"。2023 年 11月,由中南建筑设计院发起、深圳大学及深圳本原设计研究中心作为牵头方组建的全球首个无图建造联盟在武汉成立,包括工程设计、航空设计、机器人研发、软件开发等行业的全国首批 10 家联盟成员方代表共同出席并见证揭牌仪式。无图数字建造联盟的成立符合科技发展的应用前景和趋势,也是深入响应国家智能建造的倡导,引领"无图设计、无图建造、无图审批、无图招标、无图结算、无图运维"等智能建造理念,打通建筑全流程的数据流、解决建筑业碎片化难题。根据这一理念,中南建筑设计院在2021年完成业界首个无图设计施工项目"武汉市新一代天气雷达项目"。

18.2　智能建筑 AI 审图案例

18.2.1　案例概述

某建筑研究院是国内建筑行业领先的综合性研究和开发机构,已经形成集科研与标准、规划与建筑设计、建筑工程施工与监理、建筑行业软件与信息化等为一体的多元化发展格局。近年来,随着白图替代蓝图、数字化审图等的持续开展,该研究院也在积极探索建立智能化审批平台,提高审图效率和准确性。

在施工图审批阶段,应用现有的二维施工图审查平台,可实现施工图、消防、人防的三审合一,但由于施工图审查涉及多专业、跨学科、规范种类众多(涉及几百本规范,上万条规范条文),人工审查面临效率和政府管控难等问题。而智能化审批平台借助人工智能技术对施工图进行自动化分析和比对,可快速检测出潜在的问题和不合规之处,提高审图效率和准确性。同时,智能化审批平台还可以与其他相关系统进行集成,实现信息共享和协同办公,提高政府监管能力。

在建筑行业智能化实践中,BIM审查系统是采用人工智能技术对施工图进行自动化审查的一项重要举措。该系统利用先进的图像识别、深度学习和大数据分析等技术,可以实现对施工图纸的快速解析和自动检查,提高审图效率和准确性。

通过对施工图纸进行图像识别,可以自动提取出图纸中的关键信息,如建筑结构、设备布置、安全通道等。同时,结合专业规范和标准要求,系统可以自动对图纸进行比对和检查,发现潜在的问题和违规情况。例如,系统可以检测出不符合规范的尺寸、材料选用错误、消防设施缺失等问题,并及时给出警告或建议。

AI审图具有以下优势和特点。

(1)提高审图效率:相较于传统的人工审图方式,AI审图可以快速处理大量的施工图纸,大大缩短了审图的时间周期,提高了审图的效率。

(2)提升审图准确性:AI审图系统基于专业规范和标准要求,利用大数据分析和深度学习技术进行自动检查,减少了人为主观因素的影响,提高了审图的准确性和一致性。

(3)自动发现问题和违规情况:AI审图系统可以智能地识别并标记施工图纸中存在的问题和违规情况,帮助审图人员及时发现并解决潜在的施工质量和安全隐患。

(4)数据积累与知识更新:通过持续收集和分析审图数据,AI审图系统可以不断积累经验和知识,逐步提升自身的检测能力和准确性,并为今后的审图工作提供更准确、更全面的支持。

18.2.2　解决方案和价值

为进一步加强数字化建设、提升智能化能力,该研究院通过与华为的强强联合和优势互补,实现了建筑和结构等专业设计施工图纸的 AI 自动审查,能够高效地处理大量烦琐且重复的专业条文审查任务,可将人工单图审图时间从 60min 减少到 1min,精准度从 85% 提升到 95% 以上,并确保设计图纸的专业合规性,提高工程质量,降低安全风险。

该研究院采用了华为基于 ModelArts 平台设计的构件识别、空间识别和文字识别三种EI算法模型。华为基于 ModelArts 平台设计的算法模型方案,通过数千张图纸进行标注训练,逐步迭代模型以满足生产需要;而三种 EI 算法模型可帮助智能审图系统获取识别结果,对排版进行展示,并根据国家标准,判断图纸合规性。其作用具体体现在以下几个层面。

(1)智能助手:作为设计工程师、审图专家的智能助手,突破经验限制,大幅降低图纸审查成本。

(2)自动化审查:自动审查建筑、结构等全专业施工图纸是否符合国家、行业、企业规范,有效规避设计风险。

(3)节省人力:解决大量、重复、细节、可量化的专业条文审查工作,降低审图人力投入。

(4)提高审图效率:人工审查一张图纸最快 1h,而 AI 审图仅需 1min。

(5)提高审图准确率:人工肉眼精准度 85%,AI 审图精准度 95% 以上。

AI 审图中的关键技术如下。

(1)识别精细目标的神经网络架构＋多模态识别方法解决构件和空间识别难题,如图 18-6 所示。

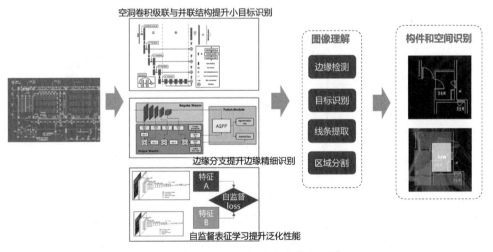

图 18-6　神经网络架构＋多模态识别

(2)图纸、模型语义分析及规则库建立,如图 18-7 所示。

(3)二维审图＋BIM 审图＋AI,如图 18-8 所示。

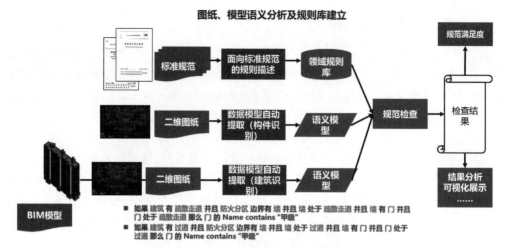

图 18-7　AI 审图业务流程逻辑

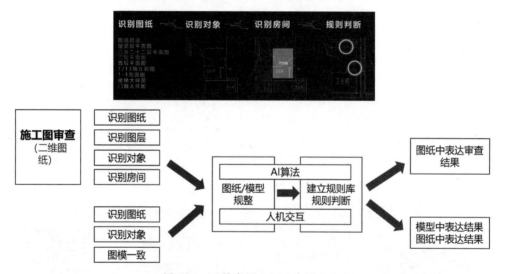

图 18-8　二维审图＋BIM 审图＋AI

随着该研究院与华为的深入合作，共同推动 AI 审图的落地，已经收获了以下几大价值。

（1）提高审图效率：AI 系统可以通过自动化的方式处理大量的设计图纸，并快速识别问题和潜在冲突。这使得审图过程更加高效，减少了人工的时间和劳动成本。

（2）降低人为错误：AI 技术在审图过程中具有较高的精度和准确性，能够减少人为的疏忽和错误。它可以捕捉到细微的细节和规范要求，提醒审图师注意可能存在的问题。

（3）提升审图质量：AI 系统能够基于建筑设计的标准和规范进行准确的判断和评估。它能够发现审图师可能忽略或遗漏的问题，从而提高审图质量和准确性。

（4）实现一致性和标准化：AI 审图可以帮助确保审图过程的一致性和标准化。它能够根据预设的规则和标准进行评估,不受个体审图师的主观因素影响,从而提高审图的一致性和可靠性。

从该研究院 AI 审图的创新实践可以看出,AI 审图技术通过自动化和智能化的方式,提供了更高效、准确和一致的审图过程,可以优化建筑设计,减少错误和冲突,并提高审图质量和效率。因此,AI 审图的应用不仅在推动建筑地产行业的数字化转型和智能化发展方面具有重要意义,也将进一步促进建筑地产行业的创新和发展。

18.3　华贸中心智慧运营案例

18.3.1　案例概述

华贸中心是世界级的商务中心、时尚中心,包括北京华贸中心、上海华贸中心、苏州华贸中心、南京华贸中心。华贸中心致力于成为 21 世纪都市国际化的标志,实现人们对未来理想生活方式的美好憧憬与梦想。

以国际金融品牌聚集区功能为核心,北京华贸中心的办公、酒店、商业、居住、广场等各功能之间有机联系、优势互补、相得益彰、协同发展,共同营造了现代服务业发展的良好生态环境,产生了巨大的经济效益与社会效益,持续带动城市产业升级。包括德意志银行、蒙特利尔银行、强生、Tesla 等 500 多家知名企业、世界 500 强与跨国公司,以及 CHANEL、PRADA、HERMES、LV、GUCCI、Zegna 等 2000 多个时尚品牌,还有华贸丽思卡尔顿与 JW 万豪两座国际奢华品牌酒店,永不落幕的艺术展演与时尚主题活动……每天近十万人在北京华贸中心工作、交流、协作、创新,推动城市经济高质量发展。

如今,智慧的商业体的场景作为缩小版的城市,已经变成一个承上启下的枢纽,作为最小的公共单元,为商业体内的用户提供数字化服务,并辅助商户迈向智慧化升级。

事实上,真正称得上智慧的商业体并不多,究其根本有两个原因:一是没有从整体解决方案视角入手,总在持续地优化,缺乏长期演进的路径;二是没有拥有全面技术能力的"合伙人",尽管项目在不断叠加,但成果并不显著。为此,华贸集团选择携手华为,将北京华贸中心打造为智慧商业综合体样本。

18.3.2　解决方案和价值

华为以商业体生命周期智慧运营为目标,为华贸中心提供了智慧商业综合体解决方案。方案主要建设内容如下。

(1) 建设智慧商业综合体的基础设施。包括物理设施的智能化升级,如安装智能传感器、自动识别系统、智能照明和温控系统等,以及数字化改造现有的基础设施。

(2) 打造 IOC 平台(智慧运营中心)。IOC 是整个智慧商业综合体的大脑,负责收集、分析和处理来自各个智能设备的数据,并通过可视化工具将信息展示给管理人员。

(3) 三大中心功能整合。将智慧展示中心、智慧物管中心、智慧运营中心三大中心的功能进行整合，打造新一代智慧运营中心。

（4）多业态智能管理。适应不同的商业形态，如酒店、办公楼、购物中心等，提供定制化的智能管理服务。

（5）通过整合各个环节，实现全要素、全流程、全场景的数字化，推动商业管理和客户体验双重升级。其方案设计和技术架构如图 18-9 所示。

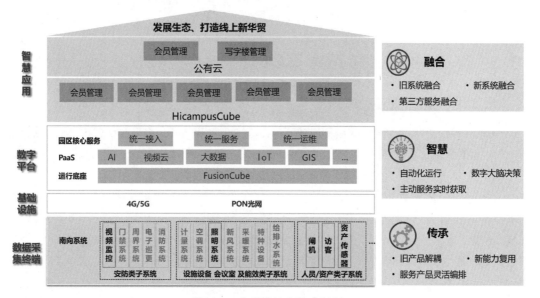

图 18-9　方案设计和技术架构

解决方案开发了会员管理体系、用户积分体系、手机 APP 等功能，以服务于集团未来商业生态的拓展，开展集团级的客户数据分析服务，加快数据价值变现，主要体现在以下几方面。

（1）构建高效便捷的会员管理能力与管理体系，包括线上注册、对不同类别和等级的会员进行权益管理、广告推送以及优惠券分发等功能，如图 18-10 所示。

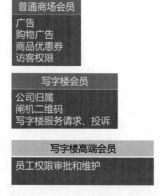

图 18-10　建立会员管理体系

（2）通过建立用户积分体系，汇集会员的线下消费数据，如餐饮、影院、购物、逛店喜好、消费金额、车辆信息等，完善会员画像及各类标签，实现精准营销，如图 18-11 所示。

图 18-11 建立用户积分体系

（3）在智慧运营场景中，写字楼管理者可以通过使用手机 APP 直接接入商业智慧运营管理应用，实现高效的管理赋能；也可以使用手机扫码实时预订服务，为客户提供更精准的服务，如图 18-12 所示。

图 18-12 智慧运营管理应用

（4）物管工单管理数字化，即对工单的整个流程进行线上跟踪，包括建立、分发、处理、完成以及评价。通过这种方式，可以自动统计物管工单的完成情况，并对 KPI 进行量化考核。这一数字化办公的实现，将大大提升物管工作的效率和质量，如图 18-13 所示。

（5）对写字楼、写字楼底商以及室外环境进行数字化建模，利用智慧物管平台实现精细化运营，可以实时展现写字楼会议室、商场商铺、广告展位和停车场等空间管理与资源使用情况，如图 18-14 所示。

（6）解决方案对客户产生的价值，如图 18-15 所示。

华贸中心作为一个成功案例和标杆，其价值主要体现在以下层面。

首先，从整体解决方案设计的角度，就严格遵循以人为本的方针。这意味着华为始终关注用户的需求和体验，确保数字技术服务于用户的方式是直观、便捷和舒适的，保证智慧化不仅是一个概念，而是用户能够在具体环境中感受到的实实在在的便利和舒适，同时为未来

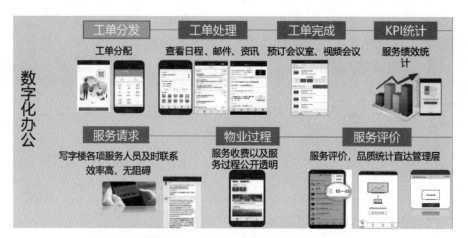

图 18-13　物管工单管理数字化

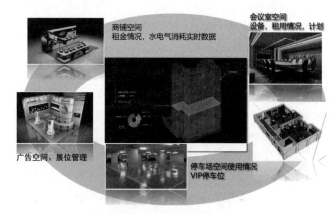

图 18-14　智慧物管精细化运营

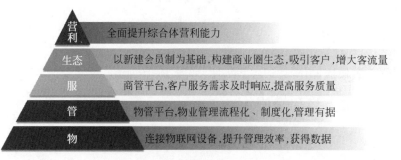

图 18-15　解决方案价值

的智慧化演进奠定坚实的基础。

其次，通过智能化手段为用户提供更加便捷、高效和个性化的购物、娱乐和工作体验，同时为企业带来更高的运营效率和商业收益。在诸多智慧场景上，都深入细节。例如，针对重要嘉宾智能动线场景，可利用手机 APP 或会场内的智能导航设备，为嘉宾提供定制化的动线指引,包括实时位置跟踪和下一步指引。

华贸中心的数字化伙伴——华为将智慧园区的方法论和整体解决方案,贯穿华贸中心商业体建设的全生命周期服务,包括端到端的智慧能力、咨询、设计、整体交付和服务,这也让华贸中心成为商业综合体建设领域的标杆。随着技术的不断发展,智慧商业体将不断演进,为人们的生活带来更多便利。

18.4　金湖未来城智慧园案例

18.4.1　案例概述

雄安金湖未来城位于雄安新区容东片区西南部,毗邻雄安市民服务中心、雄安商务服务中心和金湖公园,南接启动区,是雄安新区首批市场化建设开发项目之一。项目占地 1885 亩,总建筑面积 255 万平方米,规划办公、商业、公寓、住宅、酒店五大业态,根据不同功能定位划分为"金湖商务方城""朗悦社区""未·LIVE"三大板块,践行雄安新区"职住平衡"发展理念,打造集商业、办公、居住、配套服务和景观于一体的新时代商务生活样板。

该项目肩负着疏解北京非首都功能,为入驻新区的金融、科技、现代服务业等企事业单位提供办公、生活居住及配套服务。项目建成后将是一座承载新生态观念、引领新生活方式、注入新科技内涵的未来家园,成为未来智慧城市建设的新标杆,助力实现"五新"目标。

在数字化、网络化、智能化深入发展的时代背景下,高水平建设"智慧建投"已成为推动城市和企业转型升级的重要引擎。金湖未来城项目,正是抓住了这一历史性的契机,推动新一代信息技术与生产经营的深度融合,加快打造智慧雄安金湖未来城。这一举措不仅将为金湖未来城注入强大的发展动力,更将塑造一个智慧化、现代化的城市典范,为未来的可持续发展奠定坚实基础。

金湖未来城项目的建设旨在以数字平台为基础,打破传统园区的孤立状态,实现智能化子系统的全连接、全汇聚;同时,通过定义统一的数据标准、接入规则和网络规则,构建一个万物感知、万物互联、万物智能的智慧园区。以此项目建设为契机,推动城市建设的数字化转型,为居民创造更便捷、更舒适的生活环境,如图 18-16 所示。

18.4.2　解决方案和价值

金湖未来城建设之初面临如下三大挑战。

体验提升:在一个城市中,如何让用户获得一种全面且连贯的体验,让他们感受到城市各个部分之间的深度融合与协调一致。

运营增效:城市中的住宅、公寓、酒店、写字楼、商场、停车场等多个业态之间运营,如何实现相互赋能,运营提收。

管理降本:如何有效地对城市中的住宅、公寓、酒店、写字楼、商场和停车场等多业态进行集约化管理,以降低成本并提高效率。

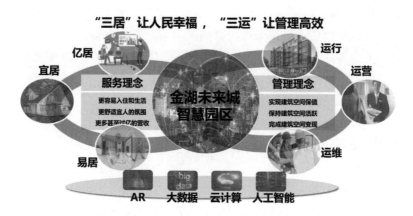

图 18-16　金湖未来城智慧园区愿景

华为智慧园区城市综合体方案基于"平台＋生态"模式，以"让城市融为一体，让智慧创造未来"为理念，借助私有化数字平台，帮助金湖未来城部署数据中心、控制中心、售楼中心三大中心，部署智慧通行、综合安防、物业管理、租售管理、设施管理、楼宇自控、BIM 信息管理等 18 个应用系统，通过全域全光网络连接全域物联网设备、监控设备、楼宇自控设备等，提升客户体验和管理效率，如图 18-17 所示。

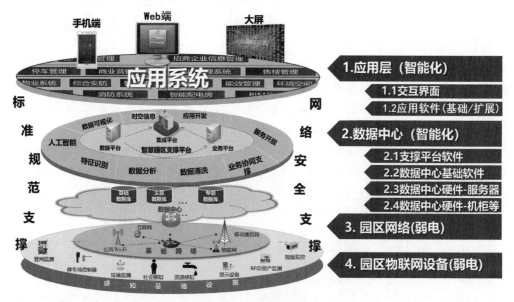

图 18-17　建设架构

统一接入：应用华为 ROMA 平台，完成 6 大类共计 60 多种设备和系统的接入，能有效提升三方对接效率、降低集成成本，打造园区数据度量衡，形成软硬件持续拓展的能力，助力服务园区快速发展。借助华为数字平台，金湖未来城的核心接入和数据能力均由平台取代，确保了应用和数据的解耦，以及数据的一致性和标准化，并在应用场景上实现了客户、运营管理人员进一步的拓展和提升,在客户交互、运营、运维、运行等方面增加了更多的智慧化场景功能,如图 18-18 和图 18-19 所示。

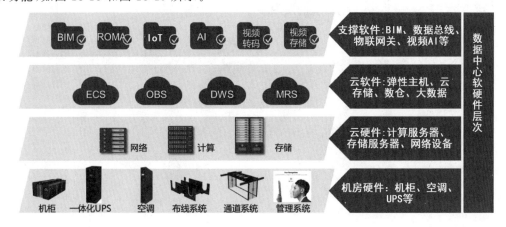

图 18-18 数据中心建设

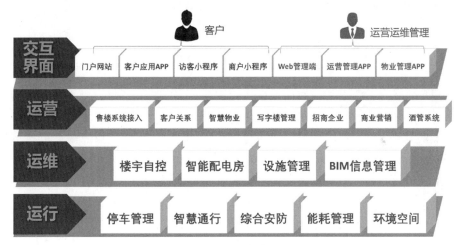

图 18-19 应用软件交互

统一服务:以数据湖数据资产治理为基础,形成空间信息、地理信息、人员信息等主数据库,不同业态形成统一工单服务、计划服务、主题数据服务、设备服务、通行服务等。用户可凭一个身份进行多个角色管理,即凭一个账号登录综合体门户网站、客户应用 APP、访客小程序、商户小程序等客户交互界面,覆盖工作生活多个场景,无须重复注册,实现综合体内多业态间畅通无阻、多业态统一管理,资源共享,如图 18-20 所示。

统一运营:以物联网、大数据、云计算、人工智能、BIM 为技术支撑,构建一个集成、智能、高效的运营管理平台,实现数据全融合、状态全可视、业务全可管、事件全可控。具体通过七大应用主题实现园区综合态势可视化管理。

(1) 人员、车辆管理态势:包括园区人员分布监测、重点场所人员实时监控,异常人员

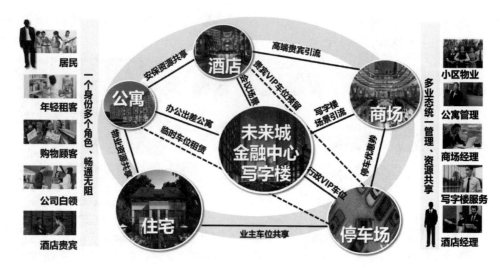

图18-20　多业态统一服务

告警，以及辅助园区人员管理等功能，实时监管园区停车场的运行态势，辅助园区停车管理与调度。

（2）自有办公楼管理：包括自有办公楼空间展示，以及能耗、会议、环境、安全等相关统计数据显示。

（3）资产设备管理态势：一屏摸清园区重要资产，并对楼宇和物业等重要资产的运行情况进行统计。

（4）安防管理态势：从园区的安防概况、安防布控、安防事件、历史事件分析等维度构建"安防态势一张图"。

（5）能耗管理态势：对园区内的能耗（用水、用电）情况进行监测和趋势分析，即时告警能耗异常事件。

（6）招商企业管理态势：企业从园区招商资源、招商意向管理、招商成果展示三方面，对园区当前的招商情况和成效进行呈现，包括入园企业数量、状态、位置展示等。

（7）商业和会员管理态势：汇聚园区内商铺、商业体数据，从位置、营收分析和售楼管理等几个维度通过一张图统揽营销态势，具体包括会员展示、会员等级、会员数目、消费情况统计、高端会员情况等。

围绕"易居、宜居、亿居"的"三居"建设理念和"运行、运维、运营"的"三运"管理理念，金湖未来城联合华为共同建设智慧园区城市综合体，以打造万物感知、万物互联、万物智能的雄安综合体园区标杆，实现了如下功能和价值。

一站式服务：业主只需通过一个 APP，即可轻松切换不同的空间信息、业务服务以及角色身份，确保在园区内畅行无阻。无论业主身处何处，都能享受到高品质的服务。在住宅小区、公寓等业态中，有专属管家服务；在办公业态中，办公人员和访客的权限也可得到妥善管理。此外，一站式服务还包括环境维护、安全保障、设备维保、家政服务、合同管理、社区活动组织以及咨询服务等。更重要的是,这种服务可以根据不同业主的个性化需求,提供量身定制的解决方案。

无感式安防:通过人工智能算法,代替传统安防巡逻,打通通行管理、物业服务、工单管理、计划管理等业务壁垒,实现"一人多巡,无人自巡"的无感安防体验,及时发现如消防通道占用、关键岗位离岗、高空抛物、区域入侵监测等安防难点,安防人员成本节省30%以上,应急处理系统级联动代替人工联动,事件响应从7min降低至1.5min。

快递式维修:对设备故障触发、计划管理触发、巡逻报修、业主报修等多源头的工单进行统一管理。可实现一分钟派单,十分钟到场,响应时间缩短70%以上,人员效率提升100%以上。

能耗管理:通过全面监测能源数据,能清晰地展现耗能优化成果。系统能轻松识别高能耗设备,并针对不同的能耗场景做到及时发现与处理,如空调能耗、公共设施照明、水管漏水以及会议室闲置等,从而实现园区整体能耗降低10%的目标。

金湖未来城基于园区数字平台,连接了人、车、物等所有服务管理对象,不仅实现数据全融合,状态全可视,业务全可管,事件全可控,赋能园区品质服务与高效管理。以科技执笔,书写未来之城新名片,用世界眼光,树立智慧园区新标杆。

18.5　小结与行业展望

近年来,国家高度重视建筑业发展,5000余万建设者深入贯彻"创新、协调、绿色、开放、共享"新发展理念,推动建筑业转型升级,"中国建造"品牌在创新发展中正迎来腾飞蝶变。建筑地产智能化正在助力我国从"建造大国"迈向"建造强国"。

随着 BIM 与 IoT、5G/F5G、大数据、AI、虚拟现实、云和大模型等新一代信息技术,在勘察、规划、设计、制造、施工、运维和运营等行业全流程的广泛应用,建筑地产行业正在从数字化向智能化阶段迈进。展望未来,建筑地产行业智能化的持续推进,规划设计环节将更加智能和高度自动化,建造施工环节将更加高效和安全,运维运营将更加智慧和人性化。

1. 规划与设计环节

设计师要根据客户需求设计草图,以及多维度的平面图和施工图等建筑图纸的详细设计,然后提交所有图纸和方案给工程监管方、政府监管机构等进行审查批准。这一环节涉及大量的建筑物参数优化调整,例如,优化建筑物的材料、结构和布局选择,提高建筑物的稳定、抗震和隔热隔音等性能,以满足客户需求和监管要求。未来的智能设计将在现有的设计工具中大范围引入 AI 和大模型,相关的参数选择和优化调整全部由系统自动化完成,从而实现大模型自动化出图。同时,结合虚拟现实技术,实现招投标时"一秒出图、按需即刻调整",规划设计时"自动出图、自动审图"。这在项目投资立项阶段就能帮助业务方达成"所想即所见,在真实的土地虚拟呈现出未来的建筑式样"的愿望。

2. 建造与施工环节

在构件制造工厂和施工现场引进大量的产线机器人、结构施工机器人、安装装修机器人、质量监测机器人及多种高度智能化的建造机械,减少建造与施工环节的人工数量,既能大幅提高建造施工效率,又能提升施工安全系数减少工人伤害风险,还能更精确地保障工程进度和工程质量。未来的智能建造和智能施工,还将大幅度降低建筑设计师的现场监测工作,降低施工缺陷引起的返工和工期延迟。结合建造施工过程中的全景视频图像,业主方可以"所见即所想,每一层楼、每个房间的样子,都如预期一样",承建方则能实现"无图建造、无图施工"等效率最优的建造模式,合同和工期变更尽在掌握之中。

3. 运维与运营环节

随着科技的不断进步和人们生活水平的提高,未来建筑物的发展将更加注重舒适性和智能化,这些需求可以通过部署多形态的智能传感器、运行智能化的数据分析与决策平台系统来实现。例如,基于智能传感器和平台系统协同,可以监控和统计建筑物各类工程设备和设施的状况和性能,提升可靠性,提前预测故障发生,提高维修效率。对建筑物的能耗数据进行监控和统计,结合智能控制技术和先进的分析工具,可以精确预测光照条件、气温气候数据和能耗数据,并自动调整照明和空调等设备的运行,实现建筑物绿色低碳,提升建筑物的舒适度。未来智能建筑系统不仅能够监控和统计能耗数据,还能够监控和统计建筑物的燃气管道、烟雾和气体浓度等火灾隐患数据以及其他关键的安全指标,以确保消防、动力等系统联动保障安全。此外,物业运营方可以通过监控和统计建筑物区域的安防视频数据,识别是否有老人摔倒、小孩吵架、宠物乱跑等异常情况,并及时提供智慧物管服务等。

随着"十四五"建筑业发展规划、"十四五"数字经济发展规划、"十四五"住房和城乡建设科技发展规划等一系列国家级政策的陆续发布和建筑地产全行业的积极落实推动,我国建筑地产的规划设计智能化、建造施工智能化、运维运营智能化将取得显著进展,全面实现建筑工业化、迈入建造强国行列。未来的智能建筑将不仅仅是提供遮风挡雨的物理空间,而是智能技术应用于生活、工作、休闲和娱乐的综合载体,将为人们提供更加舒适、高效、安全和环保的智慧空间,推动社会向更加智能化和可持续的方向发展。

第 19 章

零售行业

19.1 零售行业洞察

近年来,我国零售行业加速迭代,既有传统明星商超在转型升级中杀出重围,也有许多新品牌和新势力纷纷崛起。不论是传统零售的转型升级,还是新零售的扩能增效、提质升级,数字技术都在其中扮演着重要的角色。尤其在数字经济和实体经济深度融合的今天,以互联网、大数据、人工智能等为代表的数字技术,已经渗透到零售行业的全产业链中,涌现出大量的新零售模式和新商业形态,并通过数据驱动业务决策和运营,提高效率和服务质量,加速零售行业的数字化转型和智能化升级,进而推动零售行业迈向高质量发展。

19.1.1 零售行业发展概况

1. 零售行业发展历程

零售行业经过百年变迁,零售模式已经走过了从传统零售到新零售、从线下到线上再到全渠道融合的发展历程,零售企业经营也从最初的无信息化,向信息化、数字化、智能化和智慧化的数字化方向逐步发展,如图 19-1 所示。

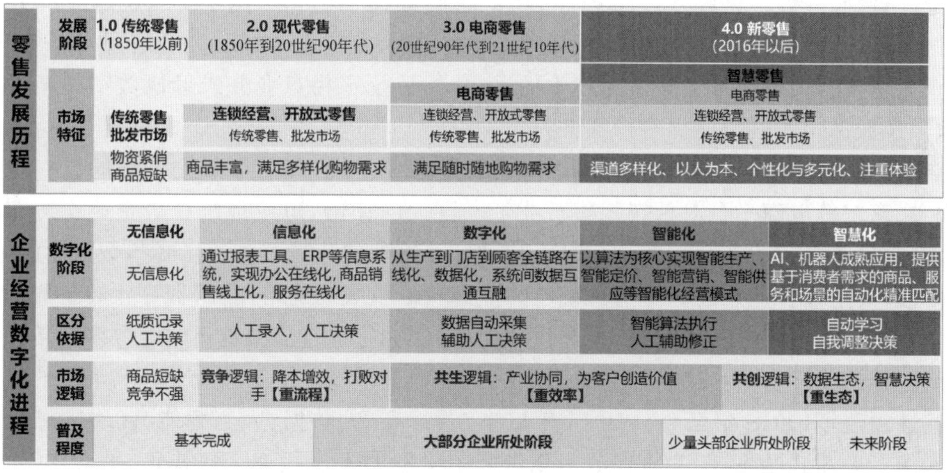

零售发展历程	发展阶段	1.0 传统零售 (1850年以前)	2.0 现代零售 (1850年到20世纪90年代)	3.0 电商零售 (20世纪90年代到21世纪10年代)	4.0 新零售 (2016年以后)
	市场特征	传统零售 批发市场	连锁经营、开放式零售 传统零售、批发市场	电商零售 连锁经营、开放式零售 传统零售、批发市场	智慧零售 电商零售 连锁经营、开放式零售 传统零售、批发市场
		物资紧俏 商品短缺	商品丰富,满足多样化购物需求	满足随时随地购物需求	渠道多样化、以人为本、个性化与多元化、注重体验
企业经营数字化进程	数字化阶段	无信息化	信息化	数字化	智能化	智慧化
		无信息化	通过报表工具、ERP等信息系统,实现办公在线化,商品销售线上化,服务在线化	从生产到门店到顾客全链路在线化、数据化、系统间数据互通互融	以算法为核心实现智能生产、智能定价、智能营销、智能供应等智能化经营模式	AI、机器人成熟应用,提供基于消费者需求的商品、服务和场景的自动化精准匹配
	区分依据	纸质记录 人工决策	人工录入,人工决策	数据自动采集 辅助人工决策	智能算法执行 人工辅助修正	自动学习 自我调整决策
	市场逻辑	商品短缺 竞争不强	竞争逻辑:降本增效,打败对手【重流程】	共生逻辑:产业协同,为客户创造价值【重效率】	共创逻辑:数据生态,智慧决策【重生态】
	普及程度	基本完成	大部分企业所处阶段		少量头部企业所处阶段	未来阶段

图 19-1 零售行业发展历程

传统零售:1850 年以前,人们主要通过集市贸易进行商品交换。集市是各种商品的集散地,商贩们在这里摆摊设点,出售各种商品。这种形式的零售业务在当时的社会环境中起到了重要作用，为人们提供了方便的商品交换渠道。

现代零售：随后的一百年间，随着社会的发展，开放式零售和连锁经营逐渐成为零售的主要形式。商铺经营者将商品摆放在店内，顾客可以亲自挑选购买。这种形式的零售业务使得商品的种类和数量更加丰富，满足了人们日益增长的物质需求。同时，连锁经营模式对多个店铺进行统一管理，形成品牌效应，实现降本增效，迅速在全球范围内普及，成为零售行业的主流。

电商零售：20世纪末到21世纪初，互联网技术的发展为零售行业带来了革命性的变革。电子商务平台的出现使得消费者可以足不出户，随时随地购买商品。电子商务的发展不仅降低了交易成本，提高了效率，还为消费者提供了更加丰富的商品选择。如今，电子商务已经成为零售行业的重要组成部分，并对传统零售行业产生了巨大冲击。

新零售：随着科技的发展，无人商店、智能支付、人工智能推荐等新零售形态逐渐深入人们的日常生活，购物变得更为智能、高效和个性化。在新零售的发展进程中，数据分析和人工智能技术扮演着关键角色。通过对消费者行为的深入挖掘和分析，商家能够更好地了解消费者的喜好和需求，为其提供个性化的购物体验。这种数据驱动的智能化经营模式也让商家获得了更大的竞争优势。

在线上零售和新零售模式的助推下，传统零售业态奋起革新，运用云计算、大数据、人工智能、区块链等数字化技术推动零售行业数字化转型，以构筑新的竞争优势。零售数字化的发展进程展现了最近40余年来信息技术的进步，零售数字化也由最初的收款机时代进化至平台化、生态化的时代。

萌芽期（1975—2002年）：1975年，中国第一台商用收款机在北京东风市场开始试用，展示了数字化技术在零售领域的广阔发展前景。此后，中国零售行业开始逐步普及收款机、扫描枪、条形码等数字化设备。2001年，物美超市将数字化技术运用于采购、物流、仓储环节。这一时期，零售数字化初试锋芒，体现了信息技术在零售领域巨大的应用发展空间，各零售企业在探索中逐步推进数字化技术的运用，但传统零售行业并未形成数字化转型的紧迫感，零售数字化发展速度仍有待提升。

启动期（2003—2014年）：2003年，淘宝平台正式上线，开启了线上零售的新时代。此后，淘宝、京东等电商平台对传统零售行业带来巨大的冲击，迫使传统零售企业纷纷布局线上零售，实现全渠道运营。同时，互联网、移动互联网的快速发展加速了零售数字化的进程。这一阶段，线上零售业态的兴起对传统零售业态构成巨大的竞争压力，数字化转型成为传统零售企业迫在眉睫的任务。商超、便利店、购百品牌纷纷通过全渠道运营等数字化转型手段抗衡线上零售的冲击，但仅凭借"全渠道、线上化"模式难以解决零售企业营利下滑的问题。

高速发展期（2015年至今）：2015年以来，云计算、大数据、人工智能、区块链等数字化技术经历了井喷式的发展，为零售数字化带来了全新的发展机遇。数智化、平台化、生态化逐渐成为零售数字化的主要发展方向，零售企业数字化的重点也从"全渠道、线上化"模式进化为侧重全链条运营的"精运营"模式。数字化技术的全方位革新为零售数字化开创了新的纪元：以人工智能与大数据加持的数智化模式促进企业产业链各环节大规模降本增效；平台化、生态化模式可赋能零售企业构筑产业价值链与生态圈,使得零售企业与入驻商户实现资源共享、数据同步。

2. 零售行业面临的挑战

传统零售行业在快速转型升级的同时,从宏观到微观层面也遇到了一系列挑战,主要体现在以下三方面。

复合增长率放缓:消费是经济稳定运行的压舱石,零售行业一直是我国经济的重要支柱之一。根据国家统计局的数据,2023 年我国社会零售总额超过 47 万亿,较 2022 年增长 7.2%,但近四年的社会零售总额复合增长率只有 3.5%,如图 19-2 所示。增速逐渐放缓正在给零售行业带来利润下降、竞争加剧等一系列问题。

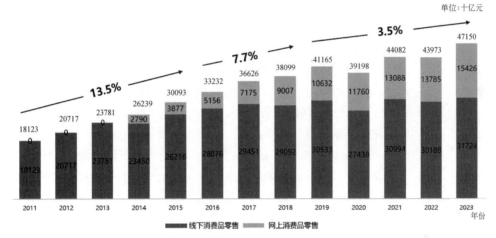

图 19-2　中国社会零售总额规模及增速(2011—2023 年)

线上零售带来冲击:社交电商、直播带货等新模式快速增长,打破了传统零售中"人、货、场"的局限性,而传统零售企业在消费者运营(人)、供应链管理(货)、门店运营(场)等方面存在较大痛点。消费者更加注重个性化、便捷性和体验性,线上零售相较于传统门店优势明显,线上零售模式在为行业带来新的发展空间以及更优用户体验的同时,也对传统零售门店经营带来了巨大冲击。

门店运营充满挑战:供应链管理、营销策略和成本控制不仅是门店经营中的重要环节,也是门店经营中的三大痛点,关系到门店的经营效率、营利能力、服务质量和客户满意度。供应链管理方面,灵活性差无法快速响应市场需求,且缺乏智能化的销售预测手段,时常出现滞销和缺货的问题影响门店经营;库存管理依赖人工盘点,工作量大、效率低、容易出现误差。营销方面,未能有效利用智能化的数据分析和营销工具等了解客户需求和购买习惯,销售策略和服务方案制定不够精准,缺乏个性化、差异化的运营策略;会员管理缺少有效手段,黏性低、复购率低,营销效果、客户忠诚度需进一步提高。成本控制方面,零售门店经营竞争激烈,价格战进一步降低了利润率,且门店房租、人工成本逐年上升,导致门店整体经营成本居高不下、成本控制难度大。

19.1.2　人工智能应用加速零售行业智能化升级

随着消费者需求和行为的不断变化，零售行业需要不断适应和创新。AI、大数据、物联网、云计算、AR/VR等信息技术的深入应用，帮助零售行业提高效率、降低成本、提升客户体验，持续聚焦产品力提升和经营能力改善，实现可营利、可持续的规模增长。

1. 全渠道战略增强品牌影响力

全渠道战略是现代零售业发展的关键，它要求零售商整合线上和线下资源，打造一个无缝的、连贯的消费者购物体验，其核心在于满足消费者多元化的购物需求，通过不同渠道提供一致的服务和产品。

全渠道销售网络：将实体店、电商平台、社交媒体、直播电商等线上线下多个渠道整合在一起，实现各渠道商品、库存、会员信息等的统一管理和共享互通，方便消费者在任何渠道上都能获得一致的购物体验。

个性化精准营销：利用大数据和人工智能技术来构建消费者洞察能力，分析消费者的习惯、偏好和行为数据，更精准地满足消费者需求，提供个性化的购物体验，增加复购率。

智慧物流与供应链：通过优化供应链管理，实现快速响应和高效配送，确保商品能够及时到达消费者手中，提高客户满意度。

协同式组织架构：在组织内部实现营销部门与其他部门的协同工作，整合营销渠道，建立营销共享服务中心，以此来提高效率和响应速度。

通过构建一个有活力、灵活且能快速响应市场变化的全渠道零售企业，以适应不断变化的消费者需求和市场环境，提高销售额和客户满意度，增强品牌影响力。

2. 全链条优化构建零售有机体

柔性生产制造、全渠道精准销售、全渠道快速履约合力构建零售有机体，快速响应、即时交付成为零售行业基本要求。重塑业务链，重构价值链，利益分配和即时到账助力零售有机体正常运转。

柔性生产制造是指有效应对大规模定制需求的一种新型生产模式，强调在生产过程中的适应性和灵活性，要求高度定制化和出色的适应能力。柔性生产制造在数字化供应链的支撑下，通过消费数据推动生产制造的反向定制和产品创新，排产信息共享提升交付履约精准度，最终提升市场反应速度和企业核心竞争力。自动化和机器人技术将发挥重要作用。例如，自动化仓库和物流系统可以提高库存管理和物流效率，减少人工成本。此外，机器人在客户服务、销售等方面的应用也将越来越广泛。

精准销售是一种进行个性化顾客沟通服务的营销策略，通过对消费者的深入了解和分析，由数据驱动决策，以便精确地找到目标市场并有效传达信息。精准销售在数据资产的支撑下，通过全渠道触达提供更灵活的购买场景。物联网技术的发展使得零售商能够实时监控商品的库存、销售情况以及顾客的购物体验。智能硬件如智能货架、智能支付设备等的应用，为顾客提供了更加便捷、个性化的购物体验。虚拟现实和增强现实技术为零售业提供了全新的展示和互动方式，数字人利用先进的渲染技术和强大的AI全栈能力进行实时互动，这将为消费者提供更加便捷和个性化的购物体验,同时也丰富了零售行业的运营模式,提高购物的决策效率和满意度。

快速履约是指能够在较短的时间内安排交货。快速履约在全链条协作的支撑下,通过全渠道快速响应和快速交付,建立起线上线下千家万店的运转底座,满足消费者商品交付的时效要求,为消费者创造真正便捷、一致、无缝的品牌体验。

3. 全场景运营提升数据资产价值

零售企业在全域全场景运营下,产业链条长,场景多,获取了丰富多样的用户数据。AIGC、大模型等新兴技术可广泛应用于营销、客服等领域,在需要大规模数据的同时,也会产生大量的数据。

人工智能和大数据技术结合,通过收集和分析大量消费者数据的购物行为、喜好和消费习惯,为零售行业提供更精准的消费者洞察和预测。零售商可以更准确地把握市场需求,预测销售趋势,提供更加个性化的服务和产品推荐,优化产品组合和营销策略。

4. AI 驱动零售行业智能化变革

当下,人工智能技术已经应用于各行各业,为人类社会创造了巨大的便利和价值。零售行业作为国民经济的重要组成部分,同样受到了人工智能技术的深刻影响。人工智能技术不仅可以改变零售行业的运营模式和服务方式,还可以为零售行业带来新的机遇,甚至引发新的零售行业变革。具体来说,在零售行业,人工智能技术将驱动智慧门店、智能供应链、消费者运营等新场景新模式发展。

1) 智慧门店

远程巡店:一些大型连锁企业门店数量可能多达几百家甚至几千家,在传统管理模式下,督导巡店通常需要亲自到现场考察,通过纸质单或微信汇报工作,效率较低。而人工巡店对人的专业化能力和敬业程度有很高的要求,容易产生关键巡店动作不到位、巡检项遗漏等弊端。远程巡店利用高清视频监控＋AI 算法方式,对巡店全过程中的不合规现象,进行 AI 识别、实时分析、及时预警。远程巡店平台还能提供巡查任务从下发、执行、检查、整改到报表、考评的闭环应用。利用远程巡店安排系统代替传统模式之后,门店不仅可以降低成本的支出,还可以加强对各个区域的把控。

无人门店:是指一种新型的零售业态,通过智能化、自动化的技术手段实现店铺经营流程的无人化操作,能够有效降低人工成本、提高运营效率,并且为消费者提供更加便捷、高效的购物体验。随着零售行业的发展,无人门店已经成为新零售的趋势之一。无人门店的核心并不是无人,而是其中用到的人工智能技术。无人门店利用摄像头＋传感器识别等技术,跟踪记录消费者的购物活动,同时根据收集到的消费者行为和偏好数据,分析定制消费者的个人化服务,提升消费者的用户体验。无人门店在降低客户成本的同时,向未来便捷、快速、智能、全自动、人性化的购物又迈进了一步。

客流统计:指通过在经营区域安装客流统计设备,准确统计门店的过店客流、进店客流、顾客结构、进店转化率、成单率等关键信息,为门店陈列规划提供数据依据,提升每个环节的转化率,最终实现整体销售转化率的提升,提高运营效率和服务质量。客流统计方式有几种，包括人工客流统计、红外线感应客流统计、三辊闸客流统计、重力感应客流统计等。然而，这些方法都存在一定的弊端，如数据不准确、效率低下等。智能化客流统计采用高清视频监控＋AI算法方式，如人形识别、头肩部识别、高效去重、轨迹追踪等，可以更准确地统计客流量、顾客结构等信息，提高数据质量和效率。同时，客流统计系统还可以与各种商业智能系统集成，帮助企业或商家更好地分析和利用数据，改善门店陈列规划、提升顾客服务质量以及更精细化地管理和运营。

AI智能语音分析：传统门店店员与顾客之间的销售引导、售后服务等完全依赖员工个人经验和能力，主管或者比较有经验的员工会定期辅导考查普通员工的服务过程，然后记录问题进行指导，有时候会开培训会议以提升整个销售团队的话术能力。但这种方式不仅费时费力、效率低，而且覆盖率低，无法实现经验在整个企业传播推广。AI智能语音分析技术可以实现将自然语言转换为对话文本内容，通过文本内容进行自然语义分析，用于提取关键信息和分析双方的意图。利用AI智能语音分析技术进行销售对话分析的优势有：时效性强、速度快，1000h的对话可以在几分钟内分析完毕转换为文本内容被进行语义分析；准确性较高，AI智能语音分析技术模型在不断处理分析任务后会逐渐提升准确率，可达到97％以上；辅助决策，分析结果可以实时发送回企业的系统中，用于数据分析和决策辅助，销售经验可以在全企业共享。

虚拟试衣间：传统方式下消费者通过线上线下渠道购买服饰都存在一些弊端。线上购买衣服无法亲自试穿，因此可能存在尺码不准确、不合身等问题，需要退货或换货，增加了购物的时间和成本；线下则往往因为穿脱的麻烦而不愿意过多尝试。调查显示，一名顾客在专柜平均最多试穿不超过4件，大部分顾客仅试穿一两件。同时，传统试衣间还存在空间狭小、限制选择、长时间等待、试衣效果差等弊端。虚拟试衣间是一种基于计算机视觉和虚拟现实技术的应用，可以通过摄像头或者3D扫描等方式，将用户的身体数据转换为3D模型，并在虚拟环境中展示不同的服装款式和颜色，让用户可以在不实际穿上衣服的情况下，通过虚拟试穿来模拟真实的试衣体验，从而更好地了解衣服的质感、剪裁和适合程度。虚拟试衣间的应用，可以提高购物体验，提供个性化推荐，降低退货率，实现数据收集和分析，提供多渠道体验等，为消费者提供更好购物体验的同时，帮助商家更好地了解消费者，改进产品和服务。

2）智能供应链

门店销售预测补货：传统供应链面临人工预测成本高、效率低、预测偏差大，无法精细化运营的问题。以往依赖仓库主管手工统计预估当天每个时间点的销量，工作量大、效率低下，而且人工预测结果不准，针对非主流、非刚需类的物品预测偏差大，导致多货浪费、大批量SKU人工补货人效低、补货物流成本过高等问题一直无法解决，直接影响业务。智能供应链可基于云底座和AI大模型融合算法，利用历史销量数据/内外部辅助数据，通过智能预测引擎，对未来销量进行预测，辅助客户根据周销量预测来进行补货，提升物流效率，降低库存成本，增加周转。智能供应链还能够围绕零售供应链的全环节，提供从用户下单、供应商、加工仓/共享仓、中心仓、网格仓、门店再到配送到用户自提的各环节能力，实现供应链的实时精准预测。

物流仓储智能规划：面对越来越复杂的供应链体系（如中心仓、城市仓、前置仓的多层级仓配网络），以及小批量、高频次的门店订货补货模式，传统的手工集单、派单、排线的方式已难以满足需求。基于大量数据和实时物流追踪的智能线路规划，可有效降低干线及城配成本，同时提升履约效率，这对于规模大、业态/模式多元化的商超企业尤为适用。企业可在打通各子品牌的仓配物流体系的基础上，通过 AI 算法实时监测和分析物流数据，优化物流流程，提高配送效率和准确率，以兼顾配送成本、时效的优化。同时，零售行业也在通过各种传感器、RFID 技术、GPS 系统和自动化物流设备等，实现物流自动化、可视化与智能化。例如，通过 RFID 标签绑定货物，智能匹配货运单、货台、车辆等，实现货物的在仓储收、存、拣、理、发环节的自动化、货物的实时盘点和全流程跟踪。例如，在仓储系统中，通过数据整合、算法优化和设备仿真模拟，可以显著缩短货物的出库时间。此外，5G 技术在物流仓储、运输和配送中的应用将极大地推动智能物流的发展，提升物流行业的效率和准确性。总之，仓储智能化基于数据的智能分析，可视化呈现，对大量信息和数据进行分析和管理，精益管理各细节，智能化地预警和控制，让仓储管理更智能。

3）消费者运营

智能营销：零售行业的智能营销场景已经成为零售企业提升竞争力、实现可持续发展的关键因素。智能营销主要是运用人工智能技术，对海量的数字化数据进行分析和挖掘，实现营销活动的自动化、智能化，从而提高营销效率、提高营销精准率、降低营销成本。智能营销可以应用在内容营销、社交媒体营销、商品智能推荐、用户画像等场景。在内容营销场景，运用自然语言处理技术，实现对内容的智能生成和优化，提高内容的传播效果。在社交媒体营销场景，运用社交媒体监听和分析工具，实时掌握用户在社交媒体上的行为和反馈，为营销活动提供有力支持。在商品智能推荐场景，运用机器学习算法，根据用户画像和历史行为数据，为用户推荐相关的内容和产品，提高转化率。在用户画像场景，通过对用户的行为数据、消费数据等进行分析，构建用户画像，了解用户的需求和喜好，为精准营销提供依据，同时为未来新产品上市决策提供数据支撑。智慧营销业务场景如图 19-3 所示。

智能客服：随着人力成本的增加，企业的人工客服成本也随之上升。这种成本的迅速增长直接影响了企业的利润空间。而客服人员在企业中也常常感到缺乏存在感，无法充分体现自我价值，从而导致客服岗位的高流动性。随着消费的升级，消费者对客服的服务需求也在不断提升，客服的角色也逐渐向服务和营销转变，这就要求客服不仅要具备解答问题的能力，还要能进行业务营销，从而提高了对客服人员的技能要求。智能客服在传统的客户服务上进行了智能化改造，显著提升客户服务团队工作效率；通过与 AI 的结合，显著降低企业的运营成本，提高客户满意度和忠诚度。智能客服主要包括以下场景：座席系统（在线客服＋呼叫中心＋工单系统）、文本机器人、呼入机器人、外呼机器人、座席辅助等。

综上所述，人工智能技术在智慧门店、智能供应链、消费者运营三大场景的应用，不仅丰富了零售行业的运营模式，也为消费者带来了更加便捷和个性化的购物体验。

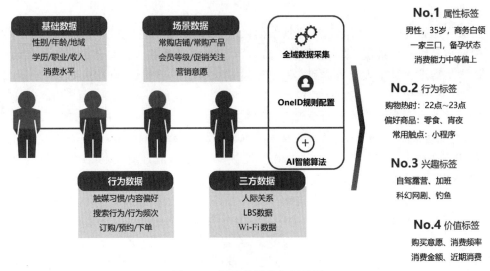

图 19-3　智慧营销业务场景图

19.2　美宜佳门店智慧化案例

19.2.1　案例概述

美宜佳创立于 1997 年,是东莞市糖酒集团旗下的商业流通企业,也是在国内第一家连锁超市——美佳超市基础上发展起来的连锁便利店企业。20 多年来,美宜佳以好物产品研发为核心,为消费者提供优质商品与便民服务,构建国民美好便利生活场景,已成为中国门店数量最多的便利店品牌(数据出自 CCFA《2022 年中国便利店 TOP 100》)。

随着门店的快速扩张,美宜佳建设了大量的信息化系统和数字化分析场景,但由于前期建设未进行统一规划,各系统之间的耦合性不强、技术选型不统一、数据质量差等问题,给门店的数字化管理运营带来了较高的损耗。

如今,零售行业正步入新发展周期,精细化运营诉求强烈,基础设施的弹性、平台的大数据和智能化能力将直接决定企业在未来行业市场的核心竞争力。在这样的行业趋势下,美宜佳决定与华为在大数据、智慧门店、元宇宙和广告聚合等环节加强合作,共同打造数据资产和智慧门店,重构数据中台,规范敏捷运作,提高团队交付效率与质量,进一步驱动商业持续增长。

19.2.2　解决方案和价值

当前,24h 不打烊便利店需求激增,如何借助新技术的应用打造无人便利店,正在成为零售行业的重要趋势之一。美宜佳门店智慧化主要是借助云点检和云销售,推进智慧巡店和无人值守门店的建设。云点检方面,通过视频＋AI 等智能化技术可以对门店进行远程在线管理,包括热情的店员、礼貌规范的行为、着装统一、良好的购物环境(如地面整洁、无烟雾)、摆放整齐的货物、A+B 附加销售、店长的止损管理等。云销售方面,通过门店摄像头、扬声器、门禁、自助收银等硬件设备,配合远程值守人员帮助门店实现 24h 营业,增加智能化服务,实现由总部客服接管无人值守销售。

在推进云点检和云销售的应用落地过程中,美宜佳与华为共同探索、规划设计了智慧门店视频接入服务架构和设施管理服务架构,为其提供底层的技术支撑。

视频接入服务架构如图 19-4 所示,采用登虹 SaaS 服务,在广州、北京两个站点部署 SaaS 能力,可就近接入,提升业务体验,即靠近南方的门店接入广州 Region,靠近北方的门店接入北京 Region;基于国标协议实现了多厂商摄像头的统一接入,包括海康、大华、好望等,帮助客户实现多供应商灵活选择,提高议价空间,优化成本;同时,EI 服务支持对接 AI 算法,开展客流分析、陈列识别等业务创新;在应用功能层面提供视频调阅、视频回看、视频转码等能力,支撑客户云销售业务的落地,实现 24h 门店无人值守,延长店面营业时间。

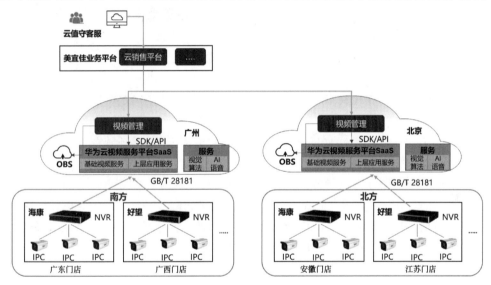

图 19-4 视频接入服务架构

设施管理服务架构如图 19-5 所示,采用门店所有设备接入上云,生成冰柜、空调、招牌灯、卖场灯的控制模板,实现门店设备智能化控制,优化能耗,降低门店运营成本;在云端实时获取网关状态,实时感知设备异常,并对异常设备进行告警,主动发现和解决设备问题,提升店主满意度;设施管理服务支持按战区、大区、门店批量远程配置,通过批量任务管理,完成上万级设备快速升级,安全漏洞快速修复,提升门店设备管理效率;运维管理远程采集设备数据和日志,设备信息可视化,通过日志可快速定位问题,并支持设备远程重启,问题快速恢复,保障门店设备稳定运行。

通过云点检和云销售的应用落地,美宜佳已经实现智慧巡店和无人值守,成功打造出有温度的无人门店、有温度的购物体验。借助"云点检"在巡店功能上实现了着装识别、商品陈

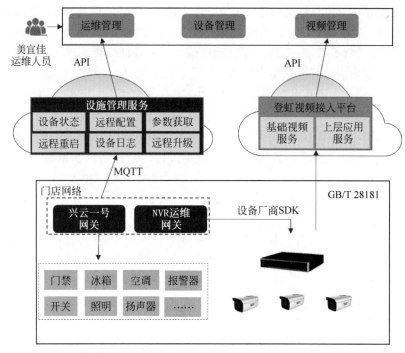

图 19-5　设施管理服务架构

列 SKU 分析、货品摆放规则校验与防作弊检测，设置地理围栏，识别顾客进入不同区域，通过 AI 视频分析识别客户异常行为，如偷盗、藏包行为等。借助"云销售"在门店销售上实现了智能对话机器人和语音克隆能力。智能对话机器人开展门店内高频问题的智能对话，减少云值守人员的工作量；语音克隆能力通过输入个性化语音，实现人声语音拟合生成。

　　美宜佳借助云点检和云销售的创新应用，不仅助推了基于消费者需求为中心的零售形态的迭代优化，也为无人便利店的打造提供了范本。

19.3　华为终端门店智能化升级案例

19.3.1　案例概述

　　华为是全球领先的 ICT 基础设施和智能终端提供商，已经在全球范围内开设了众多实体店，形成了一个庞大的销售网络。这些实体店不仅分布在一线城市，还深入到了二三线城市。通过这一战略布局，华为可以更好地覆盖到各个层次的消费者，提高品牌的影响力。

　　为了提升消费者的购物体验，华为在实体店运营管理上开展了一系列创新举措。例如，华为在"智慧门店"建设上，通过引入人工智能、大数据等技术手段，努力为消费者提供更加智能化、个性化的服务。同时，华为还在与各大电商平台合作的过程中，实现了线上线下的无缝对接，让消费者可以更加便捷地购买到心仪的产品。

华为首家全球旗舰店位于深圳核心商圈万象天地,超过 $1200m^2$ 的三层独栋设计,旨在打造零售门店标杆和品牌丰碑,成为消费者的"首选之地"。华为实体店通过标准化的 IT 装备和服务,为消费者提供"进店-逛店-体验-支付"全触点极致体验,为经营者提供数据赋能,为店员提供极简高效的作业方式,助力门店数字化转型和智能化升级。

在华为眼中,智慧零售本质上就是通过 ICT 数字平台(IT、数据、通信)、互联网、新科技、高效供应链来重构"人、货、场",让消费者获得更美好的体验,让流量、转化率、客单价、复购率不断提升,实现更高效率的零售。

目前,华为在智慧门店建设上的业务诉求和使用场景主要体现在可提供一站式标准化的 IT 装备和服务,来支撑旗舰店、高级体验店、体验店等不同类型门店快速建店;也可通过设备全连接和智能化实现一键开闭店、商品智能盘点和防盗、环境智能控制、屏幕内容高效管理等能力,提供一键极简的作业方式;还可提供人、货、场数据分析和建议,为陈列优化、人力排班等经营决策提供依据。

19.3.2 解决方案和价值

为了更好地满足智慧门店建设对业务和技术的要求,华为规划设计了智慧门店整体解决方案,如图 19-6 所示。

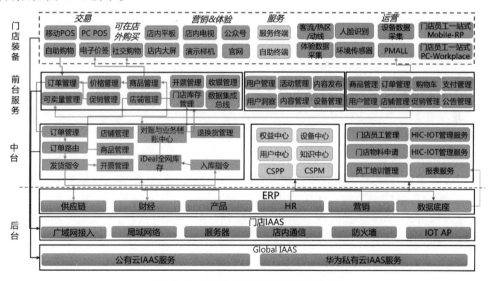

图 19-6　智慧门店整体解决方案架构

智慧门店整体解决方案由"前台、中台、后台"三层架构和门店装备构成。后台主要包含 IT 基础设施和 IT 主干应用两部分。其中,IT 基础设施层面主要有公有云、私有云、门店广域网、门店局域网、服务器和防火墙等;IT 主干应用层面主要有供应链、财经、产品、营销和数据底座等。中台主要包含交易管理、服务管理和门店经营管理等。前台主要包含 B2C 交易前台服务、体验 & 营销服务、B2B 交易前台服务等。而门店装备主要包含交易装备、营销 & 体验装备、服务装备、运营装备等。

经过智慧门店整体解决方案的落地，华为实体店已部署了多种先进装备，构建起一系列强大的能力。例如，环境智能装备能够一键操作，智能调节店内的温湿度和光照，并实时展示环境状态，为顾客提供更舒适的环境。一视通装备具备安全无忧、智能告警和远程巡检功能，能够全方位监控门店的运营情况。局域网装备确保了店内网络的稳定高效，为顾客带来优质的网络体验。广域网装备则提供高速宽带服务，实现了全球互联，确保了门店与外界的顺畅沟通。智能门禁装备采用多种开门方式，方便快捷，保障了门店的安全。电子白板装备则支持随心投屏、远程会议和白板书写等功能，为门店的会议和讨论提供了便利。客流客群分析装备能够精准识别顾客流量和群体特征，帮助门店进行数字运营和个性化服务。商品防盗装备则采用无束缚体验、隐蔽安装和精准识别技术，有效保护门店的财产安全。商品盘点装备具备批量读取、远距识别和实时核验功能，极大地提高了门店的盘点效率。灵犀智屏装备则支持多媒体投放、节目编排和多店灵活编排，实现千店千屏，内容在全球范围内一键下发。

华为实体店通过部署智慧门店解决方案，轻松实现了易开店、易管理和高效数据经营的业务目标。

在易开店方面，标准化方案简化了开店流程，免去了烦琐的招标和选型工作。线上服务快速开通，装备即插即用，为门店快速投入运营提供了便利。针对不同类型的门店，还可以自由选配装备，满足个性化需求。

在易管理方面，借助智慧门店解决方案，门店的日常管理变得轻松高效。每日开闭店一键完成，大大缩短了管理时间，从原来的 1h 缩短至 5min。RFID 技术实现了快速商品盘点，从原来的 3h 降低至分钟级，同时实现了无感防盗，配件损失降低 50% 以上。环境智能装备则能自动调节温度、湿度和灯光，确保环境舒适恒定。内容云上制作和千店千屏的灵活配置，让管理更加高效。

在高效数据经营方面，通过数据建模和分析，智慧门店解决方案为门店提供了陈列和选品优化建议。基于客流预测、商圈和店内活动等数据，系统还能实时动态提供排班优化建议。通过可视化运营和业务报表，围绕"人货场"核心要素，门店可以全面提升运营效率。

未来，华为将继续加大对实体店的投入，通过不断优化店面布局、提升服务质量以及拓展销售渠道等方式，为消费者提供更加优质的购物体验。同时，华为还将积极探索与其他产业的跨界合作，为实体店注入更多创新元素。

19.4　小结与行业展望

在数字化技术、市场竞争、政策和消费者需求的推动下，零售行业消费结构持续升级，网络零售、跨境电商、移动支付等新模式新业态新场景不断涌现，线上线下消费加快融合。随着人工智能、大数据、大模型等前沿技术的应用，零售行业正在努力打通生产和消费的各个环节，以实现供给与需求之间的精准匹配和相互促进。同时，整个零售业务的流程从制造、采购、销售到服务环节都已逐渐呈现出数字化、智能化的特点。可以看出，零售行业与智慧化的连接,已经不再是未来遥不可及的发展趋势,而是正在变成未来发展的主流方向和常态。这意味着传统的零售模式将逐渐被智能化的零售新模式所取代,而这个过程已经在日常生活中开始显现。

零售企业应以数字化、智能化、精准化为方向,进一步提升数字化运营效率,并着重改善用户体验,实现人、货、场的重新整合,才能事半功倍地助力企业降本增效,助力零售行业实现高质量发展。在零售行业的未来发展中,以下数字化技术将与零售行业深度融合,为行业带来效益增长。

通过物联网(信标)和人工智能实现个性化推送:信标是发送蓝牙信号的设备,顾客进入商店后,信标会连接到他们的智能手机,识别他们是否安装了零售商的应用程序,并收集实时数据,记录消费者定位、进店时间、移动记录和购物路线。通过与 CRM(顾客关系管理系统)数据库进行匹配,零售商能够将定制化信息,例如优惠券或产品推荐,发送到顾客的设备中。通过信标,零售商可以接触到个体消费者数据,创建大量针对个人取向的智能化推送,进行个性化促销,引导消费者增加购买数量,或购买特价产品和即期产品,并促进新产品的引入和交叉销售,这些都将提升销售量。

通过聊天机器人和人工智能实现自动化交互:聊天机器人采用自动化顾客交互算法取代客服人员,能支持 24h 售前和售后服务。简易聊天机器人可以为客户提供各种信息,如产品描述、价格和库存,也能够根据情况接收反馈和投诉,以便激活后续正常应对行为或事件升级报告。更高级的机器人能根据顾客需要,生成推荐信息。聊天机器人依赖人工智能算法,因此需要接入消费者数据,训练其应对各种常见咨询。对于简单的顾客交互来说,聊天机器人十分有效,因此受过训练的客服人员可以关注在更为高级、拥有较高附加值的任务上,从而提升服务等级和顾客忠实度,同时也能够降低客户服务成本,节省薪资、培训和管理费用。

通过增强现实(AR)和虚拟现实(VR)实现浸入式体验:增强现实/虚拟现实是可以应用在线上商店或顾客家中的视觉化工具,能够丰富顾客的购买体验,让顾客对类似家具和衣服的产品有视觉化的直观印象,有利于产品定制,可作为附加销售渠道,补充或取代实体商店。通过应用这些技术为顾客创造浸入式环境,便于产品观察、感知及体验,否则他们只能通过想象或者到实体店去体验。增强现实/虚拟现实不仅能提升销售量、顾客便利度和忠诚度,同时也能在一定程度上替代实体商店的部分功能,降低运营成本。

通过物联网(Internet of Things,IoT)和机器人实现自动化、智慧化供应链:零售企业的供应链包括将农产品、工业产品等经过批发、物流和零售等环节最终到达消费者的整个过程,主要参与方包括生产企业、分销(批发)企业和配送企业(合称"流通环节"),以及零售企业。在这个过程中,可利用物联网和传感器追踪供应链仓库、运输和商店等环节,实现产品自行识别,并告知传感器具体商品类别、所在位置、保质期以及经历的状态(例如损伤、保存温度),有效减少类似库存盘点这样的手工作业。通过与区块链技术的结合,物联网还能完成产品跟踪,提升安全保障并降低仿制品,避免食品安全危机。同时,物联网技术将极大地促进机器人的使用,使得机器人能够自动进行手工作业,例如,到货处理和仓库运转。供应链自动化、智能化能够提升供应链的速度，降低劳动成本、错误和危险操作，能支持更为灵活的管理决策，快速应对供给需求和供给瓶颈的变化。

通过物联网和人工智能实现实时库存管理：实时库存管理有利于更好更快地进行决策，基于线下或线上门店的实时销售数据、可能影响销售的外部数据（例如，季节性、天气、假期、消费者情绪等）、剩余保质期、供应商和运送交付期等数据的分析，对零售价格促销和供应商定价机制（例如批量折扣）等信息进行预测并下单。有效的实时库存管理需要可靠的销售预测和具备物联网能力的供应链。实时库存管理能够切实减少缺货情况，将销售量最大化，也能最小化清货降价，因为只需丢弃小部分产品，也会因为库存量降低，而减少运营资本和仓储成本[①]。

通过这些智能化技术与行业的深度融合应用，企业可以为消费者提供更高效、更准确、更个性化、更便捷和环保的购物体验，有助于企业降低成本、提升销售效率，以及提高营利能力和竞争力，实现更高的客户满意度和忠诚度。

未来更新的技术、业态和商业模式还将继续层出叠见，零售商们也将更加积极地探索各种智能化技术的应用，以提升其商业竞争力。人工智能、智能支付、物联网技术、大数据分析等技术将成为零售行业的标配，零售行业将在智能化方面取得重大进展，且智能化程度也会更加深入和广泛。总而言之，未来的零售行业将是一个数字化、智能化、个性化、环保和可持续发展的行业，零售行业将以前所未有的速度被颠覆、被重塑，可能出现更为激烈的市场竞争，同时也能带来更多的商机和挑战，从而激发市场活力，孕育出锐意求变、数字化和智能化能力位居时代前沿的领先企业，形成行业与科技共同繁荣发展的良性局面。

---

① 毕马威中国. 智能化运营：数字化如何改变中国零售运营［R/OL］. https://assets. kpmg. com/content/dam/kpmg/cn/pdf/zh/2019/01/smart-operations-how-digitalisation-is-transforming-china-s-retail-operations. pdf。

第 4 篇

未来展望篇

第 20 章

行业智能化发展趋势与展望

从前面几篇的行业概述、智能化解决方案及行业应用案例中,可以清晰地看到智能化技术正在以前所未有的速度和规模重塑着各个行业的面貌。无论是制造业的精细管理、服务业的高效响应,还是新兴产业的创新突破,智能化技术都发挥着不可或缺的作用。然而,这只是冰山一角。随着科技的不断进步,智能化技术的裂变与整合正日益成为行业发展的新动力。与此同时,自动化技术也在朝着更加开放、数据驱动的智能控制方向发展,数字孪生应用则呈现出高速增长的态势。更令人振奋的是,大模型应用的崛起有望进一步加快行业智能化的进程。这些趋势不仅预示着行业未来的发展方向,也为我们提供了难得的机遇和挑战。在接下来的章节中,将深入探讨这些趋势的内涵、影响及应对策略,以期为读者揭示一个更加丰富多彩、充满无限可能的智能化未来。

20.1 智能化技术产业裂变与整合并存

随着 AI 科技的飞速发展,智能化技术产业正在经历着空前的裂变与整合。全球知名服务机构德勤的报告显示,到 2025 年,全球 AI 市场规模预计将超过 6 万亿美元,年复合增长率高达 20％以上[①]。这一巨大的市场潜力正在推动智能化技术产业不断裂变,形成多个具有独特应用场景和技术特点的子领域。

首先,产业裂变指的是在技术进步和市场需求的共同推动下,一个产业逐渐分化成多个细分产业或领域的过程。在智能化技术产业中,这种裂变表现为新技术的不断涌现和原有技术的不断深化,形成了多个具有独特应用场景和技术特点的子领域。诸如自动驾驶、工业 AI 质检以及 AIGC 等领域,都受益于深度学习 AI 技术的不断创新与发展,形成了各具特色的技术路线和丰富的应用场景。这种裂变不仅满足了各领域多样化的 AI 需求,还为整个行业的智能化升级注入了新的活力。

以自动驾驶为例,麦肯锡预计,中国未来很可能成为全球最大的自动驾驶市场,至 2030 年,自动驾驶相关的新车销售及出行服务创收将超过 5000 亿美元[②]。在这一领域,深度学习技术的产业裂变尤为引人注目。

早期,该领域主要依赖于传统通用的 2D 视觉算法进行环境感知,而如今一系列新型算

① 德勤:2025 年全球人工智能市场规模将超 6 万亿美元｜人工智能｜市场规模｜德勤_新浪科技_新浪网(sina. com. cn)。

② 麦肯锡未来出行研究中心:中国或将成为全球最大的自动驾驶市场-McKinsey Greater China。

法如雨后春笋般涌现，为自动驾驶领域注入了新的活力。其中，BEV(Bird's Eye View,鸟瞰图)检测模型凭借其独特的俯瞰视角，在障碍物检测和道路识别方面展现出卓越性能。同时，针对激光点云的检测模型也取得了显著进展，通过与视觉信息的融合感知，实现了对周围环境更为精准、全面的感知能力。

此外，深度学习还在异形障碍物检测方面发挥了关键作用。Occupancy 占用网络的出现，有效解决了传统算法在异形障碍物识别方面的不足，为自动驾驶车辆提供了更为安全可靠的行驶保障。最值得一提的是，端到端自动驾驶世界模型的出现，标志着深度学习在自动驾驶领域的发展达到了新的高度。该模型能够直接从原始传感器数据中学习驾驶策略，无须人为设定中间步骤或规则，从而实现了更为智能、更为灵活的自动驾驶体验。目前已经有包括特斯拉、华为和 Waymo 等知名企业正在积极探索端到端自动驾驶的技术路线。

不仅如此，深度学习技术在工业 AI 质检和 AIGC 等领域也展现出类似的产业裂变趋势。在工业 AI 质检方面，深度学习算法演化出多个专项领域的分支，如表面缺陷检测、视频事件检测等。按照质检类型有多个 SOTA(State Of The Art,最新技术)，在缩短检测时间的同时，提高检测准确率至 99％以上。而在 AIGC 领域，深度学习技术则推动了自动化内容生成的飞速发展，从文章撰写、图像生成到音频制作，深度学习算法正在逐步取代传统的人工创作方式，为媒体、广告等行业带来了巨大的变革。这些领域的深度学习技术裂变不仅提升了相关产业的智能化水平，也为整个社会带来了更加广阔的应用前景和发展机遇。

其次，整合是在智能化技术产业的演进中，与裂变相辅相成的重要趋势。随着新技术的不断涌现和子领域的形成，整合成为推动产业升级和跨界发展的关键力量。这种整合不仅体现在技术间的相互融合，更表现在产业链上下游的紧密合作与跨界创新。

仍然以自动驾驶为例，整合的趋势尤为明显。深度学习技术与其他先进技术如传感器融合、V2X 通信等的结合，正在推动自动驾驶系统向更高级别的自动化发展。同时，自动驾驶领域的玩家也在通过合作与整合，共同打造更加完善的自动驾驶生态链。例如，汽车制造商、科技公司、地图提供商和政府机构等各方力量的整合，共同促进了自动驾驶技术的商业化落地和规模化应用。

展望未来，智能化技术产业的裂变与整合并存趋势将更加明显。这种裂变与整合的趋势将为企业带来巨大的机遇和挑战。一方面，企业需要紧跟技术发展的步伐，不断引进和应用新的智能化技术，提升自身的竞争力和创新能力。另一方面，企业也需要加强技术整合和跨界合作，形成更加完善的产业生态和协同创新机制。

20.2　自动化技术走向开放化和数据驱动的智能控制

自动化技术，作为现代工业制造的核心，正日益成为推动企业高效、精准生产的关键。当前，自动化技术已经广泛应用于各个行业，从汽车制造到食品加工，从能源开采到电子产品组装，几乎无处不在。然而，它仍然面临着一些挑战。其中最突出的问题就是技术的封闭性，以及由此导致的各个厂商的设备、系统和软件之间难以实现互通。例如，一家公司的

PLC(可编程逻辑控制器)可能无法直接与另一家公司的 HMI(人机界面)或 SCADA(监控与数据采集)系统进行交互。

这种封闭性不仅限制了设备的互操作性,还增加了企业的运营成本。因为企业可能需要购买和维护来自同一厂商的全套设备和系统,以确保它们的兼容性。此外,当设备需要升级或替换时,企业也可能面临被单一厂商绑定的风险。因此,打破自动化技术的封闭性,实现设备、系统和软件之间的互通和集成,已成为行业发展的迫切需求。这也是自动化技术走向开放化和数据驱动的智能控制的重要背景。通过采用开放标准和协议,以及推动跨厂商的合作和标准化工作,行业正在努力解决这一问题,为自动化技术的未来发展铺平道路。

自动化技术的开放化发展趋势正在从互操作性与标准化、软件定义的自动化,以及开源技术与社区支持这三方面取得显著的进展。

1. 互操作性与标准化

为了实现不同厂商生产的设备和系统之间的互操作性这一迫切的需求,国际组织如 IEC(国际电工委员会)和 ISO(国际标准化组织)都在积极推动自动化技术的标准化工作,发布了一系列相关标准和指南,包括通信协议和数据格式两方面。通信协议标准化:OPC UA(统一架构)等通信协议的出现,为不同厂商的设备提供了统一的通信接口,使得它们能够无缝地交换信息。数据格式标准化:通过采用统一的数据格式,如 XML 或 JSON,不同系统可以更容易地解析和共享数据。

2. 软件定义的自动化

软件定义的自动化(SDA)是一种将自动化系统的功能和行为通过软件进行定义和实现的方法。这一趋势的出现,使得自动化系统变得更加灵活和可配置。

软硬件解耦:在传统的自动化系统中,硬件和软件是紧密耦合的。而在软件定义的自动化中,硬件和软件被解耦开来,使得软件可以独立于硬件进行更新和升级。

功能可配置:通过软件定义的自动化,企业可以根据自身需求对自动化系统的功能进行定制和配置,而无须更换或升级硬件。

灵活性增强:软件定义的自动化还使得系统能够更好地适应生产环境的变化。当生产需求发生变化时,系统可以通过调整软件配置来快速适应新的需求。

3. 开源技术与社区支持

开源自动化软件:开源技术在自动化领域的应用正在逐渐增多,为自动化技术的开放化提供了强大的支持。越来越多的自动化软件开始采用开源的方式进行开发和发布。这促进了技术的快速迭代和创新,如在自然语言大模型领域,ChatGLM、Llama 等大语言模型都已经开源,更多的大模型也在开源过程中。

开源硬件设计:除了软件外,一些自动化硬件的设计也开始走向开源。这使得企业可以更加容易地获取和修改硬件设计,以满足自身需求。

社区支持与协作:开源技术的背后通常有一个庞大的社区支持。这些社区不仅提供了丰富的资源和文档,还为企业提供了协作和交流的平台。通过社区的支持和协作,企业可以更快地解决技术问题,推动自动化技术的开放化进程。

数据驱动的智能控制作为行业智能化发展的重要趋势，与自动化技术的开放化紧密相关。开放化的自动化技术为数据驱动的智能控制提供了丰富的数据源和灵活的集成方式，推动了智能控制在数据采集与监控、数据分析与优化、自适应控制以及决策支持等方面的广泛应用。

数据采集与监控：在自动化技术的开放化背景下，数据采集与监控变得更加便捷和高效。通过采用统一的通信协议和数据格式标准，不同厂商的设备和系统可以无缝地连接在一起，实现实时数据的采集和监控。这使得企业能够全面、准确地掌握生产过程中的各种数据，为后续的智能控制提供坚实的基础。

数据分析与优化：开放化的自动化技术为数据分析与优化提供了丰富的数据源。通过对这些数据进行深入挖掘和分析，企业可以更加准确地了解生产过程的运行状况，发现潜在的问题和瓶颈，进而制定相应的优化策略。

自适应控制：自适应控制是数据驱动的智能控制的重要应用之一。在开放化的自动化技术支持下，控制系统可以根据实时采集的数据自动调整参数和策略，以适应生产环境的变化。这种自适应控制能力不仅提高了生产过程的稳定性和效率，还降低了对人工干预的依赖，提升了企业的自动化水平。

决策支持：数据驱动的智能控制还可以为企业的决策提供支持。通过对历史数据和实时数据的综合分析，企业可以更加准确地把握市场趋势和生产需求，制订合理的生产计划和营销策略。此外，智能控制系统还可以根据数据分析结果为企业提供能源管理、质量控制等方面的建议，帮助企业实现可持续发展。

可见，数据驱动的智能控制作为行业智能化发展的重要趋势，在自动化技术的开放化背景下得到了广泛应用。随着技术的不断进步和市场的持续扩大，可以预见未来这一领域将会有更多的创新和突破。

20.3　行业数字孪生应用将高速增长

数字孪生是一种集成多学科、多物理量、多尺度、多概率的仿真过程，它在虚拟空间中完成对真实世界的映射，从而反映相对应的实体装备的全生命周期过程。简单来说，数字孪生就是将现实世界的物理体或者系统以及流程等复制到一个虚拟空间，生成一个"克隆体"，二者最终组成一个"数字双胞胎"。这个双胞胎不仅能模拟现实环境，还能通过实时数据的输入和处理来预测未来。

目前，数字孪生技术已经在制造业、城市规划、医疗健康、能源管理等多个领域得到应用。预计未来行业数字孪生应用将高速增长，主要归因于几大关键动因：技术的日益成熟特别是物联网、大数据和人工智能的融合发展，为数字孪生的实施提供了稳固的基石；同时，随着相关技术的普及和规模效应的形成，技术实施成本逐渐降低，使得更多企业能够触及并采纳这一先进技术；此外，市场对高效、精准管理和决策支持的需求不断增长，也推动了数字孪生在各行各业的广泛应用。

在制造业的汽车制造领域,如车企利用数字孪生技术,创建了虚拟的汽车模型。这些模型不仅可以在计算机环境中模拟汽车在各种条件下的驾驶性能(如极端天气、不同路况等),还可以在产品设计阶段预测潜在的问题,从而实现早期故障检测和产品设计优化。在自动驾驶领域,影子模式通过车辆上的摄像头和传感器获取周围环境信息,并利用车内计算机系统构建一个实时更新的虚拟环境模型,以进行自主驾驶和辅助驾驶操作。同时,利用影子模式上传的数据,车企可以在虚拟环境中重建驾驶场景,针对性调整优化自动驾驶算法,提高了数据利用的效率。

在城市规划领域,城市规划师可以使用数字孪生技术来模拟城市的交通流量。他们可以在虚拟环境中创建城市的道路网络,并模拟不同时间段(如高峰时段和非高峰时段)的交通流量,以了解交通拥堵的热点区域,并据此提出改善交通流量的策略。而在面临自然灾害(如洪水、地震)时,数字孪生可以帮助模拟灾害对城市的影响。这包括预测哪些区域可能受到最大影响,以及如何最有效地部署应急资源。

在医疗健康领域,在进行复杂手术之前,医生可以使用数字孪生技术创建患者的虚拟模型。这允许医生在虚拟环境中进行手术模拟,以了解手术过程中可能遇到的挑战,并制订更精确的手术计划。对于重症患者,数字孪生可以帮助医生实时监测患者的生理状态。同时,通过收集和分析患者的各种生理数据(如心率、血压、血氧饱和度等),数字孪生可以预测患者的病情发展趋势,并提醒医生及时采取必要的治疗措施。

在能源领域,数字孪生可以帮助创建智能电网的虚拟模型。这个模型可以模拟电网在电力需求变化、设备故障等多种条件下的运行情况。通过模拟,电力公司可以更好地了解电网的薄弱环节,并优化电网的运行和维护策略。数字孪生还可以帮助分析建筑物的能源使用情况。通过收集建筑物的各种数据(如温度、湿度、照明等),数字孪生可以模拟建筑物的能源消耗情况,并提出优化建议,如调整空调设置、改善照明系统等,以降低能源消耗并提高能源效率。

以上例子只是数字孪生在各个行业中应用的一小部分。随着数字孪生技术在各行业中的广泛应用,它将为企业带来更高效、精准的管理和决策支持,推动行业的智能化发展。同时,也需要关注并解决数据安全、隐私保护等挑战,以确保数字孪生技术的健康、可持续发展。

20.4　大模型应用和 AI 智能体的崛起有望加快行业智能化进程

从先前的解决方案篇和行业应用篇中,我们已经深入了解到大模型在自动化与效率提升、决策支持与精准营销以及创新服务与产品等诸多领域的显著优势和广泛应用。大模型以其出色的技术实力和广泛的行业应用潜力,正在逐步成为各行业智能化升级的核心驱动力。

然而,正如一枚硬币有两面,大模型虽好,但其庞大的体积和高昂的计算资源需求也带来了一系列棘手的问题。具体来说，大模型对于存储空间和计算资源的渴求，使得在资源受限的设备或环境中部署和应用变得异常艰难。以移动设备和嵌入式系统为例，在这些平台上运行大模型往往会面临严重的性能瓶颈和能耗挑战。同时，大模型的训练和推理速度相对迟缓，难以满足对实时性要求苛刻的应用场景。此外，大模型由于其内在的复杂性，维护和更新工作变得异常繁重。

为了有效应对这些挑战，大模型轻量化技术应运而生，成为一种行之有效的解决方案。通过轻量化处理，大模型可以显著降低对存储空间和计算资源的需求，同时大幅提升处理速度和系统性能。这样一来，轻量化模型便能更加顺畅地在资源受限的设备或环境中进行部署和应用，如移动设备、嵌入式系统等，从而极大地拓展了其应用范围。此外，轻量化模型还能更好地满足对实时性要求较高的应用场景，如自动驾驶、机器视觉、实时通信和在线游戏等，进而显著提升用户体验和满意度。

以机器视觉大模型为例，轻量化方法包括网络剪枝、量化、知识蒸馏等。这些方法通过移除冗余连接、降低参数精度等方式，显著减小模型的大小并降低计算复杂度。如华为盘古机器视觉大模型，其参数量达到 30 亿规模。通过应用轻量化技术，可以将模型大小缩减到原来的 1/10 甚至更小，同时保持相当的精度性能。这使得盘古视觉大模型在产线等边缘计算设备上部署成为可能，实现快速、高效的推理。

值得注意的是，大模型轻量化后端侧部署已成为加速人工智能应用的必然趋势。随着大模型不断向小型化、场景化方向发展，推理过程将逐步从云端向端侧延伸。这意味着用户可以更加经济、可靠、安全地享受 AI 服务。因此，大模型在端侧的应用布局和标准规范制定工作亟须加速推进。

大模型应用，通过轻量化技术的加持，正以前所未有的速度推动行业智能化进程。轻量化不仅降低了大模型的部署门槛，还提升了其推理性能，使得这些强大的模型能够更广泛、更高效地应用于各种行业和场景。这一趋势预示着，在未来，随着轻量化技术的不断发展和优化，大模型将成为行业智能化升级的核心驱动力，助力各行各业实现更高水平的智能化。

随着人工智能技术的不断发展，大模型正在逐步深入各个行业，并推动着行业的智能化升级。从初步的探索性应用，到复杂场景下的多模型协同，再到全面自动化的系统整合，大模型在行业中经历了"点级"、"应用级"和"系统级"三个重要的发展阶段，如图 20-1 所示。

阶段一，点级应用。在这一初级阶段，大模型主要通过单一的模型调用接口与传统应用实现交互。应用通过推理接口调用大模型的能力，并在前台处理返回的数据。此阶段的业务逻辑相对固定，调用关系也较为简单，主要实现特定、明确的功能需求。

阶段二，应用级集成。随着技术的发展，我们进入了应用级阶段。此时，AI 助手型应用通过构建 Model as a Service(MaaS)平台，实现了多模型、多工具的链式调用。以智能客服为例，系统能够根据用户提问，智能地搜索知识库并匹配信息，最终使用 NLP 大模型生成用户友好的回答。这一阶段显著提升了 AI 的适应性和灵活性，使得 MaaS 能够根据具体场景和用户需求进行实时调整。然而，每个 MaaS 仍然局限于处理单一类型的业务。

阶段三，系统级自动化。在最新的系统级阶段，AI 能力已全面强化且应用广泛。此时，

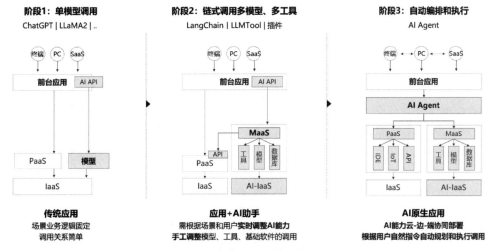

图 20-1　大模型走进行业的三个阶段

平台拥有多个 MaaS 服务和相关的 PaaS 服务,形成了完善的服务体系。基于大模型技术的 AI Agent(AI 智能体)成为核心,它能够与各种服务无缝对接,并根据用户的自然语言指令自动规划和执行服务调用。例如,在华为鸿蒙智慧座舱中,"智慧小艺"便能基于盘古大模型能力,准确识别用户意图,并调用云端或车端功能以满足客户需求。这一阶段标志着前端应用从具体任务执行中解脱出来,转而由 AI 智能体承担自动识别与调用的职责,实现了真正意义上的智能化和自动化。

在上述的第三个阶段中,我们提到了 AI 智能体,这是一个基于大模型技术构建的高级智能化系统。简单来说,AI 智能体是一种能够模拟人类智能行为的计算机系统,它具备强大的数据处理、分析和决策能力。通过深度学习和机器学习技术,AI 智能体可以不断地从数据中学习和进化,提升自身的智能水平。它不仅能够理解和执行人类的复杂指令,还能在特定情境下主动提供信息、解决问题,甚至进行自我优化和学习。

随着行业智能化的深入推进,AI 智能体作为关键技术之一,正逐渐在各个行业中崭露头角。其崛起不仅得益于大模型技术的飞速发展,还因为其在实际应用中展现出的卓越性能和无限潜力。

以智能销售与服务为例,AI 智能体展现出了"知识渊博,一专多能"的特点,它们不仅拥有丰富的知识储备,能够应对各种咨询问题,还具备多项技能,如基于预测大模型的市场和销售预测能力,基于知识图谱、机理模型的故障分析和预测等。更为关键的是,这些智能体在与用户的持续交互中不断学习,通过用户的反馈和数据的积累,逐渐提升服务的精准度和效率。同时,借助先进的数字人技术,AI 智能客服得以拥有更加自然和人性化的交互方式,进一步增强了用户体验。这种智能体不受时间限制,能够 $24 \times 7h$ 不间断地为多个客户同时提供服务,确保客户服务的及时性和连续性。

鉴于 AI 智能体的强大能力和广阔前景,企业对 AI 智能体的投入将不断增加。这不仅体现在资金、技术和人才的投入上,更体现在对 AI 技术的深入研究和应用上。大模型技术的发展为 AI 智能体提供了强大的知识表示和推理能力，使得它们能够处理更加复杂、细致的任务。这种技术的进步，结合行业的实际需求，将共同推动 AI 智能体在各个领域的广泛应用和快速发展。

此外，得益于大模型的强大涌现能力和 AIGC（AI-Generated Content，AI 生成内容）技术的支持，AI 正迅速成为代码和应用生成的重要力量。除了广受欢迎的"代码辅助"大模型，现在已有一些先进的大模型应用能够直接创造出全新的应用程序。例如，在 ChatGPT 3.5 版本问世后不久，像 AutoGPT 和 GPT Engineer 这样的开源项目便迅速在社区中引起了广泛关注。AutoGPT 作为一个全自动且可联网的 AI 机器人，只需设定目标，便能智能地将目标分解为具体任务，并通过分身执行这些任务，直至达成预定目标，这甚至包括开发一个全新的应用；而 GPT Engineer 则是一个轻量级、灵活的开源项目，它能根据需求描述自动生成项目源代码。展望未来，我们有理由相信，AI 智能体或许很快就能"自我"优化和更新代码，实现自我升级，甚至衍生出更多新版本的智能体。

展望未来，AI 智能体将在行业智能化发展中扮演更加重要的角色。随着技术的不断进步和应用场景的不断拓展，AI 智能体将会拥有更高的自主性和创造性，能够在更复杂的环境中独立完成任务。同时，随着 5G、物联网等新技术的发展，AI 智能体将更好地与其他系统和设备协同工作，实现更加智能化的生产和服务。此外，随着人类对于人工智能信任和依赖程度的提升，AI 智能体也有望在更多领域取代人力，成为推动社会进步的重要力量。

20.5　紧抓智能化机遇，迎接未来挑战

在智能化时代的浪潮中，我们正处于一个前所未有的历史转折点上。新一轮科技革命不仅为人工智能领域带来了无限的机遇，同时也伴随诸多挑战。在迈向通用人工智能的征途中，我们需要正视并解决以下三大问题：认知偏差、性价比提升以及如何创造价值。这三者共同构成了我们探索人工智能未来的关键路径。

认知偏差。深度学习算法和大模型在某些情况下的表现常常出乎我们的预料。例如，在视觉计算中，它们可能对噪声、颜色、纹理等过于敏感，导致识别结果出现偏差。更为有趣的是，大语言模型有时会展现出偏见、缺乏逻辑，甚至出现幻觉。比如，它们可能错误地认为鲁迅不是周树人，或者无法正确回答简单的逻辑问题。这些认知偏差揭示了人工智能在理解和推理能力上的局限，也为我们提供了新的研究方向和挑战。

性价比提升。尽管超级计算机的算力已经远超人脑，但在能效和成本上仍存在巨大差距。人脑的能效几乎是高性能计算机的数万倍。同时，目前的大语言模型每天消耗大量电能，这对于长期运行和广泛应用来说显然是不可持续的。因此，我们需要探索新的技术和方法，以提高人工智能的能效和降低成本。

如何创造价值。如何让人工智能在应用中为行业创造价值，是我们追求的终极目标。基础模型的开发只是起点，更重要的是基于这些模型开发出适合不同行业和场景的应用工具和生态。除了大型、昂贵的训练模型外，我们还需要广泛部署高效、低成本的中、小、微型

推理模型，以推动人工智能的普及和应用。这不仅有助于提升各行各业的效率和创新能力，还能为人们带来更好的生活体验。

为了有效应对这些挑战，我们提出了以下四个建议，旨在提高 AI 的准确性、适应性、创造性和效率。

第一，发展多种智能。受 Howard Gardner 教授多元智能理论的启发，我们认为 AI 的发展不应仅限于单一智能领域，而应涵盖语言文字、自我认知、人际交互、视觉和空间计算、自然理解、音乐、运动和数理逻辑等多个智能领域。这样的多元智能发展策略不仅有助于减少 AI 的认知偏差，还能提升 AI 的适应性和创造性，从而使其更好地融入人类社会，遵循道德伦理和价值观。

第二，发展基于自治代理的开放智能系统。通过与 Joseph Sifakis 教授的交流，我们认识到未来智能系统应具备自治、开放和学习的特点。这样的系统能够从内外部环境、互联网、人类和其他模型中获取信息，通过抽象、验证和扩展形成经验模型，并通过推理和试错进行目标管理和规划。这将有助于提升 AI 的自主性和适应性，使其能够在复杂环境中做出更准确的决策。

第三，构建新计算模式、新架构和新部件，以提升效率。通过与数学家、生理学家和半导体专家的交流，我们认识到当前 AI 计算领域面临的挑战，并探讨了可能的突破方向。例如，采用几何与流形表征视觉和空间计算，简化模型层数以提高计算效率，以及发展新型内存等。这些技术有望将 AI 的计算效率提升多个数量级，从而降低成本并提升性价比。

第四，从系统工程的角度提出发展 AI 的建议。除了关注商业模式、基础设施和法律法规外，我们还应重视构建高质量的语料库、创建更好的模型和设计更大规模的超节点集群。同时，开发高效易用的工程工具、发展生态和培养创新人才也是至关重要的。这将有助于实现 AI 在各行各业中的广泛应用和价值创造。

总之，面对智能化时代的挑战，我们不仅要积极应对，更要展望未来，拥抱变化。相信在不久的将来，我们将见证一个更加智能、便捷、美好的世界！

参 考 文 献

[1] 两化融合服务联盟,国家工业信息安全发展研究中心.中国两化融合发展数据地图[R].2018.

[2] 梁秀璟.制药行业实现智能制造,任重道远[J].自动化博览,2016,33(8):42-46.

[3] 汤继亮.脚踏实地探索制药行业"智能化"方向[J].自动化博览,2016,33(1):38-41.

[4] 郭克莎,杨侗龙.促进数字经济和实体经济深度融合[J/OL].光明日报,(2023-02-21)[2023-12-28]. https://epaper.gmw.cn/gmrb/html/2023/02/21/nw.D110000gmrb_20230221_2-11.htm.

[5] 李晓华.制造业的数实融合:表现、机制与对策[J].改革与战略,2022,38(5):13.

[6] 中共工业和信息化部党组.大力推动数字经济和实体经济深度融合[J/OL].求是,(2023-09-01) [2023-12-28].http://www.qstheory.cn/dukan/qs/2023/09/01/c_1129834642.htm.

[7] 中国信通院.中国数字经济发展研究报告(2023年)[R/OL].[2023-04].http://www.caict.ac.cn/ kxyj/qwfb/bps/202304/t20230427_419051.htm.

[8] 华为.数字化转型,从战略到执行[R/OL].(2022-04-07)[2023-12-28].https://e.huawei.com/cn/ material/enterprise/85edb14ae4d9452cbde0777ab9c5d8e7.

[9] 华为.工业数字化/智能化2030[R/OL].https://www-file.huawei.com/-/media/corp2020/pdf/giv/ industry-reports/industrial_digitalization_2030.pdf.

[10] 黄群慧.把高质量发展的要求贯穿新型工业化全过程[J].求是,2023(20).

[11] 金壮龙.加快推进新型工业化[J/OL].求是,(2023-02-16)[2023-12-28].http://www.qstheory.cn/ dukan/qs/2023/02/16/c_1129363115.htm.

[12] 中共工业和信息化部党组.坚决扛牢实现新型工业化这个关键任务[J/OL].求是,[2024-01-01]. http://www.qstheory.cn/dukan/qs/2024/01/01/c_1130048912.htm.

[13] 余颖.数字经济专利创新蓬勃发展[J/OL].经济日报,(2023-11-09)[2024-01-03].http://paper.ce. cn/pc/content/202311/09/content_283909.html.

[14] 中华人民共和国工业和信息化部.2023年上半年软件业经济运行情况[EB/OL].(2023-07-26) [2024-01-04].https://www.gov.cn/lianbo/bumen/202307/content_6894457.htm.

[15] 董蓓.2023年经济半年报"出炉"——中国经济展现强大发展韧性与活力[N].光明日报,2023-07-18.

[16] Chris B.科学智能(AI4Science)赋能科学发现的第五范式[R/OL].(2022-07-07)[2024-01-09]. https://www.msra.cn/zh-cn/news/features/ai4science.

[17] 国家互联网信息办公室.数字中国发展报告(2022)[R].2023.

[18] IDC.2026年中国人工智能市场总规模预计将超264.4亿美元[EB/OL].(2023-09-29)[2024-01-05].https://www.idc.com/getdoc.jsp?containerId=prCHC50539823.

[19] Gartner发布2021年重要战略科技趋势[N/OL].2020-10-20.https://www.gartner.com/cn/ newsroom/press-releases/2021-top-strategic-technologies-cn.

[20] 罗兰贝格.通用人工智能的曙光:生成式人工智能技术的产业影响[R].2023.

[21] 麦肯锡.引领中国自主创新:数字化研发升级的迫切性[R].2023.